U0395007

环 境 哲 学 译 丛

张岂之○主编

History of
Enviromental Economic Thought

环境经济学思想史

E. Kula

〔土〕E. 库拉 著 谢阳举 译

格致出版社　上海人民出版社

关于环境哲学的几点思考（代总序）

有一位哲人说过，如果苏格拉底生活在今天，他可能会是另一个苏格拉底，因为他将不得不思考与环境有关的哲学问题，从而有可能成为一名环境哲学家。我想，面对人类持续恶化的环境危机，今天的学者们都有必要关注有关环境哲学的问题，这是我们推卸不掉的一份社会责任。

大约在 20 世纪 90 年代中期，环境问题也进入了我的视野。恰好我校中国思想文化研究所谢阳举教授想在环境哲学方面做一点探索，他征询我的意见，我当即表示支持。我告诉他，这是一件很有意义的工作，对个人和研究所将来的学术发展都是有益的。到 2003 年，为便于开展合作研究工作，我和时任西北大学副校长朱恪孝同志鼓励他以西北大学中国思想文化研究所的力量为依托，成立了西北大学环境哲学与比较哲学研究中心，联合我校其他相关专业人士，加强有组织的研究工作，于是有了《环境哲学前沿》专刊的设想和行动。

2004 年，我们打算再进一步，拟完成一套"现代西方环境哲学译丛"（当时暂名），由我担任主编。阳举同志初步选择了 40 多种著作，到 2005 年，经过反复商量，最终确定如下几种，它们是：《环境正义论》《环境经济学思想史》《现代环境伦理》《现代环境主义导论》《绿色政治论》等。所选著作均为近年来在环境哲学领域具有广泛影响的英语世界的专著，兼顾了环境哲学多个分支方向。由于出版社的支持，较快顺利通过了立项。随后不久，我们就开始组织人员启动翻译。经过较长时间的准备，首批译稿 4 种付梓，我想到了许多，聊记于此，以代总序吧。

长期以来，我主要在中国思想史的科研和教学领域耕耘。中国思想史是古老的智慧长河,而环境哲学是一门于 20 世纪 70 年代在西方发达国家宣告诞生的新兴理论学科。两者存在密切的关系。例如,西方许多环境哲学家在分析环境危机的思想和文化原因、探寻环境哲学智慧与文化传统的关系时,都不约而同地转向中国古代思想文化。有的学者认为,和西方近代工业化社会主导性的价值与信念系统相比,中国历史承载着一种亲自然的文化精神,例如,深生态学哲学的创立者,挪威著名哲学家奈斯(Arne Naess)称自己从斯宾诺莎那里学到了整体性和自我完善的思维,学到了"最重要的事是成为一个完整的人",即"在自然之中生存"(being in nature)[1],他认为这种"生存"是动态意义的"不断扩展自我"的自我实现的意思,是认同生态整体性大我或曰整体的"道"的过程。不过,他又解释说:"我称作'大我',中国人把它称为道。"[2]《天网》一书的作者、美国学者马歇尔(Peter Marshall)说,道家是生态形而上学首选的概念资源,"生态思维首次清晰的表达在大约公元前 6 世纪出现于古代中国","道家提供了最深奥的、雄辩的、空前详尽的自然哲学和生态感知的第一灵感"。[3]英国金斯顿大学的思想史学者克拉克,甚至把道家对环境哲学的影响与西方历史上几次重大的思想革命相比:"近年来中国人关于自然世界的思辨,在西方各种各样的思想领域已引起了某些严肃和富有成果的回应……最近,在有关自然、宇宙和人在其中地位的思维方式的变化方面,道家已发挥了相应的作用。"[4]

上述评论是卓有见地的,增强了我们努力拓展中国思想史研究和发掘其现代价值的信心,这也需要我们加深环境哲学的探索。这套丛书和

---

① Arne Naess, 1989, *Ecology*, *Community and Lifestyle*, translated and edited by David Rothenberg, Cambridge University Press, p.14.

② Bill Devall and George Sessions, 2001, *Deep Ecology*, Salt Lake City: Gibbs Smith, Inc., Peregrine Smith Books, p.76.

③ Peter Marshall, 1996, *Nature's Web*, Routledge, pp.9, 11—13, 125.

④ J.J.Clarke, 2000, *The Tao of the West*, London and New York: Routledge, p.63.

《环境哲学前沿》是我们所做的初步工作,也是我们应该做的。需要指出的是,20世纪后期,我国有不少学者已经开始关注环境哲学、环境伦理学、环境美学、中西自然观和环境思想比较等研究,并且若干大学已经开展了与环境哲学或环境伦理学有关的教学活动。但是,应该承认,由于各种原因,我国环境哲学的研究、教学和普及,跟世界发达国家相比较,仍然存在一定差距。中国是一个负责任的发展中大国,需要肩荷起更多、更大的国际环境义务,为此,加强环境哲学研究、教学和实践行动是有必要的。这样的工作任重而道远,需要众人呼吁、共同努力。

环境哲学研究已开展多年了,学界目前对环境哲学的对象、任务和范畴还不能说已经形成了共识。我想辨析一下"环境哲学"的特点问题。我的粗浅看法是,如果从实质上看,那么环境哲学属于哲学范畴,也是一门概念科学。不过,它新在哪里呢? 有的学者认为,环境哲学属于自然哲学,或曰自然哲学的延伸。这样的看法有一定的道理,但是,也有模糊之处。我以为,环境哲学与自然哲学之间是不能画等号的,原因在于"自然"有多种含义,例如,狭义的自然指的是自然界或者自然事物;广义的自然指的是包括人类在内的一切存在物;在中国魏晋以前,它基本上指"自然而然"的意思。在古代和近代西方,自然哲学和自然科学两个术语大体上是通用的。这样的自然哲学范畴,因为对自然的好奇而产生,在认识上强调对象化、客观性以及认识主体的中立性,它的目的主要是为了获得客观知识,即自然或所谓必然规律。后来,自然哲学概念虽然有所扩展,但是,从根本上说,还是以自然对象为出发点的。由于这个特点,它逐渐和数学与形式化方法、实证与实验方法结合起来,被转化为理论自然科学,以经验知识和理论知识为内容。

环境哲学产生的背景迥然有别。环境哲学的产生,显然与自然环境危机的激化有关,它是出于关怀和忧患而产生的,它的目的不是为了描述种种环境危机现象,也不是为了对环境危机的现状进行科学的解释。我想,环境哲学有下列几个特点。

首先,它所讲的环境不是单纯的对象化环境或外部物质环境,即,不是过去意义上的自然环境或自然客体。准确地说,环境哲学的研究对象是伴随环境变化而产生的一些哲学问题,这些哲学问题涉及的是环境和人的关系,而不是单纯的物质环境。诸如此类的问题仅靠自然哲学是解决不了的。

其次,环境哲学需要对环境变化进行价值判断。在很大程度上,人与自然的关系直接影响到我们涉及的自然环境行为的选择、道德判断、环境保护或保存政策的决策等,这些问题的焦点,核心在于环境伦理的原则问题。这样说,丝毫不意味着否定自然哲学,其实环境哲学虽然不等于自然哲学,可是,它们也有联系,例如,当我们要判定何物应当受到道德对待时,就离不开有关生命、实体构成以及自然界更深广的复杂关系等方面的科学认识。

再次,根据前面两点,环境哲学不但不是自然哲学的延伸,而且也不是哲学史上古已有之的哲学传统,虽然哲学史上有很多环境哲学的概念资源。必须重视的是,对近代主流哲学而言,环境哲学诞生之初就面临各种争论,它包含很强烈的反思性和批判性特点,有人说它是对传统哲学的颠覆,有人说它应纳入后现代哲学,这些当然属于学术看法,可以继续争鸣。个人认为,环境哲学与哲学史既有连续性又有断裂性,应该辩证地看待此二者的关系。

最后,怎样理解环境哲学所言的"环境"?我想,它实际上指的是自然(生态)环境、社会环境、人文环境的交叉重叠和互动关系,这样的"环境"概念比我们通常遇到的自然客体更复杂、更难分析和把握,不仅如此,过去我们的哲学把存在当成单纯的存在问题去解决,今天看来,存在及其环境是不可分离的,环境应当摆到与存在和变化同等重要的地位上加以探讨。生命和万物的存在有多种可能性,但是,必定有其相对最佳的状态,环境哲学的基本目的应该定在生命、人类可栖居的最佳环境状态上面,环境哲学尤其需要给人类文化创造与自然之间良性的动态平衡探索出路。我国古代老子说过"无为而无不为",我想这也是环境哲学努力的方向,相信环境哲学最终可以找到通过最少的人为而达到最大的成功,从而引导人类摆脱人和自然两败俱伤的危机。

诚然,要达到环境哲学的目标是非常艰难的。这里有必要谈谈这样一个问题,即,环境危机和自我的责任问题。

目前,对环境和后代的未来问题,社会上有两种极端的态度,一是乐观主义的态度,相信人类能够解决环境危机;二是悲观主义的态度,认为生存意味着消耗、破坏甚至毁灭,人类终究难逃自造的环境灾难的厄运。这两种态度都只看到了环境问题的某些侧面,不足以成为我们的信念。尤其是悲观主义态度,它认为个体是利己的、自我中心的动物,人类是自大的、人类中心主义的动物,而地球的资源和生存空间是有限的。悲观主义者预言,人类最终会因为资源匮乏而自相残杀,或者不得不回到独裁、智力下降和道德恶化的状况。有的悲观主义者认为,环境哲学家的行动是无法实现的理想主义冲动。

这种悲观主义态度,其根本的理由可以归结为自我中心主义,其预言是不足取的。因为它忽视了自我的动态和多元内涵。其实,自我既有利己的一面,也包含有群体意识的一面。任何一个自我都有社会性,自我的表现与其在社会中担当的角色有关,正如马克·萨戈夫(Mark Sagoff)所说的:"当个体表达他或她的个人偏好时,他或她可能说,'我要(想、偏爱)x'。如果个体要表达对于共同体、什么是正当或者最好的观点——政府应该做什么的时候,他或她可能说,'我们要(想、偏爱)x'。有关共同体利益或偏好形式的陈述,道出了主体间的协议——它们或对或错——但这里把共同体('我们'而不是'我')当作自己的逻辑主体。这是消费者偏好与公民偏好之间的逻辑区别所在。"[①]据此,他得出一个基本的区分,即,消费者和公民的区别,当自我扮演者消费者角色时,他或她关心个人的欲望和需求的满足,追求个体目标;当扮演公民角色时,他或她会暂时忽视自我利益而仅考虑公共利益和共同体的需要。每一个体都是多种角色的可能组合体。由此看来,面对全人类共同的环境危机问题,人类完全有能力且应该会做出正当的选择。

然而,这些不意味着现实中的每一个人都会如此选择和行动。实际上,现实中的个体面临着多重选择,面临着各种诱惑,所以,常常会陷入选择冲突的状态,这和其认知的不平衡有关。鉴于此,我们也需要加强环境哲学的普及和教育,使公民认识到并践履自己的公共道义,包括环境责任。

当然,理论上个人可以承担起公共责任,实际上却未必如此,二者的差距如何缩小?仅靠个人努力还是有限的,还需要政府行为和社会力量切实发挥作用。

中国和世界一样正经历着生态和环境难题,尽管我国和世界各国都已将这一问题的解决列入国家基本国策和立法框架,我国绿色政治思想和环境立法都有很大的进展,政府也投入了相当的经济实力并制定了大量相关政策。不过,我国处在发展之中,环境保护和可持续社会目标的实现,与北欧、西欧、北美等地区发达国家,以及澳大利亚、新西兰等国家所达到的成绩比较(虽然这些国家的人民还远不满意),我们还应更加努力。究竟制约的关键因素是什么?突破口在哪里?

我们初步研究了西方发达国家环境保护发展的历程和现状,通过各国环境保护战略实施的比较,注意到一个显著的不同:环保状况较好的国家和地区有个普遍现象,即环境社会学研究跟进绿色思潮和运动较紧,非

---

① Mark Sagoff, 1998, *The Economy of the Earth*:*Philosophy*, *Law*, *and the Environment*, Cambridge University Press, p.8.

政府环境保护组织（ENGO）异常发达。

其一是绿党的成立或政党党纲的绿色化，将环保意识与政治意识相融合。

其二，也是最主要的，就是非政府环境保护组织的推动。自 20 世纪 60 年代以来，非政府环保组织如雨后春笋，在全球开花。1976 年统计结果显示，全世界有 532 个非政府环保组织。1992 年光出席在巴西举行的地球峰会的 ENGO 就有 6 000 多个。联合国环境规划署支持的 ENGO 就有 7 000 多个。著名的国际非政府环保组织有：国际自然和自然资源保护联盟（IUCN）、世界自然保护基金会（WWF）、国际科学学会联合理事会（ICSU）、国际环境和发展研究所（IIED）、世界观察研究所（WWI）、世界资源研究所（WRI）、地球之友（FOE）、绿色和平组织（GREENPEACE）、热带森林行动网络，等等。分国家成立的 ENGO 更是数不胜数，如峰峦俱乐部、罗马俱乐部、奥杜邦协会、地球优先组织、美国荒野基金会、美国野生动物联盟、美国环保基金会，等等。

这些非政府组织（又名民间公益团体、非营利社会团体或草根组织）的作用不仅是响应政府，更重要的是推动公民普遍环境意识的成长和成熟，增进社会机构团体和领域之间的交流与合作，扩展环境危机的解决途径，促进政府、教育和社会新机制的建立。它们起到了政府无法替代的作用，可以说，如果没有非政府组织环境社会运动，就没有当前西方的环保成就。

目前，我国应该启动国际 NGO 特别是 ENGO 的系统研究，探索 NGO 的组织原理，试验合乎中国国情的 ENGO 模式，中心目的是最大限度地利用社会力量，健全中国 ENGO 体系，培训 ENGO 领导和管理人才，发展 ENGO 的运动，通过 ENGO 渠道补充和促进中国环境战略的实施。通过 ENGO 解决途径，还可望催生出新生的交往方式、社会机制和结构关系，通过环境信息的流动规律，又可以调适社会制度的漏洞，激活环境知识与理性向道德、制度和文化的转化能力，增强社会活力。从根本上说,这对于发展社会主义政治文明是个有力的媒介。

还要提到的是,西方的社会学理论研究和社会实践之间常常即时配合,对环境保护社会力量的动员起到了因势利导的作用,其经验也许有值得我们借鉴之处。我在这里简略地回顾一下。

20 世纪 60 年代,西方爆发了生态革命,自此开始,在西方发达国家,社会科学和哲学界掀起了一个深入探讨环境恶化原因和重建社会科学范式的浪潮,其中社会学发挥了突出的作用,社会学关注环境运动前沿,快速地实现了向新的社会学的转型,新的社会学即环境社会学框架在探讨人类活动和生态恶化之间关系模式的方面,特别是对 ENGO 的研究,做出了显著的成绩。

1961 年,邓肯(Otis Dudley Duncan)建立了第一个新社会科学范式,即 POET 模式。P 代表人口,O 代表社会组织,E 代表自然环境,T 代表技术。这个模式认为人类社会由上述四种要素组成,人类社会对自然环境的影响来自四者同时性的相互作用。[①]这个模式有缺点,它没有提供四要素关系的经验研究,也难以进行这方面的可行性实践,这是因为上述四种变量太泛了;它也缺乏对 ENGO 的原理和功能的分析。

第二个模式是 IPAT 模式,由埃里希(Paul Ehrlich)和霍尔德伦(Holdren)1971 年在《科学》上发文提出,I 指人类活动的影响,P 指人口,A 指流动,T 指技术。这个模式认为,人类活动的影响 I 是由 P-A-T 三个变量导致的结果。[②]这个模式比 POET 进步,但有自然主义和技术还原主义的嫌疑,人口和技术被视为是外在于人类社会组织的,而技术是社会选择,因而必定是社会的产物。IPAT 从根本上看是通过生态学镜头去看

---

① Otis Dunley Duncan, 1961, "Social System to Ecosystem", *Sociological Inquiry*, 31: pp.140—149.

② Paul Ehrlich and John Holdren, 1971, "Impact of Population Growth", *Science*, 171: pp.1212—1217.

社会,忽视了生态问题的社会起源,也忽视了人类组织多样性和创造性解决环境危机的潜力。

著名的美国环境社会学家邓拉普(Riley Dunlap)在 POET 和 IPAT 的基础上提出了一种目前流行的环境社会学范式,他充分考虑了社会实践和生态条件的相互依赖性,他认为工业社会中占统治地位的社会范式(dominant social paradigm,缩写为 DSP)正在向新的生态范式(new ecological paradigm,缩写为 NEP)转换。DSP 意味着:"(1)坚信科学和技术的效验,(2)支持经济增长,(3)信仰物质丰富,(4)坚信未来的繁荣。"NEP 则意味着:"(1)维持自然平衡的重要性,(2)对于增长的限制的真实性,(3)控制人口的需要,(4)人类环境恶化的严重性,(5)控制工业增长的需要。"①

斯特恩(Paul C.Stern)把社会运动带进新社会理论模式的核心,其理论将人类—环境相互影响定义为三个范畴,下面是斯特恩的图表:

表 0.1　人类—环境相互影响

环境恶化的起源		环境恶化的影响		对生态恶化的应对
社会起因	驱动力	对自然环境的影响	对人类社会的影响	通过人类行动的反馈
社会制度 文化信念 个体人格特性	人口水准 技术实践 流动水准(消费和自然资源)	生物多样性损失 全球气候变化 大气污染 水污染 土壤/土地污染和恶化	生存空间受制约 废弃物储藏泛滥 供给损耗 生态体系功能损失 自然资源耗竭	政府行为 市场 变革 社会运动 移民 冲突

资料来源:Robert J. Brulle, 2000, *Agency, Democracy and Nature: The U.S. Environmental Movement from a Critical Theory Perspective*, MIT Press.

这是三种人类—环境作用的模型。第一种包括社会和人—生态两种

——————————

① [美]查尔斯·哈珀著,肖晨阳等译:《环境与社会——环境问题中的人文视野》,天津人民出版社 1998 年版,第 396—397 页。

变量;第二种的焦点是环境恶化对人类社会的直接影响;第三种是显示环境恶化和人类行动之间的反馈关系,主要是人类对环境恶化的应答。这个模式比较详细地包含了多种变量的相关关系,可是它没有充分考虑当前的社会制度和运作对环境保护的积极作用。因此,还需要更进一步地把握生态恶化过程的社会因素的理解,更加注意人类社会行动对环境恶化的干预力量。

现代社会承接科层制度而来,常常显示出封闭、僵化和停滞的弊端。生态和谐社会的建设,需要摒弃官僚化和绝对市场体制,这就需要实现生态理性的社会化参与,这样才能保证生态理性知识和环境哲学认识顺利地转化为社会改革和建构的行动力量。种际、代际和国际环境正义目标的不断达成,需要各种层次的充分社会化的组织的合作。西方的社会学理论为环境社会运动开辟了空间和确立了方向。

随着中国环境保护社会化的发展,中国环境社会学不仅对环境保护事业,而且对新型和谐社会的建设,可望有更大的贡献。

2007 年 5 月 27 日,适逢世界知名的美国环境保护运动先驱者之一蕾切尔·卡逊(Rachel Carson, 1907—1964)诞辰 100 周年,她的《无声之春》(亦译《寂静的春天》,1962 年首版)成了环境保护运动的经典著作。环顾周围的环境问题,我感慨颇多。希望这套丛书的出版,能够带来一些思想的碰撞,有益于我们认真落实以人为本的科学发展观,推动中国环境保护的万年基业起到促进作用。借此,我想呼吁,各界学者和社会人士都来关注环境哲学,专业人士更是义不容辞,希望他们在环境哲学思想的历史、环境哲学基础和环境哲学学科建设方面加强研究,最终产生出合乎中国国情的中国环境哲学成果。

参加该丛书翻译的主要是年轻的学者,他们付出了艰巨的劳动,译文有比较严格的审定,以便保证质量。稿中不足之处恳请读者朋友加以批评和指正。

最后，我们要感谢格致出版社的有关领导以及责任编辑们的大力支持，也要感谢译者们和西北大学有关领导的积极推动。

希望这套丛书后续部分的合作出版工作更加顺利。

张岂之

2007 年 5 月 27 日

于西北大学中国思想文化研究所

新版补记

中国目前正在努力建设生态文明社会,这是中华民族可持续发展的战略部署,也是中华民族伟大复兴的应有使命。

当然,建设生态文明社会是文明转型的挑战,任务之艰巨可想而知。但是生态文明与中国文化传统具有潜在的联系,所以建设生态文明社会也是中国历史的发展机缘。悠久的农业文明使得中华民族对天地人生的关系有深刻的体会和认识,中国哲学也因此富有生态智慧。特别是老子和道家文化,其中蕴含着促进中国生态文明建设的宝贵思想资源。对此,习近平同志在多种场合发表过许多论述。2013年5月24日,《在十八届中央政治局第六次集体学习时的讲话》中,习近平指出:"历史地看,生态兴则文明兴,生态衰则文明衰";"我们中华文明传承五千多年,积淀了丰富的生态智慧,'天人合一''道法自然'的哲理思想。'劝君莫打三春鸟,儿在巢中望母归'的经典诗句,'一粥一饭,当思来处不易;半丝半缕,恒念物力维艰'的治家格言,这些质朴睿智的自然观,至今仍给人以深刻警示和启迪"。这些精辟重要的论断对人类实现生态文明转型具有重要的指导意义,值得我们认真学习、深入研究和切实践行。

建设生态文明是中国担当起大国责任的抉择,具有重要的世界性意义。我注意到,世界上流行的与"生态文明"相当的语词是"可持续发展",中国倡导生态文明因而具有独特的创新蕴含,是顺应人类文明发展大趋势的正义之举。

编译"环境哲学译丛"是我们对环境保护这个与每个人息息相关的重大时代课题所应该做出的微薄努力。让我感到欣慰的是,这套译丛即将推出新版,这表明我们的工作具有有限的时代意义。阳举教授要我给新版译丛作序,我看了旧序,觉得自己基本思想仍然没有改变,因此,对旧序稍作校订,并增加"补记"于此。

张岂之

2019 年 8 月 30 日

于西安桃园家中

译 者 序

翻译这本书的过程，是一次学习的经历。自始至终，我不断产生出良多的体会和认识，虽然一鳞半爪，也乐于写在这里，算作一个工作交待。

一、这是一本警示之书

经济学属于一门社会科学，其概念创制、理论建筑和解释模式一般离不开经验分析。回顾经济学的历史不难发现，很多经济学家之所以取得理论突破，从其思想的来源看，往往是因为他们扎根历史、敏感于经济生活。当然，从微妙的经济现象和棘手的经济学难题，到好的经济学理论之间，存在着性质的差异，毕竟，是经济学家们运用他们的经济学思维，才能够科学地刻画经济学问题，准确地界定经济概念，并发现和表达出经济学原理。

《环境经济学思想史》的作者对经济学思想史，尤其是环境问题的历史均非常熟悉，全书的叙述都贯穿着历史知识和理论辨析，既有宏观的事实举证，也有微观的例释剖析，作者的文字要言不烦，其分析和推论都密切地反映了环境经济学的逻辑、效用和特点。译者认为，该书首先值得关注的就是人类历史，自然包括经济生活中的种种理论和实践教训，书中作者讨论了许多由于环境问题而引起的遗憾，这些内容足以引起我们的警惕，以免重蹈覆辙。

该书从罗马开端。之所以从这里开始，作者的意识在于唤醒人们吸取罗马盛衰的经验教训。罗马帝国的盛衰一直是古往今来学者们口中热议不衰的话题。本书作者突出了罗马覆灭的环境经济学原因的解释。罗马曾经拥有丰富的自然资源，征服的实力盛极一时，为什么强大的罗马未能持久？作者认为，原因很多，其中之一是因为罗马帝国存在严重的滥用自然资源现象,这导致了土地污染、森林减少、过度盐碱化和土地侵蚀。被罗马征服的一些地区曾经有很不错的自然条件,可是,罗马的统治使之受到了致命的摧残。更加糟糕的是,"尽管拥有丰富的自然资源,可是罗马没能建立一套行之有效的经济结构"(引文皆出自本书中译本,不另注页码)。罗马统治者一方面推行严刑峻法,一方面依赖于奴隶劳动,这样的经济体制,不能提高生产能力,更不可能使他们明智地使用自然资源。加上其他的历史原因,罗马帝国的倾覆可以说自在情理之中。

著者用一整章阐述社会主义、马克思主义与环境,相关论述是发人深省的。作者引用了西斯蒙第的观点,认同"政治经济学本质上有道德的用途",赞成"实现以社会公正为目的的财富分配与财富的创造同等重要"。这实际上肯定了马克思主义政治经济学的重要意义。许多早期社会主义者讨厌资本主义的私有财产和收入分配体制,究其原因是关心公平分配问题。作者称:"卡尔·马克思对 20 世纪的政治和经济生活产生了深远的影响,没有其他经济学家对数十亿人民的生活产生过如此重大的作用。"工业革命以来,人类取得了巨大的物质进步,然而,由于工作和生活环境持续恶化,建筑资产阶级天堂的工人阶级却常常免不了人间地狱之苦。马克思见证了英国工业城市里很多巨大的贫民窟,他和恩格斯对财富的源泉、归属和工人阶级的命运极度关注,马恩大量的著述中不乏环境思想资源。作者认为,《资本论》"对资源利用和环境问题是有意义的。它可以帮助我们从阶级斗争的立场看待这些问题。该书,尤其是第三卷,很多地方包含对自然资源的论述",《剩余价值论》中包含"关于自然资源采掘业的更广泛的分析"。马克思信任科学技术和制度变革的力量,不赞成以自然资源为基础的生产部门存在收益按比例递减的情况,对未来抱乐观主义态度,认为未来年代里富足可能比稀缺更真实。

马克思在环境经济学史上有一个高瞻远瞩的认识,即正如作者所指出的,"按照马克思的理论,资本主义对环境和劳动阶级是噩耗",资本主义生产方式和制度是不可持久的旧制度。可以说,马克思对环境问题的见解是敏锐而深刻的。不过,教条马克思主义在苏东地区引起的环境灾难却触目惊心,值得我们永远记取。这些教训包括:其一,偏重供应经济学和计划管理体制;其二,农业项目规划失策,例如,苏联境内大半农业土地处于干旱和半干旱状态,为支撑生产,推行了巨大的逆向河流改道工程,干扰了整个区域的生态系统,加剧了生态失衡;其三,将重工业和农业集体化置于头等优先的地位,忽视了符合生态化的规划;其四,核污染问题,1986 年在乌克兰发生的切尔诺贝利核事故,暴露了苏联核设施可能存在巨大的环境安全隐患;其五,滥用不可耗竭的自然资源;其六,不顾人民的环境健康权,未能对人民的需求作出及时有效的应答,相反,时常企图隐匿不断增长的环境问题。

中国有科学发展观指导,注重环境友好型社会的建立,这是中国可持续发展的理论保证。尽管如此,在具体的实践环节中,本书所包含的方方面面的历史经验之谈,仍然需要高度警惕。然而,做到这一点是极其不容易的。

中国古代经典《庄子·外物篇》有一段惠施和庄子的对话:

惠子谓庄子曰:子言无用。

庄子曰:知无用而始可与言用矣。夫地非不广且大也,人之所用容足耳,然则厕足而垫之致黄泉,人尚有用乎?

惠子曰:无用。

庄子曰:然则无用之为用也亦明矣。

从这段话中我们可以得到这样的启示:生存和价值是有条件的,离开环境的支撑,人自身是不能存在下去的。如果人类割裂自己和自然环境的依存性关系,结果可能会丧失自家的生存之本。人类的远见能力本来就非常有限,受急功近利主义的浸染,更是每况愈下。如果打一个不恰当的比喻,那么可以说,人类就像一个财迷心窍的挖金矿的人,为了源源不断地获取黄金,到头来破坏了生存之本。其实,整个人类文化创造和发展史上,伴随着大量的"创造性破坏"过程,目前的全球性环境危机在很大程度上是人类自己酿成的恶果。这也可以看成一种"外部不经济行为"。可以说,《环境经济学思想史》通篇每页都写上了"警示"二字,我们不能沿袭过去的生存和经济发展模式了!很多貌似无用的东西往往恰恰是有用的东西的源泉,当今环境资本说法的地位就从经济学领域证明了这一点。

二、这是一本总结之书

毋庸置疑,环境危机和自然现象大相径庭,凡是被称为环境危机的问题,其产生均有很大的人为原因,准确地说,是狭隘的功利主义及其行为导致的。环境概念越过历史一跃成为优先于自然的概念,是历史性的现象。环境经济学的出现,是社会历史运动的必然。它是20世纪70年代在西方产生的一系列以环境为头衔的学科群中的一门新学科,是环境危机时代的产儿。如果不是由于环境资源变得越来越稀缺珍贵,环境经济学学科可能不会独立出来,更不会迅速崛起。

顾名思义,环境经济学学科的硬核,是以经济学的思维考虑环境污染的原因与出路。不过,特别值得强调的是,它也是一门新兴的交叉学科。在这里,仅仅经济学知识是不够的。传统经济系统不可避免地带有两大问题:一是外部不经济行为,在这里就出现了所谓"市场失灵"的难题;二是其增长模式是不可持续的问题,因为按照传统的工业化增长模式,地球的资源很快会以枯竭告终。环境经济学的研究内容虽然非常广泛,可是,其基本思路有两条:第一是将环境视为稀缺资源或者自然资本,所以,它把环境部门纳入经济系统,考虑更大的自然与经济社会之间物流平衡与循环利用问题,这里涉及了自然与人类社会之间的正义问题;第二是环境经济学要考虑代际公平的问题,也就是通常说的可持续发展问题。这两条,在传统经济学理论中,基本上是存而不论或者处于边缘地位。尽管经济学对传统经济学有一定的颠覆性,可是,本书却维护了经济学思想内在逻辑的完整性。作为思想史家,作者的叙述并不有意彰显环境经济学的所谓革命性成就,而是发掘传统经济学的思想与智慧,揭示传统经济学转化和创新的可能,从长远来看,这是更可取的视角。

从书中可以看到,作为独立学科,环境经济学诞生的时间相对很晚,然而,在这门学科产生之前,存在着无数条漫长的涓涓细流。人类素来关心自己的未来和绵延,20世纪后期生态学时代不过是最好的机缘。换句话说,环境经济学的观念、思想和方法有自己未被揭开的历史,这正是环境经济学思想史要完成的课题。按照作者本人的说法:

目前,我们需要根据历史的线索,对有关人口增长、资源稀缺和环境污染的主要思想进行一次总清理。撰写本书的念头就是由这种需求促发的。在经济学这一领域中,对这些问题的关心已经存在200多年。的确,很多现今的讨论有赖于古典经济学家,如马尔萨斯、李嘉图和密尔等的著作。例如,博尔丁的"宇宙飞船地球"概念与李嘉图的分析有某些相似之处,后者把世界处理成面积不变的巨大农场;马尔萨斯的理论仍然保持着强劲的生命力,并且,毫无疑问,在21世纪甚至更远的将来的论战中,它还将是显赫的理论。

迄今为止,《环境经济学思想史》是世界上第一本探讨环境经济学思想历史的著作。诚如作者所言,该书描述了两千多年来环境经济学思考的进展,对这门新学科作出贡献的经济学家在这本书中基本上都得到了恰如其分的反映。值得注意的是,作者的学术价值观基本上可以说是客观中立的,例如,作者在介绍市场环境主义的理论和策略时,并未一概肯定或否定,在今天这个全球大市场化的氛围中,一般的资产阶级学者是很难超出"庐山"看"庐山"的,作者却较为冷静。作者这种理智分析、摆事实讲道理的立场是学者应有的立场,这对于我们进一步剖析市场经济制度和环境改善的关系,是具有可贵的启示意义的。可以说,这本书具有较高的学术价值。

在译者看来,该书的意义绝不限于"总清理"而已。事实上,作者企图为年轻的环境经济学寻找知识和思想的源头活水。任何一门学科,只有当它有自己的思想历史的时候,它的内在逻辑和发生发展趋势才可以说达到了较为成熟的阶段。这本思想史,既是环境经济学思想历史的总结,也是环境经济学前进的一项重要基础,是旨在推陈出新、继往开来的著作。就这一点来说,该书至少有三个值得称道的贡献:一是指出了传统经济学的延伸价值。本书不是为了批判而批判,读者将会发现,作者很少直接批判传统经济学的缺陷,这不等于说作者全盘接受传统经济学,实际上作者是将对传统经济学的反思寓于传统经济学在环境经济学里建设性延伸的可能之中。二是体现了环境经济学的关键所在。本书基于环境经济学范畴,对相关的历史、概念、原理和方法等进行了要言不烦的勾勒,但凡环境经济学历史上重要的人物、观念和理论都得以在新的全体中展示出来。三是展示了学者努力或者主攻的方向。本书虽然以对环境经济学思想的历史描述为基调,但是,对现有的各种经济学,尤其是环境经济学理论的关键、困境和限度都表明了自己的分析和评断。透过这些,读者不难理解作者的用心,从而抓住环境经济学的主攻方向和潜在的发展向度。

鉴于这本书的历史性、科学性和逻辑性内涵,译者以为,它不仅可以用作进入环境经济学专业的优秀教材,同时,对于各种从事环境保护和环境经济学思考的人士,都不失为一本最基本的入门书。该书配有多幅直观性图表,书末附有重要的专业词汇集释、详细的参考文献,相信一般读者一定会从这本书中有所收获,希望进一步加深研究的也可以由此掌握重要人物和文献的指引。

三、这是一本唤醒道义之书

本书凡 12 章,核心话语自然没有超出经济学领域,可是,由于大目的是健康和理想的环境,所以,涉及了许多伦理学的思考。书中第 9 章是"宇宙飞船地球",第 10 章是"围绕可持续性的争论",第 11 章是"环境开发的伦理和精神维度"。在有些顽固而狭隘的经济主义者那里,这三章内容显然是属于边缘性内容,可有可无,那样的话,环境经济学家就迷失总方向了。在作者这本《环境经济学思想史》中,这三章连带其讨论到的大量问题,理所当然地拥有十分重要的价值,甚至可以说它们应该是环境经济学思想中诱人的高潮部分。译者要说的是,透过这些章节,我们看到的是远远超出了经济学价值之外的人文和未来价值。尤其是第 11 章,包括犹太—基督教神学与环境、伊斯兰教、东方信仰、世俗伦理、盖娅、深生态学、土地伦理、女性主义与环境、自私的基因等小节,这里真正的价值在于道义的价值。早期的经济学家有的身兼经济学家和哲学家或者伦理学家,今天的环境经济学里面包含道义的思考在译者看来是合法合理的。难能可贵的是,作者不仅讨论了伦理学,而且讨论的是现代环境伦理学相关问题。作者说:"可以替代宗教伦理学的伦理学是存在的。诸如盖娅假说、土地伦理、深生态学等世俗化伦理的倡导者,将会有针对性地对他们所要保护的'大自然'(Nature)做得更好。如果大自然平稳地、有时候不免不可预期地进化着,这就具有特别重大的意义。"这显示出作者对于我和你、这代人和后代人、人与自然之间公平关系问题的重视程度,其本质在于作者认可当代环境伦理学视域中新的伦理学思考。

除此之外,从其他章节的很多内容中,我们也可以看到,作者不是将人处理成经济学家,而是将经济学家当成活生生的人,所以,较为具体和全面地展示了他们的真诚、友善和忧伤。学习翻译这样的书,使译者对把西方经济学刻画为所谓冷酷理性的做法感到不解。在译者看来,与其说我们的价值是由我们自己决定的,不如说我们的价值决定于未来。显然,大多数人目前不会赞成这种观点,但是,这不是因为它不正确,而只是因为我们习惯性的观点过于根深蒂固罢了。原作者虽然不赞成可持续发展争论、罗马俱乐部早期的悲观主义论调等,然而,无可置疑的是,作者肯定了人类智慧的完整性和不可分割性。换句话说,经济学与任何一门单立的科学的技能都是有限的,解决今天人类面临的环境危机问题,需要复合型智慧,多种专业知识的联合力量才是希望所在。值得庆幸的是,第二次世界大战之后,发达国家出现了后工业化的倾向,后工业化社会有人称其为后现代社会,虽然迄今为止,后现代思想家们推出的种种理论都有值得怀疑和不现实的地方,不过,译者对其是持欢呼的态度的。从哲学上看,现代性的线性思维及其相关的成就已经登峰造极,下一个时期是人类找寻新出路的时代。后现代思想的建设性成就还不尽如人意,然而,其贴近后工业未来文明的态度,欣赏多元化、非中心化和复杂性等的价值和认识倾向,具有莫大的希望,这样的思想有可能将过度分化的专业知识整合贯通起来,到那个时候,自然、环境和人类都会得到自己应得的价值,知识、道德和美可以相得益彰,自由与自然可望达到康德所说的纯粹的和谐。如此,我们憧憬的生态文明图画也就会实在和温暖起来。

未来也许会变得更好,如果我们加倍珍惜她的话。当然,当下的现实困境不允许我们沉浸在梦呓中。这就是说,我们既要有善良真诚的道德动机,又要有清醒有效的科学手段,这是我们过河的双桨,偏废任何一方,我们都会无功而返,贻误生存的机会。

数年前,我开始日夜兼程研究环境伦理学,但是,最终我认识到,道义的目的还远远没有到达收获的季节,现实中从事环境哲学研究的学者需要了解社会科学,并致力于运用它们。这就是我翻译和学习环境经济学思想史的原因。

这里所写的,仅仅是译者个人的感慨。如果要完整地了解环境经济学思想的历史,就请进入库拉的《环境经济学思想史》吧。

至于本书的内容,无需译者再行多说,原作者在导论部分对该书各章内容已经进行了比较详细的介绍,第 12 章还特意进行了"概括和结论",读者一览便可对本书的主体内容晓然在心。

感谢作者处处为非专业的读者着想,书中尽量避免行话和方程式,并且寓理论分析于历史事实和经验案例的分析之中,增加了这本书的可读性。

最后,也许,可以想象,不久的将来,中国学者会更上一层楼,写出自己的"环境经济学思想史"著作来。译者希望库拉这本书可以发挥出学术引领价值,推动中国环境经济学思想的研究和开拓,更希望它的中译本面世可以促进环境哲学和环保事业取得进展。

前言和致谢

目前,我们需要根据历史的线索,对有关人口增长、资源稀缺和环境污染的主要思想进行一次总清理。撰写本书的念头就是由这种需求促发的。在经济学这一领域中,对这些问题的关心已经存在 200 多年。的确,很多现今的讨论有赖于古典经济学家,如马尔萨斯、李嘉图和穆勒等的著作。例如,博尔丁的"宇宙飞船地球"概念与李嘉图的分析有某些相似之处,后者把世界处理成面积不变的巨大农场;马尔萨斯的理论仍然保持着强劲的生命力,并且,毫无疑问,在 21 世纪甚至更远的将来的论战中,它还将是显赫的理论。

上溯到 18 世纪中期魁奈出版其著名的《经济表》的时代,那时还谈不上有什么分析性的经济思维。然而,在做撰写本书的打算时,我决定从更远的时期——罗马帝国——开始。这有两条理由。第一,尽管罗马政府有充裕的自然资源可以支配,但罗马皇帝没能建立一个可行的经济制度,这最终导致罗马帝国的灭亡。或许人们从这里可以学到这样的教训:资源的充裕,未必能够保证共同体的生存。第二,正是在这个时期,由于对资源不顾后果的使用,首次出现了过度盐碱化、森林破坏、土壤沙漠化以及水域和土地污染等多种形式的环境难题,它们还广泛传播,殃及欧洲内外广大的地区。

我想,一本不错的书应该力求让广大读者比较容易理解,因此,我试着尽可能地避开方程式、过多的行话和其他的学术讲究。此外,尽管从整齐的角度考虑,可能需要遵循严谨的纪年顺序,可是在成书的研究过程中,我有这样的判断,即,把一种特殊的理论限定到它的形成时期——比方说 18 世纪末,可能会造成大问题,因为我们将难以看到它更广泛的意义。为解决这样的问题,我采取了四次时空飞跃:两个与马尔萨斯理论相关,一个与马克思主义相关,最后一个与庇古有关。这些观念的创造者,得不到我们可以得到的这种事后诸葛亮的智慧。我希望，这些事后聪明能够使我们及时、更多地了解到这些理论及其发展。

我要感谢很多在本书写作过程中帮助过我的个人和机构。我决定在1996年度研究评估考核（Research Assessment Exercise）到来之前，花两三年时间完成它，尽管这本书的想法，我已经酝酿多时。在研究评估考核前，学术共同体中已经产生出了这样一种感觉，即，与杂志论文创作所需要的时间和精力相比较，写书是不划算的，并且很多大学管理者偏爱杂志上发表的论文，认为或许应当给写书泼泼凉水。面对这种状况，我担心自己原计划的工作可能得不到鼓励。我愉快而惊奇地发现，这样的担心不仅没有发生，而且事实上，我的大学为我写作本书创造了宽松的环境。

书中有一部分是我在海峡大学的研究假期中写成的。该大学有一个为历史研究服务的非常棒的图书馆。在那里，我还能从前任环境科学研究所所长、已故的克里顿·居里教授（Kriton Curi）身上获得教益。他对所有有关环境的研究有无穷无尽的热情。与我同办公室的安杰伊·福尔曼博士（Dr.Andrzej Furman）给我提供了大量研究论文和著作，并且在热烈的争论中扩展了我的思维。

我还要感激贝尔法斯特王后大学的 R.D.C.布莱克教授（R.D.C. Blake），他对本书先成部分作了有价值的审读；感谢瑞典环境保护局的史蒂格·万登先生（Stig Wanden），他对后成的几章给予了评阅；最后，我要感谢莱恩·麦克劳林先生（Ryan Mclauglin），他协助我完成了词汇表和索引。在此，也要感谢我的妻子卡伦（Karen），她帮助我打印文稿；并感谢我13岁的儿子亚当（Adam），他建议并为本书图9.1的宇宙飞船经济体系画了示意图。

E.库拉

阿斯特大学，贝尔法斯特

海峡大学，伊斯坦布尔

导　言

根据亚当·斯密[①]的说法,早期社会尚处于未充分发展的阶段,没有后来的资本积累总量和土地占有,大自然仍然保留原貌,并可以为人类活动供应一定数量和质量的物品。其时,人口数量少,且人们满足于基本需求,自然界的自然资源富足。人们有的是大森林,可供安家、狩猎、采伐木材和采集水果、浆果;海洋、河流、湖泊中渔产丰富。空气与水源洁净。采集渔猎的人类,啃噬的不过是似乎源源不断的自然资源供应大饼的边缘而已。

接下来的时期,可以称为前文字的定居农耕阶段。人们开始驯化适宜的动物和耕种土地,那是采用更稳定的生活方式的阶段。起初,生活方式的变革对由自然元素构成的景观并不构成太大的影响。可是,伴随人口的增加,需要生产更多的食物以维持不断扩大的共同体的生存,土地的承受力也随之加大。因为开垦新的农业疆界,并砍伐更多的木材用于建筑和能耗,森林开始急剧减少。

森林开伐、土地侵蚀和过度盐碱化是人类导致的最早的环境问题。这些问题在中东、北非、南欧和中国最为司空见惯。纵观整个历史,资源滥用和急功近利一而再、再而三地引起环境恶化,也引发了多种文明的崩溃。

在17—18世纪,北欧急速的城市化和工业化造成了局部性污染和健康问题。直到19世纪,大多数欧洲城市的卫生状况仍然极差,人畜排泄物都被倾倒在街道上。尤其是在英格兰,劳动人口聚集于条件极差的居住处,公共卫生设施不佳,空气污浊,水源污染,群众生活处于悲惨境地。

---

① 亚当·斯密(Adam Smith, 1723—1790年),英国经济学家、伦理学家,古典经济学理论的创立人,哲学家休谟的好友,被尊为"现代经济学之父"。代表作有《道德情操论》(1759)、《国民财富的性质和原因的研究》(1774)。——译者注

许多工业区被煤烟熏得漆黑。迪格尔(Diggle，1961)称，化工厂生产所排放的浊流和烟尘，使利物浦工业区的水和空气变得极其肮脏，对周边的乡村也造成了影响。1863 年公布的《阿尔克莱法案》(The Alkali Act)使得这些企业处于公众控制的范围内，然而木已成舟的环境问题持续很久。根据雷斯佩尔(Respail，1857)的说法，法兰西某些工厂的污染对婴幼儿健康造成的影响比对庄稼和树木造成的影响，后果要严重得多。

受工业革命刺激，伴随着人口的快速增加，经济活动的增长和多样化不仅加剧了采掘业的压力，而且还大规模地改变了景观、空气与水的质量。正是在 18 世纪，经济学家和其他人开始围绕自然资源与环境问题进行写作。目前居于主流的乐观主义和悲观主义的争论在那个时代已经播下种子。亚当·斯密在《国民财富的性质和原因的研究》(1776)中，基于那时存在的经验证据，对矿业，包括不列颠的煤、锡矿开采、采石场和其他地方的重金属采掘、石矿等，进行了综合讨论。大体而言，在新矿藏的发现和开采成本方面，斯密抱的是乐观主义立场。

在《国民财富的性质和原因的研究》面世 22 年之后，托马斯·罗伯特·马尔萨斯(Thomas Robert Malthus)发表了《人口论》(1798)。面对快速增长的人口，如何保证适于耕种的土地和充足的食物来源？马尔萨斯对此表现出极大的忧虑。随后，大卫·李嘉图(David Ricardo)在《政治经济学和税收原理》(1817)一书中反驳说，经济增长不会因为土地稀缺及其生产能力下降而最终枯竭，它会使得人口维持在静止不变的水准上。马什(G.P.Marsh，1865)以不那么悲观的论调指出，事实上，经济活动的增长能改进农业生产能力，并且由于灌溉、排水、石窝及灌木丛的清理，许多地方土地的价值会提高。从另一方面看，由于滥用，某些土地将会遭受侵蚀、淤塞、过度盐碱化和过度放牧。马什警告说，大地绝不是用来消耗，更不是用于铺张浪费的，而仅仅是给善于利用它的人们使用的。

19—20 世纪，一些西欧和北美国家发生了快速的工业化。在那里，资源消耗和环境恶化加快了脚步，这些现象使思想家，包括经济学家焦虑起来。1890—1920 年间发生的美国保护运动，使李嘉图—马尔萨斯的稀缺理论大受欢迎，也成了环境政治学的发轫，为后来众多环境压力集团①的形成铺平了道路。遗憾的是，在这一自然资源和环境保护运动中，本来可以用作贯彻政策措施有力工具的经济学原理，根本没有得到应有的重视。随着新古典经济学时代的终结，目前在大多数环境经济学教科书中，资源和环境问题的经济学分析变得活跃起来。

本书凡 12 章，描述了两千多年来环境经济学思想的进展。首章内容从罗马帝国和中世纪开始，经过重商主义、重农学派、自由主义，直到现代经济学的奠基人亚当·斯密的相关思想。根据斯密的看法，社会进步的决定性因素有赖于某种经济结构的创建。这样的结构，应当允许个体在自我利益追求上拥有最大的自由。这样就能缔造繁荣。由于在他生活的时代，英格兰和其他国家的自然资源似乎取用不尽，所以，他忽视了资源稀缺和停滞的重要性。在给定政府不左右个人自由的条件下，斯密对未来繁荣大喜过望。

第 2 章将讨论托马斯·罗伯特·马尔萨斯的著作。两相比较而言，他采纳了一个迥异于乐观主义的悲观立场。他相信，人口增长将带来灾难性的后果。本章也囊括了后马尔萨斯主义，诸如赫胥黎（Huxley）的观点。赫胥黎预言，世界范围内的人口过度将使得人类后代生活在贫困、冷酷无情和独裁统治状况下。

李嘉图的停滞理论吸引了很多对手，也吸引了很多追随者，第 3 章对此加以讨论。在其对手中，凯利（Carey）和坎南（Cannan）指出李嘉图分析中存有大量的漏洞，并对人类未来作出了非常乐观的预言。本着李嘉图

① 　环境压力集团（environmental pressure groups）：主要兴起和存在于 20 世纪 60 年代以来西方发达国家的一种环境组织，它们主张通过向立法者施加压力，来谋求环境问题的解决。——译者注

的稀缺概念,约翰·斯图亚特·穆勒(John Stuart Mill)和威廉·斯坦利·杰文斯(William Stanley Jevons)提出了他们的若干讨论。前者通过指出矿藏终会耗竭,因此当下和未来的利益是对立的,首次区分了农业和矿业生产。杰文斯从另一方面看问题,他讨论的焦点是当时作为主要能量源头的煤。他预测,矿产价格飞升会不可避免地导致有生产力的煤矿的耗竭,因此不列颠的经济发展将遭受严重的困难。

第 4 章根据马克思的理论考察环境和资源问题。这里有一个重要论题,即,推翻资本主义,创立社会主义制度,最终通向共产主义和工人阶级的拯救。在资本主义社会,无论经济发展多么快,工人阶级总是被统治阶级剥夺掉相当多的劳动报酬,然后不得不沦落于贫困状态。马克思通过阶级斗争的立场看待资源的使用和环境问题,其理论对资本主义的剖析深刻而丰富,对解决眼下问题是有意义的。马克思的部分著作,特别是《剩余价值论》(1951,1969),对矿物和渔业生产部门作出了著名的讨论。第 4 章第一部分将对其进行批判分析,第二部分转而讨论苏联和东欧国家造成的若干严重环境问题。

第 5 章研究新古典学派对自然资源和环境的处理办法,重点讨论了索利(Sorley)、马歇尔(Marshall)、格雷(Gray)、卡塞尔(Cassel)和霍特林(Hotelling)以及其他对这个时代作出贡献者的观点。这一章最突出的内容是马歇尔对边际成本和边际效益的综合。它是现代外部效应分析和资源耗竭理论获得进展的基础。

在第 6 章里,我们考察庇古(Pigou)、凯恩斯(Keynes)、加尔布雷斯(Galbraith)和米香(Mishan)等干预主义学派人物的基本观点。他们大体上拒斥依赖于边际原则的市场本位的政策。在处理根据边际主义精神而来的庇古税方面,干预主义目前已经变得很时髦了——我对此进行了相当详细的解释——不过,干预主义学派受到的主要批评之一,一直是用预防性立法去保护环境。

第7章涉及财产权和市场环境主义的主题,笔者吸收了罗纳德·科斯(Ronald Coase)的思想,他拒斥用规范立法和财政手段管理环境。根据该思想派别的主张,将产权的安排用到从前为公共所有的资源方面,将会有益于构建这样一种社会情境,即,在其中,环境资源可望得到成功的管理。本章指出,产权方法的运用存在例外。例如大气污染导致的温室效应和臭氧层消耗,不是产权可以解决的。不过有证据显示,科斯定理对某些环境财产,例如公海渔业的管理,可能是十分有效的。

第8章对于以自然资源为基础的货物稀缺的一些战后经验性研究报告展开了批评性讨论。特别涉及的有:美国总统物资委员会(the US President's Material Commission,1952)、波特和克里斯蒂(Potter and Christy,1962)、巴尼特和莫斯(Barnett and Morse,1963)、美国矿物局(US Bureau of Mines,1970)、诺德豪斯(Nordhaus,1973)、拉雅拉曼(Rajaraman,1976)等的研究成果。

第9章指出博尔丁的"宇宙飞船地球"概念的力量和弱点,并将该概念运用于现时代。根据这个联系,笔者对弗雷斯特和罗马俱乐部的有关研究进行了批评性考察,也对新近的某些相关研究给予了分析。不用说,博尔丁的论文是关于20世纪环境问题最有思想挑战性的杰作,但遗憾的是,弗雷斯特创立的系统动力学和罗马俱乐部根据博尔丁的著作建立的世界模式,都被证明是令人失望的。

第10章先检查了可持续发展概念的来源,然后分析了有关它的最近争论。尽管这些年,"可持续发展"一语已经变得玄妙和时髦起来,然而,它在不同的学术团体那里有不同的定义和解释。到目前为止,遗憾的是,根据可持续发展名义产生的东西都是朦胧的概念,混乱而矛盾。

很多有功于可持续发展争论的学者感到,这个概念应包含伦理学的维度。第11章讨论了稀缺和环境的道德、伦理学和精神向度。笔者对宗教和世俗观点,比如西方宗教(例如犹太教、基督教、伊斯兰教)和东方信仰进行了探讨,还讨论了诸如盖娅假说、深生态学、土地伦理学、女性主义和道金斯(Dawkins)的"自私的基因"等思想观念。

第12章对全书内容作了概说和总结,包括对袖珍岛国过去的经济发展经验的回顾。在那样的岛屿上,资源限度和生态平衡的脆弱性是不可避免的。最后,概括了世界观察研究所根据最近人口趋势和粮食来源作出的估计。

第1章 早 期

罗马帝国和中世纪

罗马帝国的根基在于小型的、自给自足的农业共同体,在那里生活着大量穷困潦倒的农人。随着对自然资源充足和适宜农业气候的地方殖民征服的进程,原先没有什么商贸的情况发生了变化。经过一段时间对小农状况的转变后,更加复杂的社会结构才建立起来。希腊早期即存在的奴隶制被沿袭下来,奴隶们主要被用来从事农业、公共设施的建设和满足家政的需求。由于新的版图扩张使帝国源源不断地获得奴隶,经济活动维持了暂时的发达。

然而,随后数年,奴隶输入减少,依赖奴隶的农业开始蒙受损失。大庄园变得难以管理,土地拥有者们开始将自己大部分土地租赁给自由佃农或者奴隶们,只留下小部分土地自己耕种。为保卫帝国外部领地,罗马人将对他们忠诚的人移居到敏感地区。这些人也是有能力捍卫边疆的人。佃农们得到了一些优惠,但是仍然受到很大的压迫。

最后,帝国内外的军事威胁加上庞大的管理和统治者的奢侈糜烂所带来的沉重负担,开始让人民不堪重负。苛捐杂税引起的大规模不满和绝望的奴隶们的聚众闹事,开始瓦解帝国权力,动摇其以土地为基础的经济体系。

令人惊诧的是,罗马的知识精英没有创造任何替代性的经济理论。应时势的必然,罗马法得以创设和发展。罗马法维护了无限的私有土地权,保证了契约自由。在古希腊,土地所有制受到强烈的伦理关注的限制。可是,在罗马,所有权的个体主义则彰明昭著。

滥用自然资源的现象已经变得俯拾皆是。例如,为了给罗马建设大量供水的渠道，从周围乡村抽取了过多的水源。而且，不加处理的废水被排入台伯河，造成了土地污染。没有被罗马征服的时候，利比亚海岸遍布葡萄园，其内陆拥有浓密的森林（Dobben，1966）。今天，利比亚和北非的许多古代定居点的遗址已经成为沙漠，这是罗马时代以及随后土地环境枯竭的明证。类似的现象，如森林减少、过度盐碱化和土地侵蚀，在帝国的其他地区也是司空见惯的。《旧约》提到，在神圣土地上，有过大规模的木材商业交易和农业生产（Kings 5:6—17; Chronicles 2:8—13）。但是，在罗马管理下，这些地区的木材供应急速减少。与此同时，在巴勒斯坦和美索不达米亚的精耕细作的农业生产，使得广大地区变成沙漠。

尽管拥有丰富的自然资源，可是罗马没能建立一套行之有效的经济结构。依赖于奴隶劳动的罗马经济，没有给有效率的生产留下余地。罗马帝国试图依靠军国主义、血腥镇压和对持不同政见者强加严刑峻法等维持统治。在依靠奴隶劳动的经济体制中，人们无法对这样的政体忠义臣服。和希腊人不同，罗马没有产生伟大的哲学家和思想家。虽然老普林尼[①]是罗马思想家中少数对奴隶劳动的使用表示关心的人之一，可是，他的思考是不充分的。在大宗土地管理中，奴隶劳动的监管成本昂贵，而且没有物质刺激，所以不能使奴隶提高生产能力，不可能使他们明智地使用自然资源。佃农们也并不追求增加生产，因为他们明白，他们的收成自始至终都要被入不敷出的政府以这样或那样的方式剥夺掉。

城市工业的贸易和扩张，在既有的经济结构基础上难以成功，人力匮乏也是一大障碍。农业生产中对奴隶劳动力的要求逐渐消失，因而为其他生产部门腾出了人力，然而贸易和工业却被视为卑下的职业。在帝国巅峰时期，土地拥有者和商业阶层相对相安无事，可是，这样的局面好景

---

① 老普林尼（Pliny the Elder，公元 23—79 年），古罗马科学著述家，著有《自然史》（37 卷），是包罗了当时全部科学内容以及很多被遗忘的希腊、罗马学术研究的百科全书。——译者注

不长。在帝国建立伊始,反对的种子便埋藏下来。随着艰难时日的来临,土地拥有者和工商业阶级之间的斗争,不但催生不出新兴的统治阶级,反而带来罗马社会的腐败。而且由于奴隶和无产者信奉基督教,进一步的分化随之发生。最终,蛮族的入侵宣告帝国寿终正寝。

中世纪从公元 5 世纪开始,到 1453 年君士坦丁堡①陷落于奥斯曼土耳其人之手,其间大约有一千年。这个时期的基本特点是,社会停滞或经济踟蹰不前,不得不接受严格的社会分层和教会统治。中世纪并没有和早期社会完全中断联系,因为其阶级结构、土地分配和法规,渊源于罗马统治晚期。经济活动几乎完全建立在土地基础上。征服者获得土地,然后将其分割给他们过去和将来的支持者。在北欧,尤其是在操希腊语的共同体中,首次出现了庄园制度,随后它又向其他地区传布。

社会阶级区分森严。每一阶级有不同的、精心规定的权利和义务。任何一分子都清楚自己的社会地位。罗马帝国的衰朽,使土地拥有者的管理权越来越大,最终,财产成了新兴的经济单位。北方人和南方人延续了罗马的贸易。工业受到限制,只用于满足南方人和北方人操持的贸易和当地小型集市的需求。各种各样约束力,以吉尔特②、友好社团和垄断集团的形式发展起来。

罗马覆灭后,在制度的严密化和对土地、特权的攫取上,教会势力稳步上升。四分五裂、缺少国家统一纽带的封建土地拥有者之间相互敌视,教会成了统驭一切的力量。教会拥有曾经为贵族阶级唯一拥有的特权,即私有财产权。私有财产本来不符合基督教不图世俗财富的早期训诫,可是,在获取作为财富、能力和权势之母且多多益善的土地上,一切权力集团都是贪得无厌的。不断增加的土地,最终使教会成了中世纪最大的土地拥有者。

---

① 君士坦丁堡,伊斯坦布尔(Istanbul)的旧称,为土耳其一港口城市。——译者注
② 吉尔特(guild),这里指中世纪的行会、同业公会等组织。——译者注

重商主义

16—17世纪期间,由于经济活动的增长,中世纪建立的经济和社会结构开始分崩离析。中世纪的经济结构具有强烈的向区域收敛的特点。贵族位于经济和政治权力的中心。君主制国家强烈关注土地拥有者阶级权力的衰落,因为这将提升它自己的影响。但是君主国家不可能凭自身力量完成这一点,它需要联合其他心存不满的集团。

小地主、绅士们是这样的一种集团,他们视国家是大宗土地拥有者权力的平衡力量。贵族们主要关心家族势力、战争和比武竞赛。小地主的关心十分不同,他们的兴趣在于商业、农业。因此,他们期望的是:有强大的、能维持秩序的中央权威,削减管制,促进已有的不断增长的市场。他们了解,大土地拥有者权力和影响的减少、中央政府权威性的加强,将使他们的财富增加。

另一心存不满的集团来自发展中城市的职业阶层,诸如律师、公共管理者。在日益增长的市场经济的活动中,从自由行会和私人契约中逐渐发展出复杂的经济关系。在对这些复杂关系的理解和定义方面,律师希望在团体中发挥更大的作用。随着市场的开放,古老法律关系显得陈腐过时。另一方面,公共管理者握有君主制权力膨胀所带来的既得利益。

商人是最重要的第三集团,他们开始从贸易扩张中获益,他们希望振兴王权。这个集团一直在同亚洲和新世界进行交易,也要求同欧洲其他国家增加贸易。但是,发展国际贸易需要消除水陆交通的税费,需要国家金融制度保障,需要税收和关税等方面有规范的财政措施。今天的人们想当然地认为,上述体制结构是在15—16世纪王权抗衡封建地主的过程中逐渐形成的,弗斯菲尔德(Fusfeld,1977)对此提出了反驳。商人们开始论证,扩大贸易不止会增加他们自身的利益,还能使国民从实业家、工人和农民等集团中获利。

重商主义是第一个系统的经济思想体系。它的基础在于：中央权威（王权）、国民利益、自给自足、出口（特别是成品货物）、财富积累的欲望（尤其是金条）、反高利贷，以及同样重要的，国王实行的全面的制度和保护主义政策。因殖民地的需求，出口得到激发；由于进口限制和征收进口税，农业受到鼓励；包括军工物资在内的工业有各种保护措施；缩减工资，增加货币供应，维持经济活动回升。重商主义学派的许多人相信，为了将金银财宝赚进自己的国家，贸易顺差是绝对必要的。财宝的积累就是国民财富的增加。例如，弗朗西斯·培根爵士（Sir Francis Bacon）1616 年提出：要注意，出口的价值比进口高，贸易顺差可以使国民得到金条的回报。同样，米塞登（Miselden）1623 年写道：为了创造贸易顺差，不应当进口食品和奢侈品，应当鼓励出口，以便为本国穷人创造就业机会。借助贸易顺差，英格兰必将能够从其他国家输入更多的金条，以达到提高自然财富的目的（如需了解更多的讨论，请参阅 Roll，1953）。

在重商主义经济思想中，人口和自然资源问题占有重要地位。1684年澳大利亚重商主义者菲利浦·冯·霍尼克（Philipp von Hornick）写道：鼓励国家支撑起最大化人口增长，是理想的重商主义原则，这会使国家强大。另一位重商主义者，意大利的安东尼奥·塞拉（Antonio Serra）认为，工业优于农业，而持续增长的健康人口可以给工业补充勤勉的劳动大军，这将增强国家的贸易顺差。农业方法的改进已经使得乡村大量农民富足起来，城市盲流开始出现，虽然，贸易和工业增长一直在吸纳大部分进入城市的移民工人。

早期的重商主义者因金银累积问题而产生的困扰在古代世界并不罕见。希腊人和罗马人曾建立贵金属储备政策，以备不时之需。1503 年，克里斯托弗·哥伦布（Christopher Columbus）在一封从牙买加发出的信中说，黄金是美妙绝伦的商品。谁获得了，谁就能够成为其愿望的主宰者。黄金甚至可以助灵魂升入天堂。国家金库里黄金越多,就意味着越富裕。

在德国,马丁·路德①对本国人民的愚蠢深恶痛绝。他写道,通过金银外流,德国人正牺牲自己的国家利益而帮助全世界富裕。法兰克福是一个大窟窿,德国的财富正从那里流失。重商主义者约翰·黑尔斯(John Hales)特别在意同其他国家贸易时,为了进口没有价值的东西而损耗贵金属。

通过严肃的规章制度达到集聚贵金属的目的,是重商主义学说的一个显著特色。由于贵金属是国民财富估价的最高表征,所以,需要必要的政策以控管它们向境外流通。这样的政策就是,禁止金银输出,促进金银输入。事实上,严禁金银输出的政策可以上溯到中世纪。随着同别国贸易的增加,商人们被明文要求获取一定的财宝。例如,在英格兰,1339 年法案要求,皮毛商出口每麻袋皮毛时,必须挣回一定量的金银。1381 年的法案同样禁止金银输出。皇家司库(the Royal Exchequer)应运而生,专事于登记一切往来交易。

重商主义法规不只限制外国贸易,而且还延伸到其他经济部门,尤其是制造业。在某些国家,这类法规比其他国家更加严格。在法国,政府的工业法规是如此细致,甚至指定织布工厂每英寸该有多少根纱线。英格兰的法规虽然也颇为严格,不过,由于政府没有能力有效地管理法规,更多地由于货币短缺,所以,执行并不彻底。

法规的基础也渐渐开始变化。许多人认识到,贸易虽然创造财富,可是,旨在一劳永逸地鲸吞金银的种种内外约束,正在阻碍而不是促进财富获得。所以,他们不再主张通过获取金银以增加国民财富。重商主义时代后期,不同的保护主义政策出台,它们维护国内工业,鼓励劳动和就业。出口可以刺激国内就业,所以得到支持;进口削弱就业,因此受到限制。"什么是国民财富的源泉?"后期重商主义者作出了不同于早期重商主义

---

① 马丁·路德(Martin Luther, 1483—1546 年),德国思想家,基督教改革家,创立了路德学派。——译者注

者的回答。前者认为，不是贵金属储备，而是贸易和商业的发展。

罗尔（Roll，1953）认为，就当时来说，重商主义学说和政策在成功地实现其目的方面，大体具有合乎常识的有效性。其主要成就是，废止了中世纪管制条框，催生出贸易培育过程中需要的强有力的工具，即统一强大的国家。这给随后的产业和商业资本主义的发展打好了基础。在贸易和国家权力的问题上，重商主义者亦已被证明是正确的。因为 16—17 世纪欧洲最强大的国家，正是那些国际贸易发达的国家。不过，重商主义学说存在值得褒贬之处。可以说，整个重商主义运动，基本上充当了为形形色色国家干预主义政策作辩护的工具。

如果考量自然资源和贵金属稀缺，重商主义者就没有什么发言权。人口问题在重商主义者那里没有得到充分的重视。如前文所及，若干重商主义者事实上鼓吹人口增长，因为在他们的理解能力范围内，庞大的、可以承受的人口会增强一个国家的实力。随着新版图不断开发，以土地和自然资源为基础的商品看起来好像永无枯竭，因此，人口问题对他们似乎是子虚乌有的！

重农主义者

重农主义者是对 18 世纪一些法国经济学家的称号，他们被认定为是反重商主义者。魁奈①和杜尔阁②是其中的佼佼者。他们不赞成重商主义学派的学说。他们主张，除了土地，贸易和贵金属的数量并不能生成国

---

① 弗朗斯瓦·魁奈（Francois Quesnay，1694—1774 年），法国经济学家，重农学派创始人，否定重商主义财富源自流通的观点，将经济研究从流通转入生产部门，提出"纯产品"概念，认为纯产品是自然恩赐，只有农业才能生产它们。代表作有《经济表》（1758）、《农民论》（1756）、《经济分析表》（1766）。——译者注

② 安·罗伯特·雅克·杜尔阁（Anne Robert Jacgues Turgot，1727—1781 年），法国古典经济学家，重农主义代表人物之一。代表作有《关于财富的生成和分配的考察》（1766）。——译者注

民财富。魁奈在其于1758年首版的知名著作《经济表》中,试图证明盈余首先来自农业,然后才可用于其他的部门和社会阶级。尽管地主们才拥有土地,但是它们是由佃农耕种的,佃农是真正的生产阶级。除了满足自己的需求之外,佃农也供应物资给土地拥有者、公仆、工匠、商人、教会和君主国家等,以满足他们的需求。

《经济表》意在呈现,农业产出是怎样被不同的阶级分享的,并且是怎样年复一年地进行的。手工业者、商人和其余的人,自身并不能创造任何价值;他们只能将农业创造的价值转化为消费所需的工业品。因此,只有农业创造剩余产品。《经济表》忽视了生产的交换价值。它仅仅区分了使用价值,如,什么是用于消费的,什么是生产性的。

像魁奈一样,杜尔阁相信,只有农业劳动者创造剩余产品。可是,和魁奈有所不同的是,杜尔阁辩称,商品具有交易价值,他称之为评价价值(*valeur appréciative*)。当他成了大臣时,他开启了反重商主义者和反封建的改革。这获得了国王的支持,但遭到贵族们的反对。最后他被迫辞职。杜尔阁本质上是一个钟情于资本的不干预主义者。在某种程度上,他把土地拥有者视为雇佣农业劳动者的资本家。

重农学派信奉人类社会服从自然自发的秩序,而国家无法改变这样的秩序。自然秩序是由仁慈的上帝为了人类福利建立的。这是再明显不过的,只需稍加反思就可以认识到。这个秩序包含的若干重要内容是:享用财产、参加劳动和追求自我利益具有正当性。总之,重农主义者的财富和经济观,完全奠定在土地这种终极的自然资源之上。

和上述观念颇有关联的另一个人是坎蒂隆①。经济史学家们认为,

---

① 理查德·坎蒂隆(Richard Cantillon, 1687—1734年),爱尔兰经济学家,他既是重商主义经济学家,也是重农主义先驱。也有人(比如杰文斯)认为,他还应该算是古典政治经济学的鼻祖。不过一般认为,配第才是第一位真正提出劳动价值论者,才是英国古典政治经济学的创始人。坎蒂隆的代表作为《商业性质概论》。——译者注

坎蒂隆不是重农主义者,而是一个特立独行的思想家,尽管他的某些观点事实上成为了魁奈与杜尔阁的理论源头。在 1755 年出版的《商业性质概论》一书中,坎蒂隆(Cantillon,1931)下了这样的定义:土地是一切财富的源泉,劳动是生产这种财富的能力。一切物质产品和其价值本质上均出自土地与劳动。

坎蒂隆指出,随着国家发达,贸易平衡、香料和其他货物最终可以通过国内购买力与可用货币而取得,但是稀有的国家资源,诸如土地、本国矿藏和劳动将会渐趋昂贵。就矿藏而言,随着国内产量的增加,参与发掘的矿工们会需求更多的食物、衣服和工业制品。伴随这个过程,矿工们使用的日用品会增加,可是对于不参与采矿操作的其他人,他们的收入会降低。同样的事情在其他土地产品上也会出现。因为土地和劳动是财富的唯一源泉,商品的内在价值依赖于两种基本生产要素的内容。

可是,坎蒂隆认识到,供过于求将使得商品的价格削减以至低于内在价值。因为供过于求会降低金属的内在价值,金属矿床的产量在供求作用中将变得特别敏感脆弱。价值的双重来源,即与货物的土地和劳动内涵相关的市场价格和内在要素,委实困扰了坎蒂隆。关于人口问题,坎蒂隆是预言到马尔萨斯效应的第一位作者。根据他的预见,随着经济活动的增长,最低生活工资需提高,由此出生率随之升高。与坎蒂隆同时代的詹姆斯·斯图尔特(James Steward),在其社会及其阶级结构起源的分析过程中,也前瞻到马尔萨斯理论即将诞生。斯图尔特是从农业过剩的概念出发进行分析的。农业过剩会引起工业过剩,可是农业过剩将使劳动者有可能生更多的孩子。

自由主义者

17 世纪和 18 世纪初也出现了许多经济学家,他们最佳的称号应是自由主义者。这群人激烈反对强加在企业头上的国际贸易限制、垄断和国家法规。其中知名作者之一,是英国经济学家配第①。他关于财富的来源的看法类似坎蒂隆。在其《赋税论》(*Treatise on Taxes and Contributions*)中(参见 Hull, 1954),他写道,劳动是财富之父和能动因素,而土地是财富之母。国民财富是农人及其过去劳动的结果。无论是什么年头,地租是减去种子后的收成和农民实际所剩余的差。配第断言,地租由价格决定,反之却不能成立。同理,土地的价值是由地租的资本化决定的。

另一个自由主义者达德利·诺思(Dudley North),曾任财政部官员,他激烈反对重商主义的限制性的和国有化的政策。与重商主义不同,他主张通过推进自由贸易和劳动分工来增加国民财富。在他看来,一切贸易都会获利,因为没有人愿意持续从事无利的活动,因此,绝不要限制营利的职业。他的《论贸易》一书,1697 年在其死后匿名出版。

诺思也强调土地和资本之间的相似性。从出借资本中获得的利益和地主收获的地租是相似的。正如未使用的土地一样,拥有自己用不了的剩余资本的人,可以将资本出借给企业,从而提高资本利用率。从诺思的分析看,资本以及利润,是从土地派生出来的财富源泉。关于早期重商主义者通过积聚贵金属以提高国民财富的观念,诺思并不接受。

其他的自由主义者,例如大卫·休谟(David Hume)、约翰·洛克(John Locke)和约翰·劳(John Law),都不喜欢重商主义时代的限制政策。而且,一般说来,他们认为,财富是劳动而不是贵金属和贸易创造出来的。土地是供给财富的基础,可是,没有人类劳作努力,原生态的自然

---

① 威廉·配第(William Petty, 1623—1687 年),英国古典政治经济学的创始人。首次明确提出价值源于劳动,奠定了劳动价值论的基础。其名言是:"土地是财富之母,劳动是财富之父。"代表作有《赋税论》(1662)、《政治算术》(1690)、《货币略论》(1695)。——译者注

是没有什么用处的。既然劳动是财富的创造力,所以不仅商人而是所有人都应该存此动机。洛克认为,通过在自然资源上附加劳动,个体将自己的才能加进了最终产品。从另一角度看,休谟揭示出,通常的贸易顺差的重商主义观念在自由市场经济中是无用的。出口增加会得到金银,这意味着货币供应增加。但这会引起价格升高,接着出口会减少,直到这个国家达到外贸平衡。

这些著作家给斯密以利己为基础的自由市场经济观念准备了基础。事实上,正是文森特·德·古尔尼(Vincent de Gourney),早在《国民财富的性质和原因的研究》出版之前,就原创性地提出了著名的"自由放任"(laissez faire,laissez passer)概念。土地作为财富创造力的重要性,对重农学派和自由主义者一样是显而易见的。

亚当·斯密

在《国民财富的性质和原因的研究》中,斯密提出,除去其他事物之外,利己的追求、劳动的理性化和稳定的市场扩张,是经济增长和人类福利进步的关键所在。他坚持认为,农业生产部门的扩张和改进将开启通往更加繁荣之路。

> 至少,只要境内土地还可以开发和改良,只要现有的土地耕作和改良情形能够维持生存,城镇的增设就没有余地。一般情况下,如果农业资源还没有山穷水尽,资本家就绝不会为供应远程贸易的制造工业投资。
>
> (Smith,1776)

该书强调,有很多优良土地仍然未开垦,又有更多已开垦的土地未得到有效利用以充分实现其潜在价值。因此,农业差不多随处可以吸收比目前更多的资本。根据霍兰德(Hollander,1973)的看法,通过这种论证方式,斯密心里产生的想法是,相对获利能力是由具备的要素禀赋(factor endowments)决定的。

进一步展开来说,农业盈利比起制造业所冒的风险要小一些。这是因为人类有更多的农业经验,对农业比工业更加熟悉。"至于耕种土地,它是人类原初目标,所以,在历史的每个阶段,人类似乎对这一原始性老本行保留着偏好。"(Smith,1776)市场作用可以保证,如果土地价格便宜,农业中抵消风险后的利润会比工业中的高,这样,投资者会偏好农业投资。可是,由于人口扩增使得土地稀缺,地租提高,农业生产的利润率会比制造业的有所减少。

在斯密的理论格局(scheme of things)中,制造业中地租的相对重要性将根据发展阶段而趋于减小。因为制造业扩张,与工资、利润相关的价格将按地租的比例增加。商品越精良,劳动和资本就比土地内涵越重要。制造业和产品深加工的发展,起初是依赖于农业生产部门的发展的。当农业改良发生时,在农业产量不减的情况下,有鉴于人类食量有限,人类的食物消费能力是有限的,而对其他事物的欲求似乎没有限度,这样,越来越多的劳动力会被释放到工业部门。

斯密生活的时代,农业和工业正迅猛发展着,不过按照他的想法,不列颠和别的地方仍然可以得到大量土地以供给农业扩张,并且土地耕种方式还可以改进。不列颠的农业作为最强的资本使用部门正蒸蒸日上,可是改进仍有可能,而且很有必要这么做。不过,斯密也意识到,制造业中结构性的变化,正促使经济体系转变并推动贸易的扩张,这些会降低农业在全部经济活动中的相对重要性。农业产生的剩余将哺育其他生产部门。因此,他对未来繁荣抱以十分乐观的态度,条件仅仅是人类获准在自由的市场结构中追求自己的利益。

斯密不曾对矿藏的成本和可得性给予足够的关注,而这是工业发展必备的资源。尽管斯密在写作《国民财富的性质和原因的研究》时,不列颠的采矿业、冶金业和金属制造工业相对并不怎么重要,可能是因为他意识到其潜在重要性,所以,他对以天然资源采掘为基础的生产部门给予了很多的探讨。扬(Young,1928)指出,1770 年采矿、冶金、建筑和金属制造业生产只占英国国民收入的大约 11%,但是它们正处在飞快上升阶段。

斯密划分了供应粮食的地租和产出矿藏以及用于服装业和住房的地租之间的差别。根据斯密的观点,前者总能获得租金,后者却不可能。不过,随着人口扩张和工业活动的加强,与非粮食部分相关的地租升高,上述情形可能发生变化。以自然资源为基础的生产部门中的新发现、技术进步和制造业的改善,可以使以土地为本位的投入得到更加有效的使用,这将减缓非粮食地租的增长率。

有些质量不高的矿藏,只能给开采的企业带来基本利润,而根本不可能付给土地拥有者地租。在这种情况下,唯有地主自己开采。斯密举苏格兰贫瘠的煤矿为例以证实上述论述。另一方面,边缘地区可能存在一些丰富的矿藏,但是由于缺乏运输的基础设施,且附近找不到开采的人力,即便是地主们也无法开发这些矿藏。有鉴于每一矿层的开采成本都是重要的价格组成部分,于是,斯密强调最富集矿层对市场价格的决定性作用。参照煤业生产,他指出,最富集的矿床将规定该地区所有其他矿床的生产价格。因为像煤等自然资源储备存在木头等替代物,所以价格水平总会由于可替代性影响而存在限度。至于金银等贵金属和钻石,则缺乏替代品,所以它们的价格不存在有影响力的约束。

只要富集的矿藏处于开采中,偏远或到达不了的地区的或贫瘠或富饶的矿床就会原封不动。甚至富集的储备,会由于更加富集的新矿藏的发现而被终止开采。斯密曾引秘鲁一个富集的银矿作为例子,它使得欧洲很多可以生产的银矿被闲置一边。关于矿业生产的总趋势,他指出了三个不同的阶段。首先,当需求超过旧矿厂供应能力时,价格攀升。在第二阶段,高价促使人们通过新发现和现有效率的改进来增加产量,于是价格回落。第三阶段,供求差不多同步涨落,出现稳定性价格。它非常像一个不断内敛的蜘蛛网模型。对斯密分析作出这样的概括,是伊奇基尔(Ezekiel, 1938)正式表达出来的,目前,这已经成了一般标准的微观经济学教科书中的通用资料。但是,这个过程在储量丰富的自然资源采掘部门中才能发生。斯密憧憬的世界是丰富充实的。这使得他在没有见证到强大的工业发展降临的情况下,对矿藏可得性抱着完全乐观的态度。

我们在下文有关马尔萨斯、李嘉图、杰文斯和穆勒等的讨论那里,将会看到亚当·斯密关于未来繁荣的乐观主义态度受到了挑战。在此阶段,约瑟夫·汤曾德(Joseph Townshend, 1786)的观念值得一提,在《国民财富的性质和原因的研究》出版十年后,他找到了一个证明某些经济停滞理论的清晰的自然平衡实例。汤曾德有个观点,即鼓舞更多的家庭生育更多的孩子的《贫民救济法》(The Poor Law)是对社会有害的。他举了个例子,说一些西班牙水手在一个肥沃的小岛上留下了山羊。由于植物丰足,山羊头数快速增加,最后对食物来源产生压力。随着临界点的到来,山羊们曾经适宜的生存变得艰苦起来,弱者无法生存,只有强者剩余下来,它们以恰好充足的资源维持生活。在这一过程中,最强壮的山羊组成的山羊群在严峻的生存状况下达到稳定。过了一段时间,英国海盗开始将该岛用作袭击西班牙轮船的基地,他们捕猎山羊维持生活。为打击英国海盗,西班牙人投入了食羊狗。开始因为肉食富足,狗的头数快速增长,山羊数削减下来。最终,一些山羊逃跑到山石间幸存下来,只有那些孱弱者或粗心大意的山羊,才被数量趋于稳定的狗捕食。在这个例子中,唯有最强壮的动物才能在岛上生存下来,这个岛不再仅仅是山羊或者狗富余的地点。

根据埃德尔(Edel, 1973)的评论,汤曾德描述的生态模式与斯密描述的扩展的经济体系一起,被马尔萨斯用来构建新的人口、经济和自然互相作用的系统性描述。这里,有一点需要强调的是,汤曾德的模式和达尔文的适者生存的理论非常契合。下文我们将看到,后马尔萨斯主义思想家,例如赫胥黎的观点是,遗传和智力上的弱者最终将主导被迫生活在冷酷无情的独裁体制下的人类。资源稀缺和慈悲为怀的社会态度,让遗传上的人类弱者可以扩增到地球难以适当延存的程度。这应该是人类终极命运悲惨的原因。

斯密和其他古典思想家,例如李嘉图(他的观念在第 3 章有讨论)之间的另一个不同点是,前者认为最多产和成本最低的资源开发可以调控价格,而后者认为最高成本的开发将调控价格。熊彼特[①](Schumpeter,1954)坚持认为,事实上,这两者之间没有任何矛盾。正如霍兰德(Hollander,1973)和罗宾逊(Robinson,1989)所强调的,斯密谈过这样的阶段,其中多产的生产排斥低效的企业,经过一段时间后迫使其亏本出售。在斯密的理论格局中,这是一个暂时或过渡的阶段。李嘉图则描述了一个均衡态。

熊彼特相信,就作为达到均衡的一个环节的意义而言,斯密的分析是动态的。在自然资源采掘产业中,高成本的矿藏会被低成本的取代。作为工业发展先决条件的农业生产部门中,也可能发生类似的过程。基础运输设施的改进,将开发出越来越多的属地,包括一些高产的农业用地。这将给城市周边的土地价格带来影响。

斯密关于自然资源充足的非常乐观的著述,受到其时资源大体上丰富的世界和发生在制造业、农业和采集业中稳步技术进展等情况的影响。

---

① 约瑟夫·熊彼特(Joseph Schumpeter,1883—1950 年),捷克经济学家,对长期经济增长和经济周期的研究起到了推动作用,提出所谓资本主义的“创造性破坏”概念,认为资本主义是不可持续的。代表作有《商业周期:对资本主义过程的理论、历史和统计分析》(1939)、《资本主义、社会主义和民主》(1942)、《经济分析史》(1954)等。——译者注

例如,棉纺织品企业,由于引起现代纺织产业形成的系列革新而发生了转变。很多发明者来自下层,他们通过想象力和持之以恒的努力,对工业产生了重大影响。为供应快速增长的棉纺织厂,棉花生产开始在全世界扩张,由此克服了原料短缺。

从家具制造到绘画,从文学到音乐,大量精美的艺术活动全方位展开。齐彭代尔(Chippendale)、庚斯博罗(Gainsborough)、笛福(Defoe)和汉德尔(Handel)等名字,对18世纪英格兰文化生活表现出很大影响。英帝国正向加拿大、锡兰①和印度扩张。库克船长(Captain Cook)的太平洋探险和乔治·温哥华(George Vancouver)沿美洲西北海岸线的历险令人兴奋。

农业的发展也是显著的。一个叫杰思罗·塔尔(Jethro Tull)的农民发明家改进了播种机,并发明了多行播种的方法。汤曾德退休后,致力于新作物,特别是饲料品种的发展。那时,既定的耕稼传统是通过休耕以恢复地力。新培育的庄稼的发展和种植,与已有的品种的交替,使土地得到更多的利用,这大大增加了农业产量。家畜饲养和管理技术也在发展中。

斯密一生见证了众多个人利用自己的创造和想象,获得了工业、农业、科学、技术和优良工艺的便利。可是,他没见到政府的经济发展规划。斯密所之处,都能看见经济正在蓄势待发中,个体努力正创造着进步。而在"看不见的手"的帮助下,企业正在行动中。

直到亚当·斯密,政治思维一直是由哲学家霍布斯②和洛克③主宰着。他们声称,个体本质上是以自我为中心的,人们因此而倾向于建立一

---

① 今斯里兰卡。——译者注
② 霍布斯(Thomas Hobbes, 1588—1679年),英国哲学家,代表作有《利维坦》。——译者注
③ 洛克(John Locke, 1632—1704年),英国哲学家,近代经验主义哲学重要人物、历史上伟大的政治思想家之一。代表作有《人类理解论》(1690)、《政府论》(上下篇,1689)、《论宽容的信札》(1689)、《教育漫谈》(1693)等。——译者注

个政府,以保护其天赋权利,包括财产权,防止破坏性的自私自利行为。霍布斯是用君主制的强权限制利己行为的辩护人。与此不同的是,洛克小心翼翼地提出,为了创造秩序,约束鲁莽、自私的行为,政府是必要的,可是,任何人不可被授予绝对权力。斯宾诺莎[①]也承认,政府是必要的,但是为阻止权力的滥用,必须在权威结构中渗进监察和制衡。

有鉴于社会上正在发生的事情,斯密戏剧性地对这些哲学家抱着反对立场。根据他的思想,政府是经济进步的最大障碍。因此,在《国民财富的性质和原因的研究》中,他主要关心的是经济结构的发展。他认为,那将会让人们提升自己的自由和理性存在,促动人们去追求自我利益,而这也将有功于社会整体利益。因为,如果个体获准这样的自由,经济进步将得到持续甚至出现非凡的成就。他的确提到许多问题,诸如企业为自己的利益而密谋损害公共利益的倾向。根据他的研究,同一种贸易中的人们的社会化交往,容易流于提高价格、欺骗消费者;然而,他对此并不非常在意,因为他有他的看法,即竞争最终会解决问题。

斯密不否认政府的作用,但是,他相信,当个体去追求自己的利益时,政府永不应该成为个体的负担。政府只有三种合法的作用:执法、国防和某些公共设施的建设。根据它们的特性,比如要求高额的资本成本、净利收益需要漫长的酝酿期限等——它们永远不能为了个体或少数个体的利益。他只承认少数规划属于这个范围(Fusfeld,1977),这些规划一旦建成,公众应当适当地担负一些费用以抵偿成本。

斯密的思想得以流行,部分原因在于其分析的力量。这种分析最终使经济学成为一门与众不同的社会科学。这里部分原因是,他对使早期作者们困惑的一个难题,即自我利益和社会利益之间的冲突,提出了一种解决办法。通过利己会导致秩序而非混乱的论证,对上述数世纪以来无

---

① 本尼迪克特·德·斯宾诺莎(Benedict de Spinoza,1632—1677 年),荷兰哲学家,近代唯理论哲学的代表人物,代表作有《伦理学》等。——译者注

法解决的难题,斯密给社会哲学家和道德家们提供了一个答案。

斯密时代,人口增长、快速城市化、贫困和城市肮脏等问题已经引人注目,但是还没有到达随后数年那种严重的事态。对他而言,由于土地丰富、耕稼方法的改进,农业不会造成问题。至于"土地的原生产品",诸如金属矿藏、宝石、能源、木材、棉花和亚麻等,那时能得到的事实,尚不能动摇他对未来繁荣所持的乐观主义态度。根据他的观点,和"原生产物"相关的地租会比与粮食相关的地租要低(或,如某些例子,趋于零),尽管他承认,这可能随着工业化的到来而变化。

现时我们的世界与斯密生活的世界已经大为不同。一想到自由放任学说可能使我们走向环境灾难,许多人逐渐变得焦躁起来。有充分的证据说明,诸如酸雨、大气污染引起的温室效应、臭氧层损耗、森林减少、土地和水源污染、土壤侵蚀、大量剧毒核废料和其他废物的堆积等,都是由于追求狭隘的利益引起或加剧的。举例来说,一个受利己心驱动的商人,对其制造厂的利润会比对其造成的全球温室效应更加关心。这不是说商人有置环境于不顾的倾向,可是,他对自己在相关问题上的责任意识相对淡薄,而总是会先权衡自己的利益得失。既然每个商人都可能受这种思想驱动,因此商业对环境破坏的总影响可能是相当大的。孤立地看,任何商人不会放弃自己的思维,牺牲利润,而设法最小化或消除环境破坏。而且,仅就他自己而言,其义举甚至有可能威胁到其商业的生存。直到环境被考虑进来,许多人现在方才接受:自由放任不是值得完全信赖的理论。即使是斯密的追随者,现在也承认,环境保护应被视为正义、国防和公共建设之外政府的第四个合法职能。

早在环境成为需要考虑的问题以前,斯密的自由市场理想就是19世纪社会主义者的一个靶子,因为他们发现自由市场的哲学论证存在许多漏洞。首先,社会主义学派中有一个广泛的信念,即亚当·斯密的理想将通过私有制造成大众贫困的后果。他们认为,假如收入分配高度不公,到达社会厌恶的极限点——这是自由放任不可避免的结局——相应的生产方式也会为社会所厌弃。在收入分配招人讨厌的世界,不管市场多么有效地运转,生产方式也会不受到欢迎。其二,在很大程度上,财产所有权的根源,不是自由市场机制带来的革新和艰苦劳动的报酬,而是取决于战争、侵略、占有和没收。其三,在早期社会,劳动是唯一需要回报的生产成本。在 18 世纪更高级的生产阶段,工资、地租和利润成了生产成本的基本成分。尽管实际上上述两种要素,尤其是利润,是社会组织的结果。由于生产越来越集中,利润和财产所有权越来越向少数私人手中聚集。

作为斯密自由市场对立面的社会主义学派计划市场制度的梦想,伴随着俄国革命成为现实。后来,随着苏联的解体,它遗留了令人震惊的环境问题(第 4 章将加以讨论)。如果将斯密的自由放任途径视为对环境是潜在不友好的,那么计划市场结构产生的后果比任何人能够预料的更为糟糕。

不过,仅仅局限于《国民财富的性质和原因的研究》一本书来讨论斯密的思想,那将是不公正的。在该书面世 17 年之前,斯密出版过另一本书,即《道德情操论》。它是理解斯密宽广的社会理论的一本关键性著作。在这本早期出版物中,作者的重点是强调人类的道德特性,而《国民财富的性质和原因的研究》是为了强调在经济领域里自我的中心性。鉴于这一点,斯密的一些追随者认为,目前的环境问题应该放到斯密更宽广的社会理论及其制度结构中加以分析。

第 2 章　马尔萨斯难题

人口论

　　亚当·斯密死于 1790 年。他的去世几乎没有引起同代人的关注。可是,不久,他关于自由企业和自我利益追求的理念开始深入人心。1804年,阿瑟·扬(Authur Young)出版了名为《哈福德郡农业概观》的著作,书中他对农业中偏好私有制、反对公有制的社会运动提出了有利的理由。在英国岛郡旅行的途中,扬观察到公有制农场向私有制农场转变的好处。在旧体制下,大面积开垦地是由当地集团共同耕种的。私人农场不仅容许农民获得其全部艰苦劳动的利益,而且让他们自由试验新方法。而从前他们被迫运用传统的、常用的耕作方法。于是,生产力出现重大进步。同时,这也导致对所谓"圈地运动"①(the enclosure movement)——用篱笆围墙,将开放地转变为私有耕地的——的强化。扬(Young,1804)强调,私有制的魔法点砂成金;鉴于这一做法正在发展中,提高农业生产力的机会看起来前途无量。

　　如斯密所预料,剧烈的工业化开始迅速地改变经济结构,从而支撑着不断增加的、在非农职业中谋生的人口。尽管人口正在扩增,但是,农业产量和生产力甚至增长得更快。在 18 世纪末长期的英法战争中,同是在养活其增长的人口方面,英格兰的成就给人留下了难忘的印象。伴随贸易的发展、银行系统不断改进,物理学、化学、天文学和动物学等许多新的科学分支取得了迅猛的进步。医疗进步和卫生改善,使死亡率明显降低。

———————————

① 圈地指用篱笆和栅栏等将中世纪空地和公共土地圈起来,据为己有。它实际上标志着16—19 世纪英格兰土地所有制的重大转变。1801 年不列颠颁行了《统一圈地法》,进一步规范了这个运动。——译者注

由于下水道的建设,城市状况正在逐渐转好。

让许多18世纪末的重要作家难忘的重大事件之一就是法国大革命。同英格兰相比,法国是落后国家,在农业发展、工业化和民主制度建设方面都是滞后的。法国大革命向英格兰热情致敬,相信她将给法兰西带来民主,发展出一个类似英格兰的国家,从而在两个打斗了一个多世纪的国家之间建立和平。法国大革命结束后,英国首相威廉·皮特(William Pitt)预测说,两个国家至少能有15年和平。

那个时代的一些优秀的哲学家,例如戈德温①和孔多塞②,被艺术、科学和技术的发展,特别是法国大革命深深激发;他们对未来社会有一个展望,即大体上免除战争、疾病、犯罪和怨愤,每个人同时谋求一切人的福利。托马斯·马尔萨斯③,当时是英国一名不起眼的教士。戈德温与孔多塞的进步观和积极看法没有给他多少影响。他出版了《人口论》(1798),该书震惊了那些对未来繁荣抱乐观主义态度的人。在书中,马尔萨斯写道,他不无兴奋地听说关于人类未来的乐观主义观点。这样的理论温暖人心、令人兴奋,恰如有创造力的心灵正在描绘的一幅迷人的图画。他说他真心祝愿有这样的进步。他对戈德温和孔多塞这类作者的天才不存在猜疑,但是对他们的天真他不敢肯定。

据他估计,一般来说,在现成事物秩序鼓吹者的眼里,那些思辨哲学家,要么是老练的操纵者,其目的是要破坏既定的结构以促成他们的野

① 威廉·戈德温(William Godwin, 1756—1836年),英国著名政治哲学家、小说家和雇佣文人。代表作有《政治正义论》(1793年出版,1795年修订版,1797年第三版)。——译者注
② 孔多塞(Marie-Jean Marquis de Condorcet, 1743—1794年),法国著名数学家、哲学家、政治家。唯一活到参加法国大革命的重要启蒙哲学家,代表作为《人类精神进步史纲》(1795)。——译者注
③ 托马斯·罗伯特·马尔萨斯(Thomas Robert Malthus, 1766—1834年),英国经济学家、人口学家、思想家。代表作有《人口论》(亦译《人口原理》,1798年第一版)。——译者注

心;要么是狂热者和愚蠢的、一厢情愿的奇思异想家,所以,他们不值得当回事。思辨哲学家不是为了自己的利益出卖他们思想的贞操,就是被癫狂的热情蒙住眼睛而鼠目寸光。

同样,思辨哲学家违背了真理事业。因为一味憧憬更幸福的社会形态,即那个他用斑斓的色彩描绘的一厢情愿的图画,他任由自己沉醉于对现成一切制度的尖刻谩骂中,无法运用其天才禀赋去思量清除弊端的最佳和最稳妥的手段,好像也无法觉悟到,恰恰在理论上存在着阻隔人类朝着完善进步的巨大障碍。

(Malthus,1798)

随着英格兰人口的增长,马尔萨斯注意到,某些地方贫困正在增加。工业革命之前,每个教区居民都会照顾该教区的穷困者。但是,圈地运动使许多农人离乡背井,脱离旧业。由于城市里新型大工厂的建立,主要存在于乡村的村社企业也开始衰落。各教区逐渐增加的穷人数量,给富裕地主增加了沉重的财政负担,使他们穷于应付。于是人们开始向城市迁移以寻找工作。

如第1章所述,就像今天一样,18世纪末存在着强烈反对救济穷人的看法。他们的根据在于:救济无异于怂恿懒惰、加快人口增长(Townshend,1786)。马尔萨斯迷恋于这个推理,同时认可汤曾德举出的小岛上山羊和狗自然平衡的例子。这些与亚当·斯密的持续进步和富裕的理论是相冲突的。马尔萨斯相信,人类的未来的确是极其惨淡的。

在了解到北美一些国家的人口增长、食物丰富的情况后,马尔萨斯得出了这样的结论:如果不加节制,每25年人口将增加一倍。

与任何现代欧洲国家相比,在美国,长久以来,生存手段更宽裕,民风更纯朴。其结果是,对早婚的节制更少。我们发现,该国人口每隔 25 年就增加一倍。

(Malthus,1798)

他暗示,这既不是最大的也不是实际的增长率,因为,其时可以得到的统计数据是不可靠的。不过,他认为,如果不加节制,人口将按照几何级数增加,如下所示:

1,2,4,8,16,32,64,……

另一方面,食物供应只能呈算数级数增加:

1,2,3,4,5,6,7,……

这个推定的主要理由是,因为土地供应是固定的,按照收益递减律(the law of diminishing return),在土地上增加其他投入,食物供应将以递减律增加。马尔萨斯认识到开发新土地的可能性,但是又认为它是一个非常缓慢的过程,而且,新垦土地的质量劣于旧有的土地。还有,递减律是唯一的常识,因此并不需要很多经验证据。

即使能找到更多的土地,并且更多的既有土地被引入农业,世界上的土地也会被很快地耗尽。

让我们任取地球的一部分,例如这个岛国来看看,认识一下它提供的生存资料可望以何种比率增加。我们从现有的垦殖状态着手。如果我假设,借助尽可能最佳的政策,通过拓殖更多的土地,并且依靠对农业实行重大奖励,那么,在第一个 25 年中,这个岛的农业生产可能会加倍。我以为,这是在可允许的范围内,任何人完全可以合理地设想出来的。在第二个 25 年中,预期四倍的产量则是不可能的,因为,否则将违背我们关于土地性质的全部知识。我们能作出的最远的构想是,第二轮 25 年里的增产可能和目前产量旗鼓相当。我们可以以此为规则,尽管这当然不是实情;

循此假定,通过巨大努力,该岛的人口总数,可能每隔 25 年,就以与现在产量相当的生活资料能维持的数量得到增加。①最热烈的思辨家不能想象出有过于此的增加数量来。不消几个世纪,岛上每英亩土地都会被垦殖。然而,这个增加率,显而易见是遵守算数增长率的。

(Malthus,1798)

在马尔萨斯理论中,有两种冲突的力量同时运转着:土地生产食物的能力和两性激情支持的人口增长能力。因为有生产能力的土地及其粮食增长能力存在限度,而男女两性间的激情永远不会减弱。这两种因素使得马尔萨斯相信,与土地生产出生活资料的能力相比,人口增长能力是无限大的。这两种不对称的力量相互较量的结果,终究只能通过对人口施加强硬的、经常性的节制而达到持平。人口的终极制约来自粮食短缺。粮食一旦增加,人口就会有相应的增加,直到人均食物水平回落到生存水准,在该点上,不再有人口增长。

马尔萨斯将其他节制分为两组:积极抑制和预防性抑制。前者包括战争、饥荒和瘟疫;后者有堕胎、避孕和道德约束。在他看来,避孕和堕胎,两者都不是实际的削减人口增长的手段。穷困的原因自在其中,唯一的出路是少生孩子。但是,马尔萨斯深知,人们做不到这一点。

在马尔萨斯的理论构想中,医疗措施和卫生状况的改进,只能加重上述问题。这是因为,人口规模就像其他物种数量一样,是由出生率和死亡率的关系确定的。卫生和医疗条件的改善,只会加剧出生和死亡率之间的鸿沟,给人口带来更为严峻的考验。用更形式化的公式表达,任何时候人口规模将决定于:

---

① 本书作者这里所引《人口论》原文可能有误。"该岛的人口总数"似应指该岛的产量。——译者注

$$N_t = N_0 e^{rt}$$

在上面的公式中：

$N_t =$ 时间 t 的人口规模

$N_0 =$ 零时刻人口规模

$e =$ 自然对数的根

$r =$ 人口增长率

$t =$ 时间流

如果死亡率下降,出生率不变,人口增长率 r 将增加。例如,如果增长率为 3％,只需 23 年人口将翻倍。取近似值,加倍的时间是,用 70 除以增长率(不用百分数表示)。这样就可以得出以下数据。

增长率	翻倍时间	增长率	翻倍时间
5	14	2	35
4	18	1	70
3	23		

据此,马尔萨斯认识到,人口规模如果不加限制,在不太远的未来的确会变得极大。这个预言已经变成了现实。举例而言,18 世纪末,世界总人口大约为 9 亿,今天大约是 60 亿,200 年不到增加为近 70 倍(Davey,1960；Durand,1967)。

图 2.1 显示的是两种按照不同比率增长的函数的形态。右边的曲线指示较低的增长率,左边挨着的是增长率较高的,它指示的是医疗改进的结果。

当然,由于环境阻力,没有任何物种可以按这种方式无限增长。如图 2.2 所示,在增长模式上安排了一个间断,最终停留在某一承载能力点上。当临近承载量时,logistic 增长曲线变扁平。如果环境阻力更强大,

logistic 曲线经历更多的时间后将进一步右移。

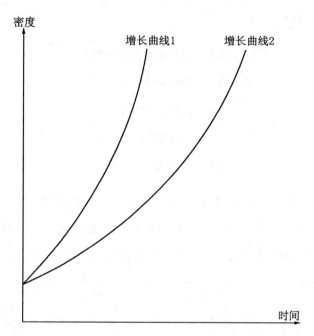

图 2.1 人口曲线,生物(生殖)潜能(左边曲线指示较快的增长)

马尔萨斯是最早意识到世界上存在着自然对人类社会所加极限的学者之一。他当时是面对持续不断的人口增长的土地和承载量压力问题而思考的。他诚恳地相信,人类很快会无法逃避地落入凄凉的生存状态陷阱,因为承载能力很快就将到达极限。

马尔萨斯理论的另一个意义是,救济穷人解决不了贫困问题,相反,只会加剧穷人们自己造成的穷困情形。福利制度只能产生更多的穷人,直到危机达到更加深重的地步,然后,救济制度失去作用。更有甚者,福利制度将使收入从有效使用者手中转移到非生产性的人口手中。马尔萨斯的论调,不仅催生了 20 世纪下半叶开始流行起来的阴郁的宿命论(本书后面有讨论),而且为那些主张对贫困袖手旁观的极端保守者提供了最好的借口。"不要以救助的方式帮助穷人,这将破坏生产",这是时下不绝

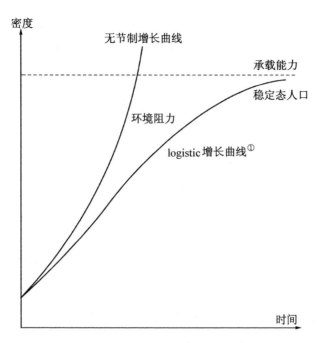

图 2.2　无节制和有节制的人口增长图示

于耳的说法，正如 18 世纪许多人听到过的。今天，有些保守主义者相信，单亲家庭，尤其是少女妈妈（在美国和英国，数量在增加）是福利国家的产物。他们的增加，将会给后代造成更大的社会、经济和环境问题。马尔萨斯并非冷血动物，也不是他那个时代头脑狭隘的"红脖子佬"（redneck），而是一个受过良好教育的教士。他关心穷人，深深同情他们。在许多场合，他向朋友们流露过这种同情。然而，他对当时人类社会的分析致使他相信，救济穷人只能使情形变得更糟。

　　马尔萨斯的著作出版多年后，人类学家们发现，在世界上许多地区，积极的人口控制一直在原始部落发挥着作用，它甚至可能贯穿于整个历

---

①　logistic 增长曲线，或译"逻辑斯蒂增长曲线"，主要由比利时数学家皮埃尔·F.弗尔哈斯特（Pierre F.Verhulst，1804—1849 年）建立。1846 年，他证实人口生长阻力与总人口和过度人口的比成比例增长。

史。通过对新几内亚的特塞莫波伽(Tsemboga)部落的研究,拉帕波特(Rappaport,1967)描绘了一个维持那里人口制衡的机制。特塞莫波伽部落居住在一片孤立的丛林里,过着刀耕火种的农业生活,种植根茎植物并饲养家猪。猪肉用作应急储备,因为块根植物,例如薯芋属植物不能长期储存。猪也确保了在当地农作物受损时部落不至于灭绝。尽管部落在丛林中到处迁徙,但是他们总是领着猪群同行。当动物头数过高时,部落就过盛大的猪肉节,以减少数目。

共同体的人口也通过属地条件、部落战争和战争期间性生活的守戒得以控制。和新几内亚其他部落不同,特塞莫波伽部落已经学会了不过度耕种土地。临近部落间的关系是无常的,有敌对期,也有和平期。战争的发动就看一段时间部落间不满情绪的积累水平。这些战争保证了部落人口不会有过度增加。因为,特塞莫波伽部落的宗教对战时敌对期的房事活动多有禁忌,这降低了出生率。在和平期,部落聚集在一起宴饮娱乐,特别是当动物富余时。这种活动鼓动了异族间的通婚,减少了近亲繁殖和与之相连的所有基因疾病(Edel, 1973)。

达尔文在为地球上何以存在如此多的物种的原因探寻答案时,提及马尔萨斯的理论曾给过他启发。

在我开始系统探索后,出于消遣的目的,我偶然浏览马尔萨斯的《人口论》,基于对动植物生活方式的长期延续的观察,我已经有充分的准备,足以赏析随时随地存在的生存斗争,我豁然开朗:在这些条件下,有利的变异易于保存,而不利的变异将趋于消亡。其结果是,新物种形成了。就这样,我至少抓住了一个可以展开工作的理论。

(Darwin, 1859)

根据埃德尔(Edel, 1973)的看法,马尔萨斯的理论揭示出,衰减的人口是由不适者组成的。而有责任心的社会团体则推迟晚婚,直到自己负担得起,因此,孩子将以最大的数量存活下来。达尔文发展了这样的理论。那些虽然难以支撑后代却早生早育,或者养成不节俭的习惯,并对生活抱着鲁莽态度的群体,在生存斗争中会不断减少。巴尼特和莫斯(Barnett and Morse,1963)认为,尽管采用了马尔萨斯理论是确凿无疑的,达尔文还是比马尔萨斯显得更伟大、更杰出,其理由在于:达尔文是一个实践的科学家,在科学和思想共同体中他应该赢得更大的尊敬。

时空飞跃:马尔萨斯和当代中国

《人口论》出版大约 200 年之后,马尔萨斯的理论仍然是经济学家之间,也是其他社会科学家之间流行的争论主题。在世界某些地区,这个理论甚至主宰着政府决策。或许它淡出过一段时间,但似乎仅仅是为了更猛烈的回潮。中国"大跃进"期间发生的事情是上述现象的见证。

1953—1957 年间中国实施的第一个五年计划,被证明是一个极其成功的试验。实事求是地说,这期间,估计中国国民生产总值年增长率至少保持在 12% 的水平(Deleyne,1973)。紧接其后的 1958 年取得了特大丰收,这增加了领导者的信心,使其坚信,时机已经成熟,中国可以发动一场"大跃进",以摆脱对苏联的依赖,进而突破停滞不前的怪圈。1958 年秋,新华社社论称,令人难以置信的粮食高产已经粉碎了有问题的收益递减律,从而否证了马尔萨斯的人口论。与这一信念相应,推进计划生育的舆论大大萎缩。宣传生育控制的标语、报告和电影逐渐消失。避孕药品和器具制造厂也纷纷关闭,药店里也不再上架。

1958 年,中国宣布,已经彻底战胜了农业生产跟不上人口增长步伐的悲观论调,推翻了马尔萨斯及其信徒们所持的大规模人口有碍经济发展的观点。据说,经济学家们因为低估中国革命中的农民、未能弄懂人既是消费者也是生产者而受到嘲讽。同时,某些统计学家曾试图对中国农业潜力作出精确预测。可是,他们被告知,统计学的用途是点燃革命火焰,其他一切都不重要。

1958 年,毛泽东本人论述道,革命成功的决定性因素是共产党的领导和人口的增加(New China News Agency, 1958)。马尔萨斯错了,因为人多,点子多,热情高,干劲大。尽管中国一穷二白,但坏事可以变成好事。最重要的是,因为穷则思变,中国人民就会有变革的愿望。

当时,毛泽东坚信中国粮食问题已经彻底解决。他指示党的工作重心转向工业。过早揭开锅盖的收成报道预测,1959 年粮食总产量可望达到 4.5 亿吨,这使得他忧心忡忡,不知剩余粮食怎样才能保存。

1959 年春,部分党员开始看出真相:农业正变得一败涂地。另一方面,某些人却在试图维护"大跃进"制造的梦幻。尽管对试图否认"大跃进"成就的人士重新发动了进攻,到 8 月底,日益高涨的清醒潮流还是重创了"大跃进"的热情。

"大跃进"期间农业失败的程度和范围是极其严重的。表 2.1 显示了

表 2.1　中国粮食产量估算

报道机构	粮食产量(百万吨)				
	1957 年	1958 年	1959 年	1960 年	1961 年
中国官方	185	250	270	150	161
美国驻香港领事馆	—	194	168	160	167
中国台湾地区	—	185	160	120	130
日本	185	200	185	150	160
霍伯和罗克韦尔	185	175	154	130	140
道声	185	204	160	170	—
简氏和普尔曼	185	210	192	185	—
平均值	185	204	184	152	157

资料来源:Kula, 1989。

包括中国官方媒体在内的七大不同新闻机构报道的粮食产量情况。根据最后一行平均数来看,1958—1961 年间,粮食减产了 23％,而且这期间没有进口任何粮食。1961 年,收获略有增加,但是仍然远低于 1957 年的水平。

　　农业失败有大量原因:种植过密,这是干部抵制农学家建议而自作主张的做法,其结果是引起产量亏损;无视地方条件,采用未经试验的耕种方法;不是严格地根据水资源、人力和其他资源的条件允许,推行不切实际的灌溉计划;由于数百万人涌进企业,特别是从事家庭土法炼钢,致使农业劳动力普遍短缺;农资工业未能供给机器、工具、肥料和其他农用物资;撤销农业劳动力生产奖励措施,将其贬斥为资本主义一套;最后,天时不利,食不果腹降低了农民的积极性和体力。由于缺乏食物,医治不力,大量人口死亡,同时,因为人力减少,田地荒芜,杂草蔓延。

　　进入 1962 年,气候转好,农业前景也看好。一些决策者逐渐认识到"大跃进"是一场失败。1962 年底,计划生育运动再行恢复,这标志着马尔萨斯理论的复活。

　　今天,马尔萨斯理论重新回到中国。20 世纪 80 年代伊始,国家即开始执行鼓励晚婚和独生子女的政策。夫妇超生要被罚款,有时要受到革职处分。只有第一胎生了残疾婴儿的夫妇才有权再生一胎。

再飞跃：下一个阶段

　　在世界许多地区,例如印度次大陆、南亚和非洲等地,人口对土地的压力一直呈现着不合情理的增加。很多人预测,按照目前趋势,到 21 世纪下半叶,印度次大陆和中国的总人口量,将逼近 40 亿。这将使马尔萨斯理论在 21 世纪及以后常保生命力。关于这一点,赫胥黎(Huxley, 1959)提出,下一个世纪不可能是太空时代,或者启蒙抑或繁荣的时代,而将是人口过剩的时代。它将会伴随着令人恐怖的后果,诸如贫困、环境恶化、战争、平均智力水准下降和公民自由的变质。不仅发展中国家会这样,全世界都难以幸免。难以想象的人口增长,不止会发生在人口已经稠密、土地肥沃和生产条件好的地区,也会发生在不适宜人类居住的地区。那里,境遇糟糕的农民为了获得更多的食物而疯狂使用土地,土壤正被侵蚀。而那些易于得到矿石或其他矿藏的地方,将遭到不顾一切贪图挥霍的人们的滥采。这样的本能性境况甚至将更持久、更险恶地朝向历史舞台的前沿移动,并且将会遍及全球,留下数世纪难以终结的中心难题。

清洁的水、青霉素和五花八门的预防药物,是有助于降低死亡率的相对较便宜的商品。由于这些商品方便易得,所以,即使再困难的政府,也有足够的能力和基本措施,保证国民减少死亡。另一方面,生育节制则是需要全体人民配合的不同问题。它要求数不胜数的个体比文盲拥有更多的意志力和理智,并且每日实践履行。实现生育节制的目标有较大的困难。与此对照,死亡控制则容易达到。20世纪的死亡率以惊人的、突如其来的速率降了下来。而生殖率要么与从前水准持平,要么即使下落也极轻微。

除了环境质量的持续恶化和自然矿藏的不断减少之外,赫胥黎又强调了两类附加的问题:到处蔓延的独裁制和平均智力的衰退。几乎不用费神思考,在不堪忍受的拥挤区域,因为占首位的大多数人对基本需求无法心满意足,所以,自由和民主的条件不可能再有保障。历史已经反复证明,当国家经济生活朝不保夕时,中央政府会自作主张,给人民强加更多的义务。在未来类似的氛围中,中央政府有必要制定出万无一失的规划,也会对个体日常活动强加诸多限制,以期应对因人口泛滥引起的危急状态。如果危机加深,为了维持公共秩序和统治者自己的权威,中央政府将不得不捏紧权威主义的铁钳。最终,越来越多的权力将会被聚敛到政府的掌心。

权力的本性如此,以致那些不曾追求但是一旦拥有权力的人,不仅容易成瘾,而且渴望攫取更大的权力。在人口达到危机极点的国家,经济不安全和社会不稳定的加剧,必定会招来权威主义更严重的政府控制。这将给压迫和腐败大开绿灯:"如果这个事实成立,人口泛滥经过不稳定打开通向独裁之路,就会是十拿九稳的事情。"

多难地区的这种情形,其影响会波及欧洲、日本、澳大利亚、新西兰和北美已有的西方民主制度。更可能的是,贫困世界的独裁政府敌视西方,可能会收缩甚至终止西方人生存需要的物资流通。由于缺乏关键物资,西方建立的工业化体系可能会崩溃。如此一来,西方国家到目前为止,在微小的版图面积上能供养高密度人口的高度发达的技术将失去效力。如果这些情况出现,不利条件对西方政府产生的力量可能最终产生出独裁精神。

赫胥黎断言,在自由和宽容的社会里,大多数人明白,善良的目的并不能证明手段正当。但是在那样的境遇里,怎样理解手段好而目的坏的结果呢? 特别是,现代医学的发展,改良了的卫生设施和仁慈的社会态度,正使得大多数有遗传缺陷的孩子成活,遗传病的种类也有所扩大。昔日,哪怕有轻微的先天疾病的孩子也极少能够存活下来。现在,因为有现代医学,患有不治之症的、容易发病的个体的生命得以延长。尽管有进步的手段,普通人的身体健康非但不见提高,反而可能伴随着平均智力水平的下降而有恶化之虞。

赫胥黎促使人们重视并去研究这样的情况:因为我们最好的种系与在各方面较次的种系远交,人口素质衰落已经发生并且还将持续下去。随着生理健康和智商水平的下降,我们的自由、宽容和正义感传统还能够维持多久?

阻止厄运的发生显而易见是正当的。但是,对我们的由于不利变异结果产生的后代进行大规模干扰转变,将进一步加剧基因池的污染。这将使人类物种的成员不得不遭受更大的坏处。

(Huxley,1959)

体弱的孩子的幸存,可能引起累加的影响,从而使民族衰弱。关于这个问题,早于赫胥黎数年之前,庇古(Pigou,1920)就忧心忡忡。庇古提出了令我们为难的问题,即经济和社会进步过程是否会播下可能污染我们基因池的种子。

许多民族都强调,总财富的增长可能会危害民族的活力。体质虚弱的孩子们,在艰苦条件下本会死亡,而在更轻松舒适的环境中却能幸存下来并生儿育女。这个事实甚至已经隐藏着这样的启示:一些获得大量财富的民族和贵族阶层最终凋敝的奥秘就在其中。

(Huxley,1959:117)

智力水平的下降,只能成为民主制向独裁制转变的帮凶。一旦极权主义统治制度在西方建成,政府将疲于奔命以满足其臣民基本层次的需要。这些国民由于受到人口过剩引起的难题的威胁,可能会放弃自由和正义,唯求汉堡和电视。追求思考的人生和心忧天下的少数人,将犹如在地狱里一般难熬。他们可能借麻醉剂浇愁,而极权主义政府可能会鼓励使用麻醉剂,从而使他们俯首帖耳。

在赫胥黎的理论构造中,允许不适应的社会集团的生存和扩张终将导致世界人口泛滥。这是在违背自然选择原理。容忍这种现象发生的社会制度和态度,在内生的重压下,最终会坍塌。

尽管马尔萨斯的理论是有威力的,并且让人不能不佩服,但是,其中可能存在一些问题。马尔萨斯在其地租理论中进一步探讨的(Malthus,

1815)报酬递减律,作为经济学规律,紧紧抓住了一个恒定不变的技术状态。现在,西欧是地球上一个微小而十分拥挤的地区,其首要问题并非粮食短缺,而是过剩问题。这是农业技术的进步和自第二次世界大战以来就存在的相当大的农业补贴的结果。此外,马尔萨斯未能弄明白,随着收入和教育水平的提高,人们可能会改变态度,通过自愿节育的方式减少家庭人口。现代欧洲已经出现这样的现象。在这一过程中,计划生育技术是十分重要的。多样化的有效的生育节制办法,包括避孕药,使欧洲许多地区维持了稳定人口。和马尔萨斯的断定相反,在一些国家,避孕药被证明是节制人口的适用措施,在其他国家同一方向的共同努力正在推进中。

18 世纪的马尔萨斯自然难以前瞻到这样的发展。他指出,人口的至高无上的威力将压倒人类社会:

> 在这个渗透于有生命的自然万物中的规律的势力范围内,照我看,人类无路可逃。从终极意义上讲,任何虚幻的平等,任何土地均分的规章,也消除不了哪怕一个世纪内的压力。

> (Malthus,1798)

尽管在欧洲建成的民主制度中,社会和技术获得了成功,那里的食物供应持续剩余,人口大致稳定,可是,要是认为马尔萨斯的理论是虚假不实的,则未免过于草率了。因为,正如后文将揭示的,马尔萨斯的人类未来并不乐观的理论,属于现代世界模式的主要组成部分之一。而且,像莱斯特·布朗(Lester Brown,1994)等一些现代马尔萨斯主义者就断言,整个世界将进入令人极其恐惧的马尔萨斯时代。

第 3 章　李嘉图停滞

大卫·李嘉图

　　李嘉图[1]是一个伦敦证券交易人的儿子。靠其父亲的帮助,他成了股票交易所的生意人。二十五六岁时他已经积聚了一大笔财富。40 岁多一点,他就退休了。作为一个拥有乡间地产的富翁,他潜心研究经济学,是一个激进的思想家。李嘉图是资本积累和经济增长的鼓吹者。他也就国际贸易和劳动价值论以及地租,包括土地原产品地租进行写作。

　　其古典地租理论的发展,出自所谓《谷物法》争论(Corn Law Controversy)。这个法案是拿破仑战争的结果。马尔萨斯在这套理论的发展中发挥了重要作用。战争期间的港口禁运令,将外国粮食拒于国门之外,迫使英国农民增加粮食生产以维持人民生活。其结果是,英国粮食售价在 1790 年到 1810 年间,平均每个秋季上升 18%。地租也增加了,这使地主乐不可支。在 1815 年,《谷物法》有效地禁止了外国粮食进口。它事实上是农业保护主义最早的例证之一,影响了这个国家的经济增长和收入分配。

　　李嘉图赞同马尔萨斯关于人口和地租的基本原理(Ricardo,1817)。李嘉图提出,粮食价格的增加可用收入递减律解释,生产的价格是由利润、工资和地租决定的。如果在旧的土地上增加产量,地租将是接近零或零增长。用他的话说,"如果社会处于进步中,次级的土地将被垦殖,地租当下会从一级土地开始定价,地租的数量则有赖于这两部分土地在质量

---

① 　大卫·李嘉图(David Ricardo,1772—1823 年),英国资产阶级古典政治经济学的完成人,也被认为是边际主义理论的先驱者。代表作有《政治经济学及赋税原理》(1817)。——译者注

上的差异"(ibid.；亦见 Sraffa and Dobb，1951—1955)。

李嘉图相信，资本的增加是经济发展的主要源泉。因此，一切经济政策应当以促进它为宗旨。像斯密一样，李嘉图坚持认为，经济自由将导致最大利润，它是资本积累的源泉。并且，竞争性的经济结构将促进利润最大化的投资决定，这接下去会使经济增长最大化。

关于工资水平线，李嘉图认为，《谷物法》允许工资上升，但是又使得利润下降。因此，资本积累太少，会减缓经济增长。在李嘉图的理论格局中，利润是经济增长的发动机，工资则是人口扩张的发动机。如果工资的增加超过生存维持标准，世界上新生人口数蹿升，工资最终将回落到维持基本生活水平状态。要是工资降到可维持基本生计以下，人口会由于营养不良而减少，于是工资又会升高到高于基本生计维持标准。

正当李嘉图思索其理论时，英国出现了应当推进农业还是工业生产的争论。在对法战争期间，地主们感到高兴，因为地租增加了。随着和平期的到来，对农业的需求疲软，粮食的价格下跌。地主和农民开始共同游说政府，要求增加粮食进口税。他们论证说，有利的农业是维护英国国防和价值观的基础。这里，重点被放在旧的重农学派的理想，即经济增长依靠的是土地的自然生产力上面。

另一方面，实业家们反对增加粮食关税的观念。他们的根据是，这将增加食品价格，因而不可避免地增加维持最低生活的工资。它会反映到国内工业品销售上，也会反映到国际市场上。实业家争论说，民族的未来依赖于工业扩张（这很大程度上依赖于廉价劳动），而不在于农业。他们辩称，应该废止《谷物法》。李嘉图对实业家比对农民更加同情。在他看来，国内农业的发展只能使地主而不是使实际增加粮食生产的农民得利。按照这种方式，国民收入更大的部分会流入一个基本上是寄生虫的集团。他们中有些人已经因为过着纸醉金迷、令人憎恶的生活方式而臭名远扬。换句话说，地租是浮华生活的发动机。更何况，肥力不足的新垦地，将从工业部门吸引资本和劳力而进一步危害工业部门。由关税引起的高扬的粮食价格,将是在国际市场上日益崛起的英国工业的破坏因素。

李嘉图的理论远不止于用来处理当时的问题。福斯菲尔德(Fusfeld,1977)认为,如果那样,由于人们对那些问题兴趣的枯萎,李嘉图的理论早就夭折了。尽管是源于当时问题的刺激,但是李嘉图的分析非常深入,他使它们成为普遍化的经济增长理论。这主导了他死后许多年的经济学家的思想。其理论中工资和利润水平存在冲突。如果工资高于基本生活要求,利润将缩减到最小值,那么资本积累将中止。接下来,由于有高出基本生存的工资,人口将持续攀升,这又迫使工人的报酬回落到维持基本生活水平。这样,增长的利润将增加资本积累,然后启动增长,如此等等。最终,到利润由于收入递减律而不再增加时,这一过程就停止。此时,没有资本积累,没有增长,工资只能维持基本生存,经济处于无增无减的停滞状态。

在李嘉图模型的中心处藏有这样的理念:由于自然资源的稀缺,经济发展最终必定耗竭。让我们从农业的立场来审察一下李嘉图的理论。试设想整个世界是一个规模不变的巨大农场,其中资本和劳动(人口)可视作生产粮食的投入。根据图 3.1 所示,人口标示于水平轴,产量位于垂直轴。由于土地的规模和所有权一定,所以我们不考虑地主。产量曲线是 OP,最低生活线用 OW 表示。当人口是 OK 时,最低工资为 KR,利润为 TR。当然,OW 线的斜率表示工资率,算法是 KR/OK,即,总工资额除以工人人数。该模型的活动方式如下:利润引起增长,然后工资上升到超过基本生活需求,这会刺激人口增长。因为产量沿 OP 线展开,人口将沿水平轴移动,最终在 OW 上的某一点,设如 R' 点,工资降低到基本状态以下。在该点处,产量和人口标准更高,但是利润率比始点 R 低。不过如果没有到达 D 这一停滞点,则该系统中仍有推动经济发展的利润。在 D 点,由于自然资源的稀缺,基本生活工资、利润被排除出系统,人口和产量水平保持不变。

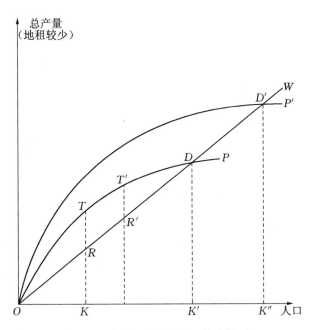

图 3.1　李嘉图经济增长和停滞模型

　　不过,李嘉图觉察到,技术进步将带来较大的回报,使 *OP* 转移到产量线 *OP′*。但是,这消除不了收益递减的趋势。到 *D′* 点,产量更高,人口也比 *K′* 更多,最低生活维持标准没有改变。在特定的自然资源稀缺的情况下,企业(靠利己动机驱动)尽本分地投资,不管什么时候只要条件许可,工人们能够吃饱而已。最终,经济进步的车轮停转。

　　马尔萨斯和李嘉图的理论有两相平行之处,是显而易见的,因为二者都强调:人口增长将不可避免地使经济发展终结,这一点具有决定性的重要性。在通往停滞的途中,可能发生饥荒、战争和流行病。埃德尔(Edel,1973)声称,按照李嘉图的分析,黑死病和爱尔兰土豆大饥荒(Irish Potato Famine)可能都是土地所有制内在结构激发的产物。试举一例为证,在爱尔兰,由于统治者将最肥沃的土地据为己有,当地人被迫迁移到边缘土地上。尽管爱尔兰有粮食剩余，可是被殖民者土地拥有人运往英格兰。大多数农民以原产于秘鲁的土豆为生。和本土生长情况不同，爱尔兰种植的那些秘鲁土豆都是先天相似的，它们拥挤在爱尔兰农民贫瘠的土壤中，这很快引起了枯萎病的蔓延。"一旦黑死病极有可能出现，生物学理论会研究其病理学原因。可是，使黑死病可能发生的条件是经济学原因。"（Edel，1973：32—33）这次饥荒削减了爱尔兰大约四分之一的人口。

李嘉图也写了不少有关采掘业方面的经济学论著，其中，他批评了亚当·斯密的地租理论。李嘉图关于地租的定义说：地租是"为了使用土壤的、原始的、不可破坏的力量而付给地主的那部分土地产品"。该定义现在出现在许多经济学教科书中。他对亚当·斯密所谓地租是因为砍伐土地上树木而付给土地拥有者补偿的观点发起了批判。根据李嘉图的观点，这是支付木材费，和地租没有关系。可是，如果为了使用土地造林而支付土地拥有者，那么就应当称为地租。

李嘉图赞成斯密说的：就像在农业中一样，最贫瘠的矿藏的收益，可以规范所有其他矿藏的地租。但是，他对斯密说的"边缘性的土地总能获得地租，而边缘性的矿藏则不能"的观点提出了挑战。换句话说，在李嘉图的理论中，地租与在农业中土地的原产品在生产中所起的作用一样，以完全同样的方式发挥作用。显然，李嘉图有关地租的撰述存在矛盾。一方面，他认为，为木材或矿物储备支付给土地拥有者的费用不是地租。但是另一方面，他坚持，可以用解释农业地租同样的规则来解释矿产地地租。根据坎南（Cannan，1917）等经济学家的观点，在李嘉图的语言中能够找到解释这个矛盾的方式。与其所有同行形成对照的是，李嘉图没有得到广博的文化教育。坎南（Cannan，1964）后来强调，李嘉图觉察到矿产地地租和农业地租之间存在差别。但是，李嘉图在撰写有关地租的著作时是根据递减律在思考，当时，这在农业中非常流行。可是，在矿产领域，由于贵金属价格正在下跌，递增律是主导。对此一问题的更广泛的讨论,请参见罗宾逊的论述(Robinson,1989)。

至于自然资源采掘部门的价格趋势,李嘉图认为有两个相反的影响因素。一方面,由于采矿技术和运输的新发现、新改进,价格趋于下跌;另一方面,当工程挺进到地下更深层,以至于渗出地下水时,采掘会变得不利,由于要追加成本,所以价格上扬。最后,从长远来看,由于低级矿藏的不断增加,上升的开采成本会超出自然资源采掘技术与运输网络进步带来的价值。在这里,依照其对终极性的收益递减律的强调,李嘉图有别于斯密的设想,即斯密所认为的丰裕和进步将引起收益递增的基本乐观的看法。

反对李嘉图停滞

亨利·凯利(Henry Carey,1793—1873 年)是美国爱尔兰移民的儿子,42 岁时开始进行经济学著述,其第一本书为《政治经济学原理》。在书中,他迎头挑战李嘉图—马尔萨斯的理论,即面临报酬递减律的人口增长将造成停滞和人类未来数年生活状况惨淡的观点。根据他的看法,农业和自然资源采掘业的历史事实表明,收益增加、资本积累水平充分显示出它们的增长比人口增长的步伐更快。他的父亲马修·凯利(Matthew Carey),一位作家兼出版商,也是一个伟大的保护主义辩护士,持有充分发展美国经济潜能的观点。在他看来,这个过程不应该被外国的竞争所动摇。亨利·凯利的主要观点和其父亲相同,他们都是保护主义者。但是,凯利的处女作,主要是为了反对马尔萨斯和李嘉图之流的悲观主义论调。

凯利认为,遍及全世界的农业发展显示出的是一个收益按比例增加的从高成本到低成本运作的模式。这是因为,当人类最先采取定居方式时,他们在高地上选择了轻松愉快的有林木地区,那里的土壤类型是贫瘠的。垦殖是从就近的版图开始的。后来,人口增加、资本积累和技术发展,迫使人类去开垦洼地中最肥沃的土壤。根据凯利的看法,这个过程是历史事实,它使得农业产量增长走在人口增加的前面。旧土地的唯一有利因素,归结而言是它们的易得性。可是,由于道路、运河等社会基础设施的进步,运用改进的技术可以获得许多质量更高的土地。

在自然资源采掘部门,也可以观察到类似的收益增加律的情形。在早期定居阶段,由于资本短缺,大量的开矿是不可能的。由于农业生产有了剩余,对社会基础设施和开矿的投资增加了。从多种因素来看,随着新矿得到开采,我们认识到的应该是收益增加律,而不是递减的规律。首先,资本更集中的运用更大地提高了生产力:

> 资本的增加,让采矿作业能够下降到更深的深度,矿藏开采的价值比起先的更高了。随着资本的进一步投入,采矿深度继续下降,从 300 到 500 到 600 到 1 000 甚至于到 1 500 英尺以下,伴随着投资依次增加,地产获得更高的价值,尽管如此,采出的煤的质量提高了。

(Carey,1858)

其次,自然资源采掘技术的进步使矿业产出大大提高。这意味着资本的质量和数量的增加,可以让更多的矿藏获得开采,同时可以阻止收益递减律的发难。

第三个因素是,由于经济发展的激励,联合、协作和通商贸易的机会增加。这些因素使从前认为无价值的新矿场可以进入生产。凯利使用煤、石灰石和花岗岩矿藏等为例以证明其观点。即使资本集中程度和自然资源采掘技术没有任何变化,第三个因素也可能使矿业生产获得越来越多的利润。"每一口矿井的打开,都有助于促进朝着同一方向的迈进,因为它们两两之间都倾向于联合和合并。"(Carey,1858)

至于对土地拥有者的回报，即地租，凯利认为，大卫·李嘉图的分析是错误的。根据凯利的思考，在矿业、森林业和农业之间，基本上不存在任何差异，这三者都和土地的产出能力有固定的关系。如果有人要建构差异，重点应该放在程度而不是种类上。例如，就土地生产能力的范围看，木材和粮食没有任何差异，例外的是前者需要更漫长的生长期。为了木材抑或为了粮食而向地主缴费，实际上是一回事。交纳租费，并不是因为从土地中采掘了物资，而是为了得到使用其地产的生产力的许可。

必须指出，木材的收获和粮食的收获之间存在着实质性的区别。农民们能够确定地知道后者的收获期。可是，对于森林部门，那是不确定的。当然，这是学术界百余年来争论不休的一个论题。

正当凯利发展他的理论的时候，马丁·弗斯特曼（Martin Faustmann，1849）正在解决如何鉴别树木最佳砍伐期这一困难问题。如果顺其自然，许多商业木材的物种可以生长 100 年有余，直到其木质开始自行败坏。为了最大化地获取树木的价值，拥有者应该到木质开始败坏时才砍伐吗？虽然表达上有些含糊不清，弗斯特曼认为，在辨别最佳砍伐树龄时，拥有者应该考虑诸多因素，例如木材的预期收益、土地的租赁价值和商业利润率等。总之，最佳砍伐树龄要和最大化可持续生产保持一致是十分不可能的。

在试图澄清弗斯特曼的理论时，萨缪尔森（Samuelson，1976）新近提出，许多著名的林业人士，还有经济学家，在分析最佳砍伐期时，由于求助于单一的循环模式而出了差错。他们这样做误导了同行。他认为，解决这一问题的正确办法是，运用潜藏在弗斯特曼分析中的多重循环法。

在凯利的理论中，有一个相似的论证，可以运用到煤矿业上。在煤矿部门，矿物的形成要花无数个世纪。而且，农业土地就像矿藏地点一样，易于毁坏。如果农民鲁莽地使用有生产能力的土地，其肥力将衰退，最终会突然变得没有价值。因此，农业土地像矿藏一样容易消耗。根据凯利的研究,林业、短期循环的农业和采掘业之间,本质上不存在什么根本差异,因为每种活动都产生地租。

凯利的理论在经济学文献中能找到一些佐证。例如,坎南(Cannan, 1917)宣称,关于粗放耕种的界限,凯利所指出的农业产业过去不曾经历过递减律是正确的。但是,凯利所放言的大规模人口增长具有优势这种乐观主义态度过于极端了。熊彼特(Schumpeter, 1954)主张,有证据支持凯利的成比例递增的假说,尤其是在美国。但是,这仍然否证不了李嘉图的理论。这就是说,首先耕种贫瘠土地,不见得可以必然地证明李嘉图是错的。熊彼特认为,亨利·凯利不算是一位好的分析经济学家,但是,他是一位眼光远大的了不起的人。关于穆勒和杰文斯认为矿业和农业之间存在相当大的区别的观点,也是值得注意的,随后的部分我们还将讨论。

李嘉图—马尔萨斯的悲观主义也遭到带有强烈宗教信仰的经济学家的批评。这正如熊彼特(Schumpeter, 1954)所言,"在经济学思想发展之初,神学是指导性力量"。

基本支持停滞论的古典经济学家

约翰·斯图亚特·穆勒[①]是哲学家和经济学家,他著述的范围包括逻辑、国际贸易、政治经济学、福利经济学、货币、银行、农业和自然资源等等。和凯利不同,他在《政治经济学原理及其在社会哲学上的应用》(1848)一书中,对作为土地果实的矿业和农业生产作出了区分。他指出,

---

① 约翰·斯图亚特·穆勒(John Stuart Mill, 1806—1873 年),英国哲学家、逻辑学家、古典经济学家,也是 19 世纪末期边际主义的先驱者。自幼受到良好的教育,学术研究非常广泛。激烈批评早期工业化,背离放任的自由观,持多元化的自由观,抨击"多数人的暴政"。代表作有《论自由》(1859)、《功利主义》(1863)、《逻辑学》等。经济学著作有:概括介绍 19 世纪中叶英国著名经济学家的教科书《政治经济学原理及其在社会哲学上的应用》(1848),首次研究经济学方法论的《政治经济学中的未决问题》(1844)。——译者注

首先,煤和金属矿藏是可以耗竭的,因此,从长远来看,其累积开采更有符合递减律的倾向。可是,另一方面,就生产成本的降低而言,技术发展对矿产部门比对农业更容易产生影响。而且,优质矿藏的突然发现,也抵消了既有矿藏消耗趋势的进程。因此,在关于矿业长期繁荣方面,穆勒总的立场似乎更为乐观,反映了斯密和凯利的早期观点(Robinson,1989)。穆勒在分析中,也提到渔业以及自然资源采掘生产,认为那些已经投入使用的优质自然资源的开发,可以得到改进。在这一点上,他有异于李嘉图。

穆勒著作中还有一个显著的特点。在穆勒这里,农业基本上不同于采矿业的观念破天荒地得到讨论。他认为,不像耕种,矿业的特性体现在对现在和未来生产力的权衡中。而这需要生产过程中有一个包含使用成本的最优化的时序框架。正如下文将看到的,在矿业经济学基本原理的发展中,这是一个关键性观念。

穆勒为作为整体的采掘业提供了两套方案。第一,生产活动的自然结局将逐渐导致粗放边缘上的收益递减,用户成本将变得很大。第二,该过程,即"事件自然发生的过程",可能会受到能降低价格的优质矿藏新发现的干扰,促使人们放弃已有的成本高、品级低的矿藏。就这一点来说,我们可以认为,穆勒采取了介于斯密和李嘉图之间的立场。当然,对采掘业的发展,他似乎较其前驱们更为乐观。

在包罗人口增长和经济进步为一体的非常广博的层次上,穆勒似乎站在马尔萨斯和李嘉图一边。穆勒指出,实际上,增长不是无穷的过程。任何增长,包括经济的,最终必将趋于长久的平衡。根据他的研究,因为人类狂热地争取物质进步,18—19世纪的确发生过持久增长,但是本质上这并非可持续的,也不值得向往。

只有傻瓜才会希求生活于一个被人类及其占有物弄得拥挤不堪的世界。独处是人类幸福的基本成分之一。世界上每平方米的土地都被开垦殆尽,自然田园中每一块花团锦簇的空地被翻耕,种种动植物由于人类的觅食而灭绝,所有灌木丛或剩余的树木被连根拔除,抱怨这些统统是于事无补的。为了支持我们大规模的人口生存而牺牲地球大部分壮观和愉悦所在,这将是极大的浪费。"我诚恳地希望,为了后代,不要等到万不得已的时候他们就能尽早对无增无减的稳恒状态知足常乐。"(Mill,1848)

尽管穆勒关于人类福利的看法已经存在不止 100 年,但仍然获得大多数保守主义者的支持。这些人相信经济增长既不能解决我们的难题,也不会改进未来的状况。穆勒的观点对一些福利经济学家也构成了一个挑战。他们认为,当最大多数人实现了最大消费能力时,社会福利将达到最大化。在穆勒的学术传统中,经济增长基本上只适用于发展中国家。而在发达国家,真正的问题是收入分配,而不是增长。那时和现在仍流行着这样一个观念,即高于一切之上的持续增长和资本积累最具重要性,穆勒却对其没有什么反应。他相信,人与人互相竞争、以物质产品为衡量标准的进步,既不合乎自然,也不值得人类追求,并且终将会以失败告终。

威廉·斯坦利·杰文斯[①]以其关于边际消费效用的理论,被许多人尊奉为新古典思维的先锋经济学家之一。可是,他对煤的探讨更多的是根据古典传统的精神。不同于马尔萨斯和李嘉图,在杰文斯生活的时代,英国的快速工业化正井井有条地向前迈进。除了边际效用理论,他围绕很多经济学领域,包括资源损耗、与太阳黑子相关的商业周期理论等,进行了撰述。在其资源耗竭理论中,通过强调煤的采掘是英国经济发展最重要的限制,他使煤的采掘成了一个中心问题。根据他的论述,迅猛的工业化一直在吞噬富集和易开采的储备,并迫使矿主们开掘有难度的矿点。

从 1850 年起,英国原煤的产量和价格迅速提高。表 3.1 显示了

[①] 威廉·斯坦利·杰文斯(William Stanley Jevons,1835—1882 年),英国经济学家、逻辑学家和哲学家。在经济学上,是边际效用学派的创立人之一,数理经济学派早期代表之一,新古典经济学创立人之一。代表作有《煤炭问题》(1865)、《政治经济学理论》(1871)、《通货与金融研究》(论文集,1884)、《科学原理:一篇逻辑与科学方法论论文》(1874)。——译者注

1850—1869 年之间煤的产量和价格趋势。

表 3.1 1850—1869 年原煤年产量(估)、井口价格指数(估)

年份	吨(百万)	价格(1990 年＝100)
1850	62.5	38.5
1851	62.5	37.7
1852	68.3	35.4
1853	71.1	43.1
1854	75.1	49.2
1855	76.4	49.2
1856	79.0	48.5
1857	81.9	46.9
1858	80.3	43.3
1859	82.8	44.6
1860	89.2	46.9
1861	91.1	48.5
1862	55.7	45.4
1863	99.1	44.6
1864	102.1	48.5
1865	104.9	53.8
1866	106.4	59.2
1867	108.2	57.7
1868	110.9	54.6
1869	115.5	50.0

资料来源:Church, 1986。

在《煤炭问题:关于国家进步和国内煤矿可能耗竭问题的研究》(1865)一书中,杰文斯让煤炭价格升高成了不祥的问题。他强调,在英国经济的最高层次,煤炭具有核心重要性:"不管是钢铁还是蒸汽动力机,只有煤炭能十足地掌控它们;因此,可以称这个煤炭支配的世纪为'煤炭的世纪'。"后面他又补充说,英国最有价值的煤层的急速消耗,现在随处可见,不久煤炭储存将被耗尽,或者,成本会增加到工业不再能够正常运转的极限点:

我必须指出这一痛苦的实情：增长的状态因此将长期依赖与总供给相当的煤炭消费。随着深度和开采困难的增加，我们将遭遇模糊不定但是又无法避免的限度，而这将使我们脱离进步的道路。

然而，随后的时间已经证明，杰文斯《煤炭问题》论述的英国煤藏耗竭事实上不曾发生。从实际情况看，有些煤矿采尽了，但是很多富裕的矿藏又不断被发现了。今天，煤炭是英国最丰富的矿物燃料储备。不幸的是，它成了政治敏感和易惹麻烦的商品。尤其自第二次世界大战结束以来，一些人将其视为擢升地位的"政治足球"。20世纪50年代，政府以多种多样的手段，例如补贴，来鼓舞煤炭生产及其在发电站的使用。到20世纪六七十年代，煤炭工人成了既给工党又给保守党政府制造问题的主要政治压力集团。1984年，保守党政府回击正试图打垮经选举产生的政府的罢工矿工。罢工①以全国矿工工会（the National Union of Miners）的失败告终。在参与罢工战役中，矿工工会损失了相当数目的金钱。许多矿工被作为冗员离开企业，矿工工会成员锐减。英国煤炭局（the Coal Board）损失了2 000万吨的深采产量；73个煤矿采掘面关闭，其他许多采掘面也受到损失。其结果是，保守党政府政治上大获全胜。自那以后，煤炭工业开始持续衰落。政府认为，没有充分的需求，证明英国以竞争的价格开发煤炭是不正当的。当然，这个观点并非人人接受。

当前的"煤炭问题"和杰文斯所预言的情况十分不同。可是，有些人相信，杰文斯借助资源耗竭观念的预测，多少有点耸人听闻，他习惯于夸张（Hutchinson，1953）。凯恩斯诙谐地指出，杰文斯对纸张持类似的观

---

① 指玛格丽特·撒切尔（Margaret Thatcher）第二个执政期内英国发生的矿工大罢工。罢工的起因是，国外进口煤炭是英国煤炭价格的一半，英国煤炭局不堪竞争，撒切尔政府和英国煤炭局均不打算保护英国煤炭业。英国煤矿工人遇到了工作和生计压力，于是爆发了一年的罢工。——译者注

念,所以积藏了大量的包装纸和书写纸,到其去世 50 年后,他的孩子们还没有用完库存(Spiegel,1952)。

一种另类的稀缺观:1890—1920 年间美国的保护运动

古典经济学家如马尔萨斯、李嘉图、穆勒和杰文斯等对于人口增长、资源可得性和经济进步所表达的忧虑,成了 19 世纪下半叶思想团体中广为人知的事情。可是,一些自然科学家感到,经济学家们所持的稀缺观是一大障碍,也是十足的过分简单化。例如,马什①(Marsh,1865)认为,自然环境存在巨大的多样性、独立性和复杂性,它不能被还原为输出和输入;人类作为在环境中生存的一部分,也不能被简化为生产者兼/或消费者。用巴尼特和莫斯(Barnett and Morse,1963)的话说,"援引马什的说法,人们也可能把人类描述为一种总量或者线形的数量,而不提人类是活的有机体。人们或者将自然描绘为伦勃朗(Rembrandt,1606—1669 年)画笔下的无机植物仓库,或者将自然还原为古典经济学量化的土地"。

自然资源的世界,还处在极其复杂多变的进化过程中。马什认为,在人与自然不断地互相作用的过程里,如果说人类能够改变自然,自然也会变着法儿改变人。因此,对自然和人的平衡来说,有许多可能性。有些是好事,有些是坏事。如此而言,李嘉图和马尔萨斯的停滞学说,因为与自然搅和在一起,所以不可能是值得信赖的理论。

马什是 1890—1920 年间美国环境保护运动的先驱者之一。这个运动主要聚焦于关涉美国范围以内的问题。该运动主张,稀缺是生活实际。

---

① 乔治·马什(George Marsh,1801—1882 年),美国学者,地理学家、自然保护主义者,1864 年出版《人与自然:改变中的自然地貌》,开始反思人类经济行为对自然的负面影响。马什的立场仍然是人类中心化的。应当承认,该书是第一本超出人与自然单纯经济关系的观念而考虑地球管理需要伦理态度的著作。——译者注

通过它可以揭示在给定的时间点上区域乃至全球的物资可得性。例如，矿物燃料储藏在数量上必定是固定的。富集矿藏的新发现不应引起错误的富余印象，不应给不负责任的滥用大开绿灯，因为，今天为了没必要的用途多挥霍掉一分，到明日可以派上大用场的时候就缺少了一分。金属矿藏，尽管是可循环的，但是因为锈蚀、磨损、损坏和浪费等种种因素，同样服从耗竭的规律。

除了马什之外，美国保护运动有影响的后来人，还有亨利·大卫·梭罗①、约翰·缪尔②、乔治·桑塔亚那③。梭罗（Thoreau，1854）目前被视为保护运动中最早的生态哲学家，是美国经济增长与消费习惯的重要批评家。他相信，这些将严重制约只有人与自然和谐时才能达到的人类自由。塞申斯（Sessions，1995）声称，梭罗的一些言论，例如"世界存于原野"，给现代环境主义，也给19世纪美国保护运动提供了基础。而当时，梭罗的观点不啻于是空谷回音。

约翰·缪尔，苏格兰生的美国探险家和自然主义者。由于其家庭拒绝研究者们接触缪尔未发表的大多数作品，所以他身后长期保留着神秘形象。还是一个青年时，他就习惯于踏遍北美荒原，思想深深扎根于自

---

① 亨利·D.梭罗（Henry D.Thoreau，1817—1862年），美国文学家、哲学家、野外生态学家，被称为环境哲学的第一位真正的先知，"是把田园道德论发展为近代生态哲学的最主要的人"，声称人类应以自然的方式看待自然，放眼宇宙，平等民主地对待自然大家庭中的一切成员，改变自己去适应自然。其作品视地球为拥有某种精神的、有机的实体。代表作有《瓦尔登湖》，另有20余卷的自然生活与思考日记。——译者注

② 约翰·缪尔（John Muir，1838—1914年），美国"国家公园之父"，荒野保护的先驱者之一，有人称其为"西方的道家"，他抨击人类无端地凌驾于自然之上的优越的自我中心主义。其代表作《夏日走过山间》体现了他对自然的各种体验、顿悟、交融。进一步了解，可参考：*John Muir and His Legacy*，S.Fox，Little Brown and Company，1981。——译者注

③ 乔治·桑塔亚那（George Santayana，1863—1952年），西班牙裔美国哲学家、文学家，批判实在论的代表之一，对20世纪上半叶自然主义运动复兴有重要影响，他相信任何事物都可以得到一个自然的解释。代表作有《美感：美学理论纲要》（1896）、《理性的生活》（五卷，1905—1906）、《怀疑论和动物的信仰：一种哲学体系导论》（1923）、《存在的诸领域》（1927—1940）、《老子哲学体系》（1977）等。——译者注

然和生命。

有一次在走过一个沼泽地时,他看到一株很难进入人类视野的野兰花。这使他意识到,与人类中心主义的神学观念相反,事物不是为人而是为自身存在的(第 11 章中有一些篇幅讨论该问题)。尽管受到加尔文教的濡化,在千里远征墨西哥湾的过程中,他的生态中心的观点蓄足了力量。依靠在自然之中的体验而非说教的方式,他形成了自己的哲学立场。

根据塞申斯[①](Sessions,1995)的评论,梭罗和缪尔的生态中心主义的泛神论是对人类中心主义的一场尖锐突破。像梭罗一样,缪尔通过提高参与式的科学方法的运用,发展了一种自然的理解模式,例如,为了形成"仿冰川思维"(thinking like a glacier),可以在光洁如冰的花岗岩上躺一下。缪尔是开拓美国荒野保护运动的领袖级活动家之一。1892 年,他被选举为第一任峰峦俱乐部(the Sierra Club)主席,到 1914 年死前他一直执掌这个位置。(如要进一步了解缪尔对美国环境保护运动的影响,请参见 Turner,1985。)

20 世纪的哈佛哲学家乔治·桑塔亚那,是又一个从其同事的经济增长观点里觉醒的有影响的著作家。在他的伯克利退休讲演中,他指出,如果从苏格拉底以来的西方哲学家生活在加利福尼亚群山中,他们的思想体系必定是不同的。他们将会明白,人类不是,且永远不是宇宙的中心和中枢。加尔文主义视人类和自然一样,都是由于原罪而需要救赎。另一方面,将自然视为美丽的东西的超验主义是彻头彻尾的主观主义和一种虚假不实的自然体系。加尔文主义和超验主义都没能对剥削自然提出限

---

① 乔治·塞申斯(George Sessions,1938—2016 年),美国哲学家,环保主义者,奈斯开创的深生态学运动在美国的代言人之一。代表作有[与比尔·德维尔(Bill Devall)合著]*Deep Ecology:Live as if Nature Mattered*,Gibbs M. Smith,Inc.,Sale Late City,1985;编著有 George Sessions ed.,*Deep Ecology for the 21st Century*,Shambhala,Boston & London,1995。——译者注

制。相反,他们为通过技术主宰自然提供了借口。

根据美国保护运动先驱者们的理解,稀缺是永恒的。即使在极端节俭的情况下,它照样会发生。不过,浪费会大大加重稀缺的程度。所以,该运动谴责浪费既是自私自利,又是愚蠢颠顶的行为,像消费者主权和自由放任等经济学概念,经常动摇人们对资源的明智使用。根据艾斯(Ise, 1926)对保护运动文献的研究,自由市场经济哲学凭借虚构的无情无义的个体,鼓励不带充分必要的公共干预的竞争,赞赏消费者主权。关于自然资源稀缺的经济理论研究,这个运动没有更多的下文。

保护学说辨析了五花八门的浪费举动,包括对自然资源肆无忌惮的行为,例如,污染河流,破坏维持生态平衡的森林,任牧场过度放牧,即使水力发电来得更容易也要过度依赖矿物燃料发电等。保护学说不欣赏孕育出市场结构的社会,因为它招徕不必要的自然资源稀缺。

不善于获取最大化物质产出的活动也受到了谴责。其部分名目有:让全部或部分农作物在田地里腐烂;让硕果在枝头变质;过早地关闭油田、天然气或煤田;不全力生产水电能源而多多少少地依赖于矿物燃料能源等。换句话说,次优地从自然界获取果实也是浪费。这个观点和弗斯特曼—马尔萨斯的主张相互矛盾。他们解决最佳森林循环的办法是反对最大化可持续产出。自然资源的错误管理,例如允许林火燃烧,或者让煤矿淹没废弃,被认为是另一种形式的浪费。这和最终产品的滥用,例如不熄灯和无需供暖的时候加热,是一样的。

美国保护主义者也相信,如果没有充分的公共控制力量,自由市场不仅会强化"稀缺"这种永恒的自然特性,而且会产生主宰自然资源基础的所有权方面的大规模垄断。在这种方式下,会出现为了少数人而牺牲大多数利益的获取不公正的利润的现象。一般来说,富人们免不了倾向于沉迷于可引起嫉妒和不满的奢靡铺张的生活。

根据海斯[①]（Hays，1959）的研究，在很大程度上可以说，保护运动是由中产阶级城市居民发起的。他们见证了快速工业化对自然环境和美国社会的影响。他们不喜欢他们的所见所闻。劳动组织和商业共同体成了对立集团，不仅引起了冲突情形，而且动摇了个人主义。更何况，大规模的、丑陋的城市发展中的生活，破坏了共同体氛围，削弱了宗教信仰和美国传统的价值观。运动的导火线是一种以"稀缺"为焦点的学说。但是随后数年，为了聚集政治支持，它被扩展到包罗了各式各样的问题，诸如移民、童工、反托拉斯法和反工业化等。作为一种政治学说，它造成了国内矛盾。最后，这个学说不了了之。此外，对领袖人格包括对罗斯福[②]的崇拜主宰了这个运动。

该运动的另一个领袖是平肖[③]。他指出，有五种东西是美国文明不可缺少的。它们是：水、煤、木材、铁和农产品（Pinchot，1910）。巴尼特和莫斯（Barnett and Morse，1963）指出，这种提法将保护运动的稀缺观和马尔萨斯及李嘉图的那种稀缺观分离开来。在前者中，稀缺是多维度的，有具体的类型和性质。一种资源类型和性质可能比其他的更稀缺，在需求和供给上可能存在极大的区域差异。马尔萨斯和李嘉图的古典稀缺论则高度集中于农业土地形式。

在1908年白宫政府会议上，产生了制定出一份美国自然资源清单的

① 塞缪尔·P.海斯（Samuel P.Hays，1921—2017年），美国著名环境历史学家，被尊为"环境史的鼻祖"，代表作有《环境史探索》（1998）、《对工业化的反应：1885—1914》（1957，修订版1995）、《保护和效率主义：美国进步主义保护运动，1890—1920》（1959）、《1945年以来的环境政治史》（2000）等。1976年捐助360英亩土地给哈里逊县建立自然保护区。——译者注

② 西奥多·罗斯福（Theodore Roosevelt，1858—1919年），美国总统，保护主义者。担任总统时建立了50多个荒野保护地、18个国家自然保护遗址、5个国家公园。支持平肖，推动保护运动。——译者注

③ 吉福德·平肖（Gifford Pinchot，1865—1946年），美国林业家、政治家，美国林业部的奠基者，西奥多·罗斯福总统的密友和顾问，为美国引入了科学的林业管理。生平可参考其自传《突破》（1947）。——译者注

决定。该决定导致随后数年无数的测算。这个运动采取的路线是,通过考虑后代的需要而对所有国家自然财产进行理性和节俭的使用。

保护运动重视合乎动力平衡性质上的独立性。生命和地质及大气的特点以独立系统的形式发生相互交叠的作用。一个给定的平衡态可以被人类也可以被自然改变,正是这样的平衡决定了稀缺的限度。

该运动的缺陷之一是:在其存在期间,它没有运用任何一丁点儿的经济分析来研究稀缺。而且,运动大体上回避了19世纪的经济史,而这个时期正是发生快速工业化和城市化的时期。消费者主权、投资效益和竞争行为等经济学概念,在研究稀缺和环境质量现象方面,可能是非常有用的,却被作为充其量是不相干的,甚至最糟糕的时候竟以有害于运动的理由被抛弃。例如,资源使用上最大化可持续生产,是支撑美国保护主义者政策设想的基础。实际上,在渔业和森林业部门,它是有缺陷的概念。经济学家们的分析,考虑了比如渔产储量等在最大化可持续水平上的维持成本。如果成本是捕捞成绩上升的函数,正如它必定是的那样,那么最好应当保持低量水平上的捕捞(Kula,1994)。同样,从资源基地搬走最后一个原煤块,采掉最后一桶石油,如果采掘过程被证明比产出物的价值更昂贵的话,就不能产生经济意义。

可以说,美国保护运动使李嘉图—马尔萨斯的稀缺概念得以推广和流行,尽管事实上他们对李嘉图—马尔萨斯的稀缺理论的各个方面有所保留。关于改进农业技术以及可耕土地限度的效果,至少百年之后,人们才有发挥事后聪明的有利条件。与经济学家们不能同日而语,该运动对资源损耗率没有产生任何精确的建议,相反,不过是辩护了要永远节俭和负责任地使用资源。远在李嘉图和马尔萨斯降生之前,稀缺就是事实,保护运动烟消云散之后,它还将存在下去。事实上,它永远存在。根据巴尼特和莫斯(Barnett and Morse,1963)的观点,尽管有缺点,但是美国保护运动取得了政治上和社会上的成功。虽然其影响不是立竿见影,可是,该运动为后来数年的环境主义奠定了基础。

第4章　社会主义、马克思主义与环境

早期社会主义者们

就像自由主义者为亚当·斯密的企业自由理论准备好了基础一样，早期社会主义者给马克思的《资本论》准备好了基础。马克思的理论不是空穴来风。古典经济学家行列和早期社会主义运动中，都有它的先行者。马克思的理论是资本主义实践的尖锐批评者。

早期对资本主义体系的批评，集中在两条前沿阵线上。第一，特权化资产阶级的发展，造成了一个被严重剥夺权利的工人阶级的诞生。而且，随着资本积累过程的加速，这个现象逐步加剧。资本主义的兴起意味着贫困、艰苦劳动、危险的工作条件和严苛的监视。不仅对工人如此，对他们的妻子儿女也一样。市场机制对他们而言，似乎和凶残的封建地主一样。他们只有处于弱势的廉价的权利。第二，资本主义的步伐和严峻的手段，特别是自由主义思想，毫无顾忌地扫清了旧的制度和思想模式。这令一些著述家不知所从。它在人性的名义下扫荡旧制度和旧思维方式，承诺保障所有人的自由、平等、正义和富裕。然而实际情况大相径庭。

西斯蒙第①在其《政治经济学新原理》(1951)中提出，政治经济学本质上有道德的用途。其目的不是如此这般地创造财富，而是处理财富和人民的关系。因此，以实现社会公正为目的的财富分配与财富的创造同等重要。在英国、德国、意大利、比利时和瑞士旅行的时候，西斯蒙第注意到，生产能力的扩张并不能增加大众福利方面的平等。他看见人类在这种"进步"类型中的惨

---

① 让·沙尔·列奥纳尔·西蒙·德·西斯蒙第(Jean Charles Leonard Simonde de Sismondi，1773—1842年)，法国古典政治经济学的完成人。代表作有《政治经济学新原理》(1819)、《论商业财富》(1803)、《政治经济学研究》(1837)。——译者注

淡未来。由于大规模的企业和资本在少数人手中聚积，小农场主、作坊主和类似的经营者失望连连。劳动和所有权差不多成了完全分离的事情。

西斯蒙第也注意到，资本主义进步模式存在一个内在缺陷，因为强烈的竞争伴随着需求衰退，将导致无法销售掉的商品生产过剩。同时，资本和劳动都不易从产业生产过程中回笼。工人们不能是一切的生产者，却只是少部分成果的消费者。那样的过程难以持续下去。和马尔萨斯不同，西斯蒙第不相信人口泛滥能超过基本生存的手段。如果工人真正拥有自由，他就可以控制其情形。他会明白其现有条件，并且，会计算其未来选择。因此，他必定会判断什么时候成婚，生几个孩子。西斯蒙第希望能见到，小农和小手工业者，作为当时存在体制的替代物得到复兴。

虽然被马克思刻画为小资产阶级，但是蒲鲁东①不失为贸易联盟主义和无政府学说的领袖人物之一。其主要目的不是要建立任何独裁制度，而是要建成一个能够保证所有人享受公正的社会体系。在这个社会中没有任何国家强加的约束规范。蒲鲁东相信，那些强加的约束规范只能造成压迫。在其1846年出版的《经济矛盾与贫困的哲学》一书中，他指出，冲突是人类永存的状况。他宣告至少在理论上要找到废除冲突的正确观念，以有益于创造一个比现存制度更美好的社会。

尽管蒲鲁东声称"财产是肮脏的"，可是，他把私有财产制度视为自由的基本条件。他认为，劳动是财富的唯一源泉，虽然劳动几乎得不到或者根本得不到创造的回报。一切个体、劳动者和其他人，都应当能享受自己的劳动成果。攫取地租、利息和利润的行为应当被废除，因为它们是不劳而获。而且，土地和原生物资是自然的恩赐。不像严格意义上的马克思主

---

① 皮埃尔-约瑟夫·蒲鲁东（Pierre-Joseph Proudhon，1809—1865年），法国思想家，无政府主义创始人之一，社会活动家。代表作有《什么是所有权》(1840)、《经济矛盾的体系，或贫困的哲学》(1846)、《社会问题的解决》(1848)、《19世纪革命的总观念》(1858)。——译者注

义者，蒲鲁东不赞成生产资料公有制。像西斯蒙第一样，他的见解是，农业和工业应该分散到许许多多小生产者之间。可是，他认识到大规模的工业不可完全废止，需要的是在小农和小手工业者的"新社会"内部加以联合。

生活在 18 世纪晚期和 19 世纪的其他带有社会主义信念的著作家们，例如，威廉·汤普森（William Thompson）、约翰·格雷（John Gray）、约翰·布雷（John Bray）和托马斯·霍吉斯金（Thomas Hodgskin）等，有很多共识。例如，他们都接受这样的观点：任何产品中包含的劳动数量，是其交易价值的尺度。还有，资本家给付劳动者的工资，总是少于产品的价值。这无非是后来马克思曲折发展出来的剩余价值理论。

这些著作者的进一步的共同点是，他们都讨厌资本主义私有财产和收入分配体制。他们和边沁①辩护的功利主义在下列观点上也有总体的一致性，即，所有行动和立法的本来目的是为了"最大多数人的最大幸福"，因为这个观点迎合了平等主义。试举一例，霍吉斯金认为，以土地和资本的制度化要求为手段，资本主义制度剥夺了财富的唯一创造者，即劳动者的剩余价值。这不仅产生了违反自然人性的虚假正义，而且给大众带来了苦难。因此，资本主义制度永远不能实现最大多数人的最大幸福。

卡尔·马克思

卡尔·马克思②对 20 世纪的政治和经济生活产生了深远的影响，没有

---

① 杰里米·边沁（Jeremy Bentham，1748—1832 年），英国哲学家、经济学家、法学家，也是社会改革家，功利主义提出者。其对苦乐问题的综合研究在整个人文、社会科学史上具有划时代的意义。边沁提出 14 种幸福、12 种痛苦和 7 个衡量标准。代表作有《论政府》（1776）、《为高利贷辩》（1787）、《道德和立法原理导论》（1789）等。——译者注

② 卡尔·马克思（Karl Marx，1818—1883 年），德国伟大的哲学家、经济学家、社会学家，社会主义理论的集大成者，资本主义经济模式和制度体系的卓越的批评分析家。马克思认为资本主义的本质就是榨取剩余价值，因而也就是剥削；资本主义社会造成了工人的异化；被剥夺的阶级必然要埋葬剥削制度。代表作有《资本论》（三卷，1867，1885，1894）、《剩余价值论》（三卷）、《共产党宣言》（1848）等。——译者注

其他经济学家对数十亿人民的生活产生过如此重大的作用。他关于经济和社会工程的理论,最终使得世界分化为共产主义和非共产主义国家。

马克思的著作饱含了对受压迫大众的呵护和同情。他试图为他们建构一套迈向更美好世界的社会理论。

尽管 19 世纪的工业革命为大批的人提供了改进的生活水准,并为一些人创造了巨大的财富和声望,但是在社会主义学派的圈子里,出于某种理由,工业革命被认为是工人阶级的人间地狱。薪水可怜兮兮,工作时间漫长难熬,妇女和小到 9—10 岁的儿童成批地被恶劣危险的血汗工厂雇佣。英国的劳动和生活条件尤其艰辛。正是在那里,马克思写下了《资本论》。其第一卷出版于 1867 年。第二卷由恩格斯编定,于 1885 年出版。最后一部分到 1894 年才发表(Marx,1867,1885,1894)。

在马克思建构其理论的时候,英国的贫穷现象并非闻所未闻。发生于自由放任的氛围中、承诺必有丰衣足食的工业革命,正如火如荼地开展着。因为欣欣向荣的市场革命的成果,人类似乎第一次有望上升到高得多的生活水平。但是,在英国工业城市里有许多贫民窟,在那里,贫穷盛行。贫民窟正如泣如诉地诉说着另一种故事。包括卡尔·马克思在内的许多社会主义者都相信,私有制能使资产阶级坐收利润,获得丰厚的回报。同时,工人阶级却不得不加班加点地苦干。私有制正是这种巨大苦难的罪魁祸首。不但如此,财富还赋予了资本家以政治权力。由于上述原因,他们死守自己的特权位置和能够给他们带来丰厚回报的现行的政治制度。

卡尔·马克思是德国一位持犹太教信仰的公务员的儿子。他抱着将来成为教师的意图,在德国大学学习法律、哲学、政治学和宗教。可是偶然的事情导致他成了新闻记者,先是在科隆,然后到巴黎,并在那里同他青梅竹马的朋友——一个德国贵族的女儿结了婚。在其早期生涯中,他深受蒲鲁东主义的影响,特别是蒲鲁东所谓私有财产制肮脏的说法。随后的岁月里,马克思成了蒲鲁东观点的批评者,尤其是对其人口增长是低工资和生活状况不佳的原因的观念。马克思认为,真正的罪魁祸首是压迫性的资本主义制度。在巴黎,马克思结识了恩格斯(Friedrich Engels)。后者是一位富有的哲学家,在其一生中从道义和财力上支持马克思。由于其激进的著作,出于普鲁士政府的请求,马克思被驱逐出法兰西。之后他去了布鲁塞尔,在那里他会同恩格斯于 1848 年写下闻名遐迩的《共产党宣言》。在书中他呼吁全世界无产阶级联合起来,发动一场推翻资本主义制度的革命。

根据马克思的分析,经济关系是任何社会的基本动力。个体,尤其是工业化国家的个体,是受他们的经济利益诱导的。在资本主义生产结构里,利益集团可以划分为两个水火不容的阵营,即工人和资本家。一个集团的繁荣只能以另一个集团的损失为代价。工人不是资本主义制度最受恩惠的阶层(Marx, 1859;Marx and Engels, 1948)。例如,在《共产党宣言》中他有这样的陈述:

迄今为止,一切社会的历史都是阶级斗争的历史。自由人和奴隶,贵族和平民,地主和农奴,行会头头和雇佣工人,一句话,压迫者和被压迫者,相互站在永恒不易的对立立场上……现代资产阶级社会是从封建社会的废墟中脱胎而来的,没有摆脱阶级仇视,它不过取代了旧有的一切,建立了新阶级,新对立条件,新斗争花样。

冗长而极其错综复杂的《资本论》,对资源利用和环境问题是有意义的。它可以帮助我们从阶级斗争的立场看待这些问题。该书,尤其是第三卷,很多地方包含对自然资源的论述。不过,关于自然资源采掘业的更广泛的分析,则见于其另一本著作《剩余价值论》。它是在马克思去世后出版的(参见 Marx, 1951, 1969,英文译本)。自然资源采掘类生产,例如,矿业、渔猎和采石业等,特性在于劳动强度大,其中资本运用程度并不大。根据马克思的观点，劳动是创造财富的唯一源泉。因此，在理想社会，劳动应获得所有生产的收益。由于其劳动强度不同，所以，自然资源采掘部门可以创造最高的剩余价值，当然，在这个部门工作的工人有最高的工伤事故风险。

然而，马克思注意到，由于人们认为在自然资源采掘部门中生产是丰富便宜的，同时，开采者之间又存在激烈的竞争，这导致产品被以很便宜的价格出售。其结果是，矿产拥有者以矿产资源地地租形式获取的利益并不代表真实的剩余价值劳动。换句话说，地租不高是自然资源采掘部门的总特点。采矿业是具体的事例。在那里，资本的要求高于其他自然资源采掘业。不过，这个观点在马克思的作品中不是一以贯之的。在《剩余价值论》里，他提出，煤矿业中资本应用的密度不高。而且，马克思对自然资源采掘业的分支部门，例如，采石、渔业和林业等，并没有太多地加以区别。在他的理论中，尽管它们事实上有不同的属性，但是被同等地看待了。

马克思忽视的另一点是矿业生产部门的用户成本。这是指，当前的采掘削减了拥有者延期采掘的未来利润。罗宾逊（Robinson，1989）评论道，出现这种情况的主要原因在于，马克思认为这些资源是源源不竭可以得到的，因此用户成本是零，或者接近于零。和亚当·斯密及亨利·凯利相一致，马克思持有这样的立场：在以自然资源为基础的生产部门中，不存在收益按比例递减的情况。未来年代里，富足可能比稀缺更真实。有很多理由可以提出来支撑其解释。第一，科学和技术的进步，会走在以自然资源为基础的生产部门（包括农业在内）遭遇的实际困难的前面。因为农业技术的进步，贫瘠的土壤可以转化为有生产能力的土地。随着自然资源采掘技术的发展，难以开采的矿藏可能被投入运营。第二，进步的交通手段，可以使更好的土壤，也可以使更富饶的矿藏投入使用。第三，制度变革能够发展生产，例如，从前不耕种的土地可以获得使用。

对李嘉图的观念——随着越来越少的具有生产力的土壤失去运用价

值,土地会出现逐渐加重的收益递减,马克思采取了反对立场。他认为,级差地租产生的原因在于土壤质量的差异,而农业的发展并不一定需要从最优质的土地转到最坏的土地。

马克思注意到,资本主义生产方式可能会使得土质恶化。例如,在《资本论》第一卷里,他大胆地说,资本主义农业中的进步,不仅掠夺了劳动者的剩余价值,而且还因为不顾一切的开发而劫掠了土壤的肥力:

> 因此,资本主义生产发展了社会生产过程的技术和结合,只是由于它同时破坏了一切财富的源泉——土地和工人。[1]

(Marx, 1867)

因此,按照马克思的理论,资本主义对环境和劳动阶级是噩耗。

马克思分析的一个理论核心是劳动价值论。它由两部分组成:使用价值和交换价值。前者与商品的物质属性相关。不同的使用价值存在的原因在于,商品存在不同的物质属性,会在消费者中实现其不同用途。劳动尽管是这种价值的生产者,但不是唯一的源泉。因为没有自然资源,人力是发挥不了作用的。使用价值的区别,体现了不同的劳动率和性质,后者必定永远存在着。

交换价值与包含在商品生产过程中的劳动量相关。这一数量可以用每一商品被生产出来所需要的劳动时间来计算。在此,重要的是要记住,不应认为技能不熟练者或者技能缺乏的工人们会有更大的交换价值。在测算时,我们必须从通常的集体或社会生产安排的状况出发,考虑某种商品生产所需要的平均技能和速度。

在分析中,马克思赋予劳动者以社会意义。这一点是具有重要意义

---

[1]　引自《资本论》(第一卷),中共中央马克思、恩格斯、列宁、斯大林著作编译局译,人民出版社 1975 年版,第 553 页。——译者注

的。因为工人是社会网络的一部分。在这个网络中,单个工人被一般化
为社会生产安排的一部分。这一点既适用于使用价值,也适用于交换价
值。比如,一个简单的农民家庭的需求是通过例如生产土豆、布匹和房舍
而得到满足的。这和集体家庭的辛劳差不多。每个个体的劳动从属于家
庭共同劳动的一部分。同理,在更加复杂和整体的社会中,每个劳动者都
是公共劳动技能的器官。资本主义经济制度依赖的是生产资料私有制、
个人进取和私人交易。根据马克思的观点,社会劳动通过交换价值的方
式得以衡量:

在社会劳动的联系体现为个人劳动产品的私人交换的社会制度下,
这种劳动按比例分配所借以实现的形式,正是这些产品的交换价值。[①]
(马克思致路德维希·库格曼博士,转引自 Roll,1953:73—74)

在某种程度上,交换价值是被隐藏起来的个体间的关系。劳动时间
是产品交换价值的尺度。生产者的社会关系采取了产品的社会关系形
貌。如上文所述,在资本主义制度中,每种商品具有使用价值和交换价值
两种价值。为了获得前者,商品必须满足特殊的需求,这不一定是为了其
拥有者。例如,面包烤箱是经济关系的工具。但是对顾客,它就成了一种
使用价值。在交换过程中,它又变成了交换价值。

马克思把诸如土地等自然资源视为大自然的馈赠。即使没有任何人
力劳动成本,它也具有重要的交换价值。根据马克思的思想,存在四种可
能的地租理论:垄断地租理论、级差地租理论、资本地租理论和马克思自
己的地租理论。在第一种理论中,地租来源于农业商品的垄断价格和土
地产权的垄断价格。农业生产的价格比其价值高,因为这里求大于供。

---

① 引自《马克思恩格斯全集》(第三十二卷),中共中央马克思、恩格斯、列宁、斯大林著作编
译局译,人民出版社 1974 年版,第 541 页。——译者注

这是由于收益递减律造成的,因此供跟不上求。在级差地租出自土地肥力变化这一点上,第二种理论和第一种理论是一致的。第三种地租,与为了增加肥力而在土地上投入资本有关。在这里,地租和用于提高生产力的资本投入的利润有联系。可是,这个理论不能解释不曾使用资本的土地租赁。

在马克思自己的地租理论中,地租是和土地私有制相联系的。根据他的看法,这不会使劳动价值论失效。地租是剩余利润的一种形态。竞争为产品创造了单一价格,这与产品出产土地的肥瘦了无关系。如果因为资本家自己还有肥沃的土地,市场价格被证明有利于资本家,那么他将获得高于平均利润率的剩余价值。这就是说,花较低的生产成本,获得较高的剩余价值利润。

马克思的经济发展理论,包含了一个由劳动创造和再创造的持续的资本积累过程。这即是说,积累是剩余价值向资本的转化。在资本不断积累的过程中,越来越多的劳动被要求与越来越多的以自然资源为基础的商品生产并行发展。劳动可以获得基本生活资料,以便让工人可以维持其身体能力和再生产的能力。资本家扣除他们希望消费的东西,余下的就用作再投资。但是,由于可获得利益,资本家的心里存在积累还是消费的冲突。对积累率的追求,增强了强加于工人头顶上的更多的劳动、更长的劳动时间以及与其难解难分的更恶劣的条件。劳动力需求的增加时而可能超过供给,这样工资将得到提升,但是终归好景不长。另一方面,得到改进的生产方法将会削减劳动需求,创造剩余劳动。这是产业的保留武器,只要需要,以此可以找到劳动力。

马尔萨斯的产量是按照算术级数增加的概念,对马克思和恩格斯两人都没有产生多少影响。例如,恩格斯(Engels, 1844)提出:

由于知识增加至少和人口增加齐头并进,如果后者按照上一代规模差不多的比例增加,考虑到前代将相应的知识流传下来,因此,在通常大多数条件下,知识也处于几何级数的进步中。科学有什么办不到的呢?

不过,资本主义制度将永远从工人中掠夺技术和生产的好处。因为这个制度只需确保工人的工资仅够维持其工作精力和家庭生计,就能源源不断地得到新一代工人。工人们除了接受资本家开列的工资和劳动条件外,别无选择。首先,如第2章所言,由于受到大量因素,例如圈地运动将农民从土地上驱逐到城市的影响,他们失去了别的生活前景。其次,工人的数量如此庞大,以至于他们处在为工作机会而互相竞争之中,这样就不可能改变他们的廉价地位。可是,马克思承认,任何情况下,工资率不可能建立在生物学层次上。除了工人们的本能要求,阶级斗争是决定工资水平的又一因素。例如,工人不可能成功获得高于社会最低可接受标准的工资。但是,反过来,对资本家来说,他们则可以增加劳动的时限和强度。最终,一手给予,另一手夺回,工人们仍然处于只能认输的局面。

在马克思眼中,为了保证资本家贪婪的敛财欲望,资本主义需要处在不停的增长状态。为了多多益善的回报,食利者有强烈的投资欲望。正如马克思所言:"积累,再积累。这是资本家的摩西戒条和先知启示。"(Marx, 1867)除了资本家的心理使得资本主义体制膨胀,直至不可避免地崩溃之外,竞争的压力也是原因之一。

马克思表明,基于众多原因,资本主义生产方式是不可持续的。第一,由于工人被剥夺掉剩余价值而缺乏购买力,生产产量的扩大必定有一个供过于求的结果。生产将被削减,失业会加剧,剩余价值,即利润将衰跌,从而让经济扩展暂时停顿下来。在剩余商品售罄后,这个制度又开始运转,直到下一次危机降临。但是,长远看来,随着资本主义的发展,繁荣和经济萧条相生相伴的过程,将变得更加严峻而不可收拾。

马克思和李嘉图对经济危机趋势的思考是绝对不同的。李嘉图对利润下跌的解释是根据土地的收益递减律作出的,而马克思通过分析得出的结论是,危机是资本主义工业进程内在固有的。第二,由于经济按照周期性样式增长,越来越多的财富被敛聚到少数人和少数集团之手。同时,小企业和手工业者无法生存,因而加入到工人阶级行列。进一步看,技术革新会缩减工人的工作机会,因为他们的工作可以被机器代替。第三,环境因素,尤其是当土壤在被以最疯狂的方式使用的情况下,将使得制度不可持续。

马克思相信,尽管资本主义是历史的事实,但通过革命,或迟或早,它终究会让位给无阶级的共产主义社会。在那里,一切人的富足和幸福将成为现实。遗憾的是,收入分配所根据的原理,还是按能分配、各取所需。马克思对从资本主义废墟中崛起的新阶级社会中的未来环境状态和自然资源富余,持有乐观主义态度。科学进步的成果将使得更大的财富可以得到。这些财富将根据需要加以分配。鉴于马克思关于未来繁荣的乐观主义,罗宾逊(Robinson,1989)将他和亚当·斯密与亨利·凯利列为同一类型。

时空飞跃：马克思主义试验和环境

20 世纪 90 年代,东欧和苏联先后解体,并纷纷转向自由市场和多元民主。这些变化使得苏东国家的环境问题得以曝光。

拉塞尔(Russell,1991)坚持认为,环境问题的范围是多维度的,并且源于总体上的忽视。造成这样的忽视的原因之一,是偏向供应的经济管理方法的主宰,由于这种主张,什么也不允许阻碍定量生产目标的按量完成。皮尔斯和特纳(Pearce and Turner,1990)认为,环境恶化的另一个重要原因是,苏联的版图是分散的,而规划失策使环境快速背上了负担。全国只有大约 10% 的土地适宜经营农业,而这其中只有 1% 的面积可以接受到多于 70 厘米的年降水量。苏联大半农业是在干旱和半干旱土地上进行的,支撑系统是有根本缺陷的巨大灌溉工程。至于重工业,因为规划者决定将工厂设置在人口中心或其周边地带,所以需要大量的矿物和能源储备以供提取资源,然后从遥远的地区传送、运输过来。人口和工业活动围绕这样的中心的集中,导致过重的土地和空气污染。可是,不能认为,苏联土地的贫瘠和浩瀚是环境破坏的主要原因,因为在小而肥沃的国家,例如,保加利亚和罗马尼亚,情况同样糟糕。

环境破坏的最重要的原因可能是,政府未能对人民的需求作出应答。而且,他们也未能激励工人,包括经济单位的管理者,负责任地行动起来,为自然资源和环境当好家。

在苏联初期阶段,规划者们将重工业和农业集体化置于头等优先的地位。1948年,斯大林发动了其改造自然的计划。它包含旨在“科学地”征服自然的计划和旨在终结地打败资本主义这个“人类巨大的敌人”的计划。这以后,苏联经济快速增长。1957年苏联人造卫星成功发射并进入轨道。随后不久的1961年,尤里·加加林(Yuri Gagarin)实现了第一次太空飞行。这些标志着苏联成功的高度。

在这些计划推进的过程中,自然资源和环境蒙受了损害。20世纪60年代,苏联人口占世界人口不到1%,但是其用掉的自然资源与它的人口是极不相称的。表4.1显示了这一点。

表4.1 20世纪60年代苏联非再生资源消费

资源	苏联消费 (占世界总消费量的百分数)
铝	12
钴	13
铁	24
铅	13
原油	12
锌	11

资料来源:US Bureau of Mines,1970。

从环境上看,存在许多涉及河流改道的不健全的农业计划。最雄心勃勃的规划,是打算从北方奔流不息的河流调水,使北方河流改道流往更干旱、温暖的南方地区。在俄罗斯所属的欧洲地带,奥米加河(Omega)、苏霍纳河(Sukhona)、伯朝拉河(Pechara)和维切格达河(Vychegda)等都被改道了。同时,西伯利亚地区鄂毕河(Ob)、额尔齐斯河(Irtish)和叶尼塞河(Yenese)等河流的自然流动模式被更改了(Gerasimov and Gindin,1977;L'Vovich 1978)。在中亚,咸海计划打算从斯里得雅(Siri Derya)和阿莫得雅(Amu Derya)河调水到需要大面积灌溉的主要用于种植棉花的地区。

这些农业项目已被证明造成了大规模的环境灾难。逆向的河流改道计划干扰了整个区域的生态,利弊后果已经得到广泛显示,尤其是北冰洋冰川受到严重影响。由于灌溉工程的建立,咸海已经损失了一半的水量。在干涸的海床上,形成了多盐的沙漠。风卷盐尘,长距离运动,给广大区域的农作物和人民健康带来了不良后果。今日我们在那里可以看到骆驼奔走,搁浅的轮船躺在咸海暴露的海床上。然而,这里曾经是世界上第四大内陆海洋。现在只有一个小得多的船坞,停泊在距离原来港口 40 公里的地方。一些报道显示,降雨模式的改变,影响波及远至巴基斯坦和阿富汗的粮食供给。

在东北方面,苏联规划者在环贝加尔湖设立了很多大型木材加工厂。这些工厂要么直接向湖中,要么向给水河流排放污水。而且,环湖而立的大型伐木场,增加了湖中的淤泥堆积。全球水体均有自我调节和自我净化污染的机制,但是,封闭的海洋和蓄水层水体,自我更新的速度非常缓慢。例如,波罗的海每八年仅可以被充满一次。由此可见,苏联政府在那里抛放废弃物所引起的问题,将会经年累月遗留下去。即使当下环贝加尔湖的污染排放得到阻止,污染遗留问题仍将继续,并危及后代。

或许最令人不安的问题,是现实和潜在的核污染。北海已经被核排泄物污染(Gore,1992)。最近,有危言耸听的报道出现在西方媒体,说是苏联将大量的高毒性核废物装在不适当的容器里,倾入巴伦支海及其周围。

1986年在乌克兰发生的切尔诺贝利核事故,是苏联其他许多坐落着大量核反应堆的地方可能发生核事故灾难的一个警示。切尔诺贝利核事故污染了广大地区,业已并且将会影响到许多人的安全与健康。

苏联矿物燃料产出甚丰,是主要的矿物燃料供应者。尤其是在20世纪六七十年代,主要供给其东欧同盟。表4.2显示了六个共产主义国家对煤炭、石油和天然气等矿物燃料的依赖程度。和世界水平比较,苏联能源生产是稳定而廉价的。这使得它更容易发展能源集约化的企业,例如钢铁、水泥和铝的产业。可是,这些企业所使用的生产技术是过时、浪费的,并且会产生过度污染。据估计,东欧国家重工业的人均能源消耗率是世界上最高的国家之一(Russell,1991)。

表 4.2　从苏联进口的能源消费份额

国　　家	煤炭	石油	天然气
保加利亚	44.0	100.0	89.0
捷克斯洛伐克	4.5	100.0	94.0
德意志民主共和国	4.7	100.0	77.0
匈牙利	9.0	84.0	39.0
波　兰	—	86.0	48.0
罗马尼亚	10.0	8.0	4.0

资料来源:Russell,1991。

作为廉价能源供应的回报,苏联在东欧社会主义国家生产的全部工业和其他商品范围内建起了统一市场。到20世纪80年代末期,由于苏联经济压力逐渐增加,对东欧国家的石油供应慢慢变得朝不保夕。1991年,俄罗斯要求这些国家对石油销售支付硬通货。这导致了使用褐煤产生能源的加快,这从环境上看是要不得的。

另一个问题是居民区的状态。东欧剧变之前,遍及东部集团国家兴建了许多新城市,这些城市里的住房设计和保温层极其简陋。这些居民区使用质量最劣等的褐煤或煤炭来加热、照明。例如,波兰是一个传统的煤炭出口国。一方面最高级别的物资用来出口,另一方面质量最差的留给发电站和家庭壁炉燃烧。居民区过去是,现在还是像工业区一样糟糕。

在罗马尼亚,媒体报道披露,在小科普沙城,树木和草地黑得让外人以为有人蓄意涂黑了整个地区。该地区人民的身体健康状况极端恶劣。尽管这样,要迁往其他地方却希望渺茫或压根就没有机会。

在捷克斯洛伐克,某些工业区的空气遭到极端污染。事实上,它变得如此恶劣,以致谁定居到那里谁就可以得到额外奖励,当地人称其为丧葬费。戈尔(Gore,1992)报告说,在波兰某些地区,儿童们被定期带进地下矿井,以便暂时躲避地面上严重的空气污染。

第二次世界大战后的 40 多年中,德意志民主共和国的厄尔士山脉所在区域是苏联最重要的铀资源供应地。1992 年,德国研究人员宣布,他们在前铀矿已经登记了至少 5 500 个肺癌病例。这些人是在苏—德联合公司所开办的铀矿里从事制造铋工作的人。目前,劳资工会认定,生活于厄尔士地区的民众大约有 30 000—35 000 人被暴露于超标准的辐射中。

东欧国家目前应当从哪里入手? 拉塞尔(Russell,1991)建议,应该优先考虑某些紧急的环境和资源管理问题。若干重要的问题有:

第一步要明白有待解决的问题属于何种类型? 靠谁来处理?

环境净化在官方眼里的目标是什么?

改善程度如何判定? 由谁来决定?

财政资源应当通过对造成环境问题的工厂提高环境标准,从而投向阻止已有的环境问题的加剧呢,还是应当花费金钱在关闭这样的单位的行动上?

可再生能源的发展,应该当下激活还是慢慢推进?

水污染问题和空气污染问题,哪个应当先着手解决?

在什么范围内,毗邻国家应该合作解决共同问题?

国际援助应被投向特定国家问题的解决,还是应投向特定地区问题的解决?

拉塞尔也提醒道,西方世界既得利益集团有可能趁东方国家环境改善从中渔利。近期关于花费在环境改善方面的金钱的报道,不免令人手足无措,甚至叫人惊恐万分:"当前赞助大笔美元的各种各样利益集团的动机是有问题的。"(Russell, 1991)

像亚当·斯密对人类未来的看法一样,卡尔·马克思本质上是一个乐观主义者。前者要求,为了增加人类福利,国家在经济生活中的作用必须减小。不同的是,后者要求,不管怎样说,工人阶级应该通过革命以推翻由于内部不一致性导致的不可持续的资本主义制度。马克思把资本主义视为对工人阶级和环境都有害的结构。

关于矿藏的开发,斯密和马克思都认为,递减律不是外部边际的压迫性原因,自然资源提取部门的用户成本因此将是零或极低的。关于农业地租的问题,马克思不赞同李嘉图和马尔萨斯说的,即随着社会进步,如果低劣的土地被投入垦殖,地租将会立即在旧有的肥沃土地地租基础上上升。马克思认识到,级差地租可能会与从低劣到优良土壤呈现反向发展。而且,除了肥力,土地的各种各样的地方因素可能会影响地租。

有人说,在资本主义美国,资源使用和苏联一样是奢侈浪费的。这并没有错。这个问题在本书第 8 章将进一步给予讨论。

第 5 章　新古典经济学传统中的自然资源和环境

新古典传统重点强调的是自由放任，只给政府有限的经济干预作用。这反映在他们尽管简短，然而确实有所研究的涉及自然资源与环境的经济著述中。

新古典经济学家的另一个重要特点是，他们用由需求决定的边际效用概念取代由供给决定的价值理论。和古典经济学家将焦点放在供给方不同，新古典著述家强调需求在决定商品和服务价值方面的重要性。有一定数量收入的个体，将能够对市场上可获得的种类繁多的商品和服务作出选择。如果个体是效用最大化者，他们就必定以新古典经济学家为据，那么他们就以诸如此类的方式配置他们的金钱，以使得最后一镑花在恰好可以满足他们需要的东西上，而不是花到任何其他东西上。

杰文斯(第 3 章曾提到他的名字)，很多经济学家认为他是一位新古典经济学家。特别是，因为他对边际效用理论作出了贡献。他认为，如果一件商品的消费者越多，那么他们从消费另一件东西里获得的满足就越少，他们就更不愿意购买别的东西。于是，他得出结论，实际上只有富余商品会便宜，因为附加单位不值得大量购买。另一方面，稀有物品的价格将是昂贵的，因为即使它们可能对生活并不重要，顾客却愿意付高价购买额外单位。顾客争相获得额外单位，和珍稀物品结合在一起，将会使物品，如钻石和银子，产生高额的市场价格。

瓦尔拉①根据同样的论证思路，坚持认为，整个经济体制是和消费者的花费决策联系在一起的，这包括原材料、资本商品和消费者产品。

---

①　里昂·瓦尔拉(Leon Walras，1834—1910 年)，法国伟大的经济学家，"边际效用"概念独立发现者之一，边际效用学派创始人之一，数理经济学代表人物，洛桑学派创立人。主要贡献有："瓦尔拉均衡""瓦尔拉定律"。代表作有《纯粹政治经济学基础》(1874，1877)、《社会财富的数学理论》(1883)、《社会经济学研究》(1896)、《应用政治经济学研究》(1898)。——译者注

庞巴维克

李嘉图提出,在生产要素分类中,将土地和资本放在一起考虑更适宜。19 世纪末,奥地利经济学家欧根·冯·庞巴维克[①](Eugen von Bohm-Bawerk, 1894)打破了李嘉图的传统。庞巴维克的中心工作是发展一种资本理论,但是其观点过后被格雷用作解决剩余价值究竟应该视为地租还是矿产地税这一问题的出发点。

庞巴维克认为,从理论上说,土地和资本基本上是与经久耐用物品处于同一集合的元素。因此,土地地租和矿藏地税在理论上应当以同样的方式对待。事实上,一定的矿藏储备可能会耗竭,比如在 50 年中。而得到合理耕种的土地,可能会长期保持有生产能力的状况。这里差异细微。地租是出自土地这种特殊的、经久耐用的商品的生产力。庞巴维克相信,矿藏的回报率一部分是由价值下降、一部分是由它们的资本化价值的利润决定的。前者反映了采掘进程而带来的矿藏价值的下跌,后者本质上和从土地得到的净回报相同。

索利

索利(Sorley)是根据边际效用原则清楚地探讨了采掘业的价值问题的第一位新古典经济学家。索利从穆勒的矿业生产部门机会成本的观念

---

① 欧根·冯·庞巴维克(Eugen von Bohm-Bawerk, 1851—1914 年),奥地利经济学家,奥地利学派首要成员,否认劳动价值论,对奥地利学派的边际效用价值理论作出了最系统的论述,对新古典经济学理论的传播与发展作出了杰出贡献。他认为,市场价格本身是边际价格,价格是主观评价的产物。他提出了迂回生产理论和时差利息的概念。代表作有:《利息理论的历史与批判》(1884)、《资本与利息》(2 卷,1884/1887)、《马克思主义的终结》(1896)。——译者注

发展下来,阐明了矿藏储备的理论基础(Sorley,1889)。19 世纪 80 年代,煤炭和钢铁产业一度出现萧条。这引起拥有者对矿区地税加重情形的批评。这样的原因使得索利对这一主题产生了浓厚的兴趣。他把给土地拥有者的支付分为三组:固定地租、单位矿区地税和通行费。第一组是不考虑生产水平的固定的定期支付。单位矿区地税是根据开采导致的矿藏退化而被证明是合法的产地使用费。通行费是为了通向矿点的道路使用权而支付的费用。

固定的定期缴费是为了保护土地拥有者,以便他们在矿藏总价值下降时有所收益。可是,按照李嘉图的假定,这种下跌是例外而不是规则,因为越来越多的次级矿点投入开采会使既有的矿藏增加价值。如果反过来成立的话(凯利提出的理论),那么,将可以得到更肥沃的土地和更富裕的矿藏。的确,固定地租将会给土地拥有者提供一定的保护,即使采得的资源没有任何实际用处。

在讨论特别是英国钢铁和煤业生产的矿区地税体制过程中,索利指出,在利润和工资下跌期间,土地拥有者仍然有不间断的固定收入,那是不公正的。而且,因为矿物不是土地拥有者放入土壤中的,他们有什么根据要求矿区地税? 由于欧洲大陆矿产地税低得多,所以,当时英国已有的矿区地税体制,使得英国矿业生产在市场上没有竞争力。索利勾勒了这套体制的改革方案。作为改革手段,他讨论了国有化和废除矿产地税的问题。其主要建议是,引入一个体制,它根据被采掘的每单位矿物来规定矿产地税,即根据价值而定的矿产地税。

索利对自然资源理论的主要贡献是,他推进了穆勒所谓的矿业生产中存在现在与未来对抗观念的分析。不仅如此,他指出,李嘉图的农业地租理论不适用于矿业,因为,次级矿藏不能无限地持续下去,而次级土地是可以的。最终的耗竭证明,即使最坏的矿藏,一旦涉及价格,矿产地税就是正当的。而最坏的农业用地则不可以缴租。关于级差地租和级差矿产地税,他声称,它们的区别依赖于与最差的矿藏相关的成本优势。罗宾逊(Robinson,1989)认为,索利在此运用了一种比新古典更古典的方法论。他处理级差矿产地税的窍门是,级差矿产地税价格是被决定的价格而不是价格决定的因素。

马歇尔

古典价值理论坚持认为,价格和由此而及的价值的根据在于最终和劳动相联系的生产成本。另一方面,在19世纪最后30年中,门格尔[①]、杰文斯和瓦尔拉等经济学家正在论证价值是效用—需求(utility-demand)的满足决定的。马歇尔[②]通过指出价值既是由供给又是由需求决定的,从而调和了这两派的方法。因为这样的关系,马歇尔被认为是现代微观经济学之父。

关于矿业和农业理论,马歇尔和古典学派之间,比他与他的时代的传统之间有更多的一致性(Stigler,1946;Schumpeter,1954)。在下述意义上,他在两个生产部门之间得出了一个区别,即,假定有一块农业土地,如果适当利用,它将会永葆生产力;而在矿业生产中,对任何给定的矿藏而言,最终命运都是耗竭。不过,随着农业扩张,他似乎更欣赏凯利的意见,而不是李嘉图—马尔萨斯的理论。他认为在矿业领域,新属地的开发和

---

① 卡尔·门格尔(Carl Menger,1840—1921年),奥地利伟大的经济学家,庞巴维克的老师,奥地利学派的创始人,为这个学派建立了经济学上的主观价值论和重视演绎的方法论。他反对劳动价值论和德国历史学派方法论,提出了边际效用价值理论、欲望满足递减律。代表作有《经济学原理》(1871)、《有关社会科学特别是政治经济学方法的研究》(1883)、《德国国民及经济学中历史主义的谬误》(1884)。——译者注

② 阿尔弗雷德·马歇尔(Alfred Marshall,1842—1924年),英国伟大的经济学家,剑桥学派创始人之一,新古典经济学创始人。善于贯通百家,人们称其特色是"马歇尔综合"。对经济学贡献良多,包括使经济学成为独立学科。其哲学、伦理学思想内涵值得重视。代表作有《工业经济学》(1789)、《经济学原理》(1890)、《货币、信用与商业》(1923)等。——译者注

新矿藏的发现,将会涉及新的困难的增加。因此,从长远来看,该部门会显示出递减律。可是,技术改造将会缓和这个趋势。当然,关于程度的大小,他没有提供任何见解。

从短期来看,马歇尔的理论蕴含着这样的观点:大多数矿藏可能会经历一个按比例的稳定回归。他含蓄地指出,因为矿产量像流出水库的水流,超过一定时间后,水源过浅,难以流出时,单位成本会有轻微增加。如果考虑水库总量一定,该成本则不依赖于提取率。斯科特(Scott, 1967)批评这种看法,并提出,尽管短期内马歇尔的假定可以适用,也就是说,采掘的累积成本曲线不可能有很大的变化,可是,从长远来看,随着采掘变得越来越困难,曲线可能上扬。在农业领域,如果耕种是在固定的面积上实施的,劳动技术保持不变,同时,增加劳动和资本等要素,那么,收益会出现显著的递减。而且,在农业生产中,产量会受到自然循环进一步的制约,而在矿业中,绝对没有这种妨碍。关于地租问题,马歇尔辩称,由于矿藏的耗竭,矿产地税将根据或者应该根据与农业地租不同的原理来计算。只要收益达到与初次租赁差不多,农业经营者就会签订土地出租合同。但是,在矿业中,开采者不能这样签订合同。因为他们要按照与被开采掉的不可替代的矿藏相称的地税支付土地拥有者。这样支付的矿产地税,不是与矿物储备的可耗竭性相关的土地地租。马歇尔的结论是:

> 矿物的边际供给价格,除了采矿的边际花费外,还包括矿山使用费……但是对 1 吨煤所征收的矿区地税本身,如果加以精确核算,则表征着被视为未来财富源泉的矿藏价值的减少,而这样的减少是因为从自然库存中取出 1 吨而导致的结果。
>
> (Marshall, 1890)

尽管如马歇尔所言,矿藏是现在和未来财富的源泉,可是他的分析在本质上是静态的。不像格雷(Gray)和霍特林(Hotelling)的理论,他没有提出矿主应当在给定的最佳时间框架内生产的观念。罗宾逊(Robinson,1989)认为,马歇尔的著作对自然资源采掘部门之所以有意义,隐藏着其作者的权威性和其著作的广泛传播的作用因素。

马歇尔论外部性

在涉及环境污染、噪音和人口稠密等非常广泛的议题上,马歇尔首次尝试通过引入外部性的概念展开经济分析。尽管马歇尔心里只是为通过普遍的工业发展而增加经济部门的利益盘算,可是外部性概念中包含了环境问题经济学分析的关键钥匙。马歇尔谈到了商人们没有支付市场外部的成本而分享的那种利益(Marshall,1890)。

后来,庇古(Pigou,1920)认识到,外部性的概念是一把双刃剑,它不仅包含利益好处,也包含成本花费。作为一个负外部性的实例,庇古举出铁路引擎的火花引起森林地带破坏的案例。他使我们明白,不仅第三方的生产条件可能受到市场外部性的影响,私人拥有的福利也可能受到严重影响,两者都可以根据成本—效益分析来讨论。在其他地方,庇古(Pigou,1935)也给出了很多造成总成本和总效益之间出现鸿沟的外部性的实例。从增加邻近地区清洗费的工厂烟囱,到过多饮酒给警察强加额外成本,都是这样的实例。

关于外部性的第一个重要论述来自卡普(Kapp,1950),他预言,经济增长对环境具有深远的逆向后果。社会成本,即定义为经济活动参与者强加在第三方或者普通公众头上的直接或间接负担,是卡普分析的核心问题。他清楚地讨论了来自生产过程而被传递到外部者那里的成本,诸如水和空气污染损害健康,减少农业产量,加速物质腐化,使水生物、动植物灭绝,并给饮用水源带来难题等。

如果经济主体(企业或消费者)的活动影响生产或者其他主体的消

费,而给这些主体增加的成本和效益一般说来又不纳入得失核算,那么这时外部性就出现了。换句话说,这些后果尽管被注意到了,但是仍然无法标价,由此而带来的损失,在私有市场环境中常常得不到补偿。如果外部性被定价,担负者得到补偿,那么,它们就被内部化了(亦请参见Scitovsky,1954)。

有些经济学家,例如巴特尔(Bator,1958)强调说,外部性是市场失灵的表现。它们大规模出现的原因是,在某些经济活动区域,我们未能定义出产权。大气空间和水路产权的缺席,可能引起这样的情形。在这样的情况下,一些个体可以滥用这些为许多人共有的资源。自由市场经济学的辩护士们相信,某些方面产权的缺乏,是大多数环境问题的起因。通过在所有经济活动领域制定严格定义的、可传递的、市场化的产权,这个问题可以得到解决。这就是说,大多数环境问题的根源是未能全面地应用资本主义制度方法。有关这个看法,在本书第7章再行进一步探讨。

在处理上述问题的观点系列的另一方向,社会主义学派的经济学家们认为,诸如土地和资本的公有制,比起私有制更能令人满意。他们相信,正如马克思指出的(见第4章),资本主义理想将导致财产拥有者制造出使大众贫困化的后果。

外部性的重要性在时下的经济学文献中是普遍公认的。布坎南和斯塔布尔宾(Buchanan and Stubblebine,1962)认为,外部效应打破了经济学中资源最适宜配置的条件。可是,人们也认识到,彻底取消外部性既不可能,也不应当。正因为如此,经济学家们试图运用马歇尔的原理,辨明社会最可接受的副作用标准。为明白这一点,我们看图5.1。图中边际得失沿垂直轴标示,而造成环境恶化的活动规模则在水平轴上标示。两种群体,即获利者和损失者被考虑进来。前者是从工业活动获得好处的,例如,拿工资的和坐收渔利者。损失者是由于受工业产生的外部效果影响的一般公众。

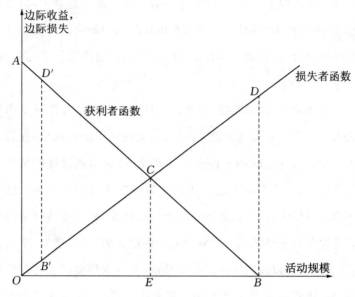

图 5.1   社会判定外部恶化最优水平的马歇尔分析

两个组群之间存在利益冲突。从获利者的视角看,OB 是最佳情形。他们希望将活动水平推进到 B,这时候边际收益是零。另一方面,损失者的最佳立场是,损失为零的原点是最佳情形。必须指出,这里的分析将情况过于简化了。首先,从获利者的视角看,比如说,污染的外部效应在原点是零,但是,这意味着没有工业活动。在这种情况下,一般公众,包括污染的受害者都将会承受损失,因为作为消费者,他们是受益人。而且,因为工资劳动者和利润收取者也是共同体的一分子,他们也可能因为他们自己的活动的外部效应而受到损失。

在其中一组(获利者)不必对另一组(损失者)支付补偿的情况下,活动的规模可能将被扩展到 B 点。这样我们可以得到:

利益(获利者)=OAB

成本(损失者)=ODB

$$总获得（共同体）^① = OAD'B'$$

社会获得总量，即 $OAD'B'$ 代表工业活动水平最大化的活动规模。

可是，如果获利者将活动规模从 B 点降到 E 点，社会获益将有可观的增加。在 E 点的情况是：

$$利益（获利者） = OACE$$

$$成本（损失者） = OCE$$

$$总获得（共同体） = OAC$$

OAC 由于增加了 $B'D'C$ 而比 $OAD'B'$ 更大。因此，当工业活动正引发环境恶化，比如说导致大气污染时，社会利益会减少到 E 点，这是社会最佳可接受水平。

这种确认外部后果的社会最优化水平的分析，完全从属于阿尔弗雷德·马歇尔的传统。首先，正如将供求条件综合起来判定市场货物的价值一样，在此涉及环境价值的两种东西，即成本和效益，被综合起来。其次，在判定最佳生产规模时，不是总得失，而是边际得失被纳入考虑之中。何种决策方式可以被运用才能达到 E 点，是下文将要讨论的不同问题。

格雷

L.C.格雷（L.C.Gray，1913，1914）的一个著名贡献是，他将矿业生产和农业或制造业区别开来。为此，他使用了庞巴维克的研究，本章前面已经提到这一点。根据格雷的看法，农业经营者和矿业经营者分别与两种本质上不同类型的地产——土地和矿藏——打交道。土地在使用中，可持续性是可能的并且是良好的（要是土地和劳动不曾被长期使用，以致引

---

① $OAD'B' = OAB - ODB$，因为 OCB 是两个面积的共有部分，我们需要从 OAC 中减去 CDB。

起生产力损失的话），从这个意义上讲，它类似于要素劳动。另一方面，矿物储备，只要被使用或开采，就免不了耗竭的结果。换句话说，土地的使用和劳动可以维持甚或有时还可以促进其生产力，而矿业经营则使储备贬值。目前不投入生产的矿藏，意味着一种效益和收入的延后。这就是说，矿藏的现在和未来利益是冲突的。在农业经营中，绝不存在这样的问题。因此，土地和矿藏是根本不同的资源。

举例来说，假定矿物价格正迅速升高，矿藏拥有者预期将来的价格会更高。那么，很明显，如果矿主是利润最大化者，他们就会延期开采。农业生产领域，出现类似的价格增长时，则不会导致农业生产延期的要求。两相对照可知，农业中的价格提升会招引人们尽可能快地加大农业生产。反之，如果矿物资源预期价格将来要下跌，那么，为了利用有利的现价，矿业经营者当下就应该增加产量。

大部分经济文献认为，哈罗德·霍特林[①]是现代矿业生产部门微观经济学的奠基人。霍特林建立了一条矿业生产规则，即为了证明采掘是正确的，资源的净市场价格（开采成本的实价）一定会伴随市场利润率升高而升高。这个规则被称为"基本原理"。它使如下问题一目了然，在其他因素无变化的情况下，矿业生产现时和未来利润之间存在着一种平衡。可是，罗宾逊（Robinson，1989）认为，必须给予格雷一定的荣誉。因为，早在霍特林的著作出版（1931）17 年之前，格雷就提出了同样的问题。

关于李嘉图地租，格雷坚持认为，土地的不可破坏性不是地租从其他产出形式分离出的特质所在。为此，他觉得有必要提出替代的地租理论。土地的不可损坏性，本质上不是地租的基础，因为不管怎样说，很难将它

---

① 哈罗德·霍特林（Harold Hotelling，1895—1973 年），美国经济学家，统计学家，数理经济学前驱。曾发表《可耗竭资源的经济学》（"The Economics of Exhaustible Resources"，*Journal of Political Economy*，April，1931），他的这篇早期论文在 20 世纪 70 年代石油危机中被翻出来，对可耗竭资源经济学的发展产生了重大推动作用。代表性论文集于《霍特林经济学论文集》（1990）。——译者注

从别的收益中分离出来。如果能够严格管理,土地将会有无限的生产能力。从土地得到的当下收入,最好被看成是有无限生产能力的资源的利润。可是,在矿业部门,地产的生产生命是有限的。当下的产量,必须部分地与耗竭联系起来,被称为地租的部分应该视为利润,这部分可以称为矿区地税。地租和矿区地税两者都是根据超过开采成本的剩余来测算的。

让我们返回到格雷的观点,即矿业生产中现在和未来之间的产量是冲突的。这里存在若干有待考虑的技术问题。我们可以假定,矿主带着等将来价格更有利的时候再开发的想法放弃开采一个边远的煤矿,活动的休止可能引起矿藏衰耗或者进水,这可能使将来开发变得非常昂贵或者再也不可能了。

陶西格和卡塞尔

F.W.陶西格(F.W.Taussig)是哈佛大学在经济学学科发展中有重要影响的人物。在其所著《经济学原理》(1915)中,陶西格与自己同代人的观点很不一样。他的同代人将清洁空气和水界定为充裕和免费物品,而他不然。在确定商品价格时,新古典经济学家把强调的重心放在商品的边际效用上。他们认为,由于它们的稀缺性,非必需的商品将有更高的边际效用,因为这个原因,它们和必需的货物比较起来,反倒会获得更高的价格,而充裕资源得到的可能是零价格标签。陶西格靠自己的前瞻性能力提出,由于工业化力度的加大,清洁空气有朝一日可能变得不再充裕。

就矿物资源而言,陶西格对它们在未来的可得性颇为乐观。关于地租和矿区地税,在评述马歇尔的思想时,陶西格坚持认为马歇尔相信的是,租赁费是超过用边际生产赚得的最低矿区地租的剩余。罗宾逊(Robinson,1989)认为,尽管陶西格的阐释具有某些可信度,但是本质上他理解错了。原因在于,因更有生产能力的矿藏与边远矿藏相抗衡而大大增加的剩余,仅仅是从土地取出的高品级资源的反应。换句话说,与肥沃矿藏有关的高于最低矿区地税的剩余,不过是更进一层的矿区地税。当矿业开采在新地区或国家进行时,矿主将要增加支付,哪怕在边远的矿区。根据陶西格的看法,在原来的国家,这不可能遇到。

古斯塔夫·卡塞尔(Gustav Cassel)的撰著时期约略和陶西格及格雷相当,他围绕的主要问题是矿藏,间或少量论及自然资源领域的农业地租问题(Cassel,1918)。研究中他坚持认为,地租说到底是来自各种经久耐用的东西,包括土地的回报。不过他注意到,可以破坏的资源有一大部分的产量与这种资源的消费相关。例如,在煤矿业界,其价格包括提取成本、包含劳动支付的运输成本以及资本成本。小部分价格与本地的矿藏自身有关系。罗宾逊(Robinson,1989)指出,卡塞尔的大部分的价格与提取、运输有关的观点,意味着机会成本或者用户成本不必考虑太多。

卡塞尔从中看出,因为一个大尺度的矿藏需要费时很久才能彻底耗竭,矿藏的地税在整个开发期,相当于滚滚而来的当下回报价值。因此,矿区地税类似于给长期使用的资产,例如建筑物和机器支付的利润。由于矿主决定的资源耗尽时间范围的不同,矿藏现时的价值可能发生改变。例如,假定开采成本不发生实质性的增加,由于缩短耗竭期,现时价值可能升高。

卡塞尔也考虑到生产利润率变化的后果,尽管后来这一点由霍特林以更加严格的方式提出来了。例如,在其他情况不变的情况下,如果利润率提高,将易于促进矿业部门生产,因为这将减少地产的净现值。另一个可能使生产与现时需要相接近的因素来自不确定性。将来,更加富裕的矿藏的发现,以及可替代资源的发展,是有可能的。在这样的思想指导下,矿主会及时提前采矿生产。在限制当前消费水平,由此而使资源更持久可得方面,资源垄断的卡特尔会产生相反的作用。

关于农业发展,卡塞尔在某种程度上是与凯利一样的乐观主义者。因为根据他的展望,农业新土地的开发,未必比曾用地更昂贵。当新地被开发时,有些是非常肥沃的,而有些则不太肥沃,所有级别的土地会开始投入使用。如果资本稀缺,利润率又高,劳动密集的技术将在大多数新旧土地上被使用。但是如果利润率下跌,会产生更多资本集约的生产,这可能成为通过发展更有效的农业机械以增加产量的触发因素。灌溉、排水和良种培育等技术的提高,也会增进所有地区的农业产量。

霍特林

随着新古典时代的终结,一代新生的经济学家开始面世。其中有霍特林、拉姆塞(Ramsey)和凯恩斯等数理经济学家。尽管这个运动的种子很早以前就由费舍尔(Fisher,1892)播下了,可是,这三位在处理经济学问题和建构模式时,展示了更加严格的特点。他们受到伯特兰·罗素(Bertrand Russell)和阿尔弗雷德·怀特海(Alfred Whitehead,1926)等哲学家的部分影响。罗素和怀特海相信,如果语言陈述或者逻辑论证相称得很好,它们可以被转化为数学模型,也可以从中发展出严格的逻辑结论(参见 Kula,1996)。根据奥默罗德(Ormerod,1994)的研究,这样的运动起步于中世纪,随着时间进程而得到强化。

在诸如折价理论(Hotelling,1925)、可耗竭资源经济学(Hotelling,1931)等许多领域,霍特林建构了数学模型。甚至在环境要素对休闲运动的好处方面(Hotelling,1947),他也是模型建构的先驱。不过,因为与非再生性资源相关的所谓"吃蛋糕"问题的模型,他变得闻名遐迩。当代很多经济学家,如索洛[1](Solow,1974)、德瓦拉扬(Devarajan)和费舍尔

---

① 罗伯特·M.索洛(Robert M.Solow,1924—　),美国经济学家。因对经济增长理论的开创性贡献在 1987 年获得诺贝尔经济学奖。他建构了新古典经济模型。他提出,技术进步是增长的前提,创立了"时程资本"(见 vintage models)的概念,主张资本的名义值比实际值对资本受益率更加重要。曾和萨缪尔森站在一起,与琼·罗宾逊及卡尔多展开论战。代表作有《资本理论与受益率》(1963)、《作为社会制度的劳动力市场》(1990)等。——译者注

(Fisher，1981)等，使霍特林在可耗竭资源经济学方面的基础性工作发扬光大了。20世纪20年代，关于世界上有限资源的耗竭问题受到广泛关注（例如，参见第6章关于阿瑟·庇古的部分），而霍特林的文章在很大程度上是对此类问题的一个回应。

非再生资源经过一段时间后会被耗竭是霍特林的中心预设，它与辨明最适宜的消耗率联系在一起。他希望在非再生性资源耗竭的过程中，从维持社会福利最大化的政府观点出发，来考察最佳"吃蛋糕比例"。霍特林揭示出，因为政府因素，由许多同等拥有开采成本和需求状况，以及同等得到资源价格信息的企业组成的竞争的企业界，将精确地得出同样的采掘方式。这就是说，最佳采掘率，最终是由每个企业在完全竞争中产生的社会最佳成果来决定的。

在最佳吃蛋糕模型中，存在两种相互区别的成本，包括：由于劳动和资本被使用而从当前生产中升高的边际提取成本，以及从延期采掘预见的利润中升高的边际用户成本。霍特林的模型暗示，从当前采掘增加的所得，应当高到足以支付这两种成本。这引出了所谓自然资源开采生产中的"基本原理"，即为了证明生产正当，资源的净市场价格（纯开采成本）必须和市场利润率作出相应的提高。通过两种情形的设想，这个原理可以得到简易的理解：

1. 假定市场价格减去开采成本正以比利润率高的比率在升高。什么是最好的行动方向？拥有者应该将资源保存于地下。因为对于能得到的选择，这意味着一次高明的投资。事实上，在1978年到1981年的第二次石油危机期间，当发现该类物资价格在飞升时，许多生产者主张，在这样的情况下，最好的选择是"藏油于地"。

2. 现在让我们假设，净价格比市场利润率的上升慢得多。最好的行动选择是什么？如果拥有者是利润最大化者，下列情况定会成为事实，即储备应当采掘出来，并以尽可能快的速度抛售。同时，着手在其他地方的投资,比如,在限时矿床上投资。

因此,净增价格和市场利润率价格相当时,是平衡状态。从形式上看,平衡态可以这样表达:

$$P_{(t)} - C = \lambda(1 + r)^t \tag{5.1}$$

其中,$P_{(t)}$ =采掘商品的价格;C =开采成本,为计算方便,假定其为常数;r =利润率;t =时间,通常用年为单位;λ =常量。

等式的左边是矿藏的净价格(纯开采成本),右边是资源地税。它显示出,净价格必定与市场利润率保持相应的上升。

霍特林和其他许多先驱者相信,高质量和易得的资源会首先被开采完。他发表的论文是后来数年涉及有关可破坏资源保护措施和决策问题论文的开路先锋。举个例子,如果政府感到国家的可破坏资源时下耗费过快,那么一种行动方案是,对自然资源采掘业增加消费税。要明白这一点,让我们看看一种给定的非再生资源,比如石油,将会按照等式 5.1 所示被利益最大化者消耗掉。进一步假定,在稳定成本下实施采掘,并且所有采掘点一律统一。这就是说,在第一桶油和最后一桶油的采掘之间没有任何区别。

图 5.2 假设,整个石油工业正面临下滑曲线(左图所示)。根据这个图示,工业产量越大,则价格越低。在需求曲线和垂直轴的交点,出现商品的价格极限,此时需求为零。这就是说,在 P 点的价格水平,沿着水平轴反映的需求产量是零。为了依等式 5.1 控制高价,企业必须减少每一阶段的产量。因此,下一年的提取一定比今年的产量更少,一直到价格上升到恰好足以满足等式 5.1。

当价格经过一段时间到达 P 点时,无人愿意购买强制价格水平的商品。因此,资源拥有者会希望在价格水平上升到 P 点之前,采尽储备,并因此拟定一个计划以减少时间定域内每一点的产量水平。这将决定价格

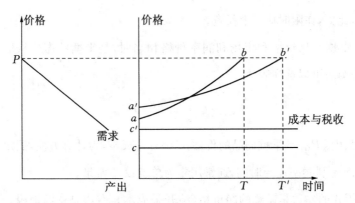

图 5.2　作为政策变量的使石油储备长期持续的保护性手段的税率

走势。在图 5.2 中，这被显示于右侧的图中。左边的极限价格变为右图中的最高限价。被假定为常数的开采成本，是由水平线 c 表示的，ab 是通过减少每个时间限度内产量水平而达到的价格走势。在 ab 和 c 之间的差是资源租税，在完全竞争世界中，它与市场利润率以同等的速率增加。

　　现在让我们设定，政府感到国家油田储量正以很快的速率减少，因此对资源采掘生产征收消费税。对于油田拥有者，征收消费税将会降低当前开采水平，增加损耗时限。因为这个税，新成本曲线改变成图 5.2（右图）中的 c'。新价格趋势现在成了 $a'b'$，耗尽时限将从 T 增加到 T'。由于税收而引起开采成本上升，矿区地税将遭到压缩。作为回应，拥有者将降低当前产量，而这将使初始价格从 a 增加到 a'，于是，新的价格/产量走势变为 $a'b'$。

　　利润率的变化是影响通货紧缩率的另一个因素。如果利润率上升，在其他情况不变的时候，这将增加采掘水平，进而将缩短耗尽期限。利润率越高，意味着金融部门的选择性的货币市场，比如定期存款，就会越高。如果油田拥有者对以前所制定的计划不做任何改变，储备所能赚得的将不是整个区间最理想的回报率。避免这个损失的方式是，转而进行现时生产。这就是说，拥有者将会采掘更多资源以用于现在出售，而这将促使现价降低。此后，采掘会减少一点，以便余下矿藏的净价格能以较高的比率上升。可是,如果比率增加过大,就会影响成本,以至于出现过高的利润率,这对耗竭的影响是不确定的。如果利润率下降,就会发生完全相反的情况。由于拥有者通过减少当前产量,转向未来生产,初始价格会上升。这意味着,耗竭的时限必定上升(Herfindahl,1967)。

从理论上讲,"基本原理"是一个精巧的模型。但是由于很多因素,它在现实世界里的运用存在严重的局限性。首先,以市场利润率来说。如果其他情况不变,利润率下降,开采率将会减慢;如果利润率升高,采掘的速度必会增加。众所周知,市场利润率总是变化迅速。例如,英国最近25年间,任何时候利率也没有维持过两年不动。期待资源拥有者自动改变利润率,是非常不现实的。让我们假设,市场利润率已经升得相当高,足以引起拥有者加快采掘速度,以便售卖获得收入,用以购买高回报的银行储蓄。正常情况下,采掘部门中产量水平的增加,要求生产能力的扩充,这需要花费时间。而且,高利润率难以长期持续,这将使得拥有者在着手实施昂贵的生产能力扩增之前三思而行,难以决断。

谈到自然资源采掘业的消费税征收,类似的问题也会出现。民主国家中,国家的税收政策会随着执政政府的变化而变化。因此,关于特种税收政策的寿命,资源拥有者是难以确定的。如果生产水平是立足于当前税收立法制定的,当立法突然改变时,拥有者的境地可能是或过之或不及最佳生产的结构。另一个重要因素是,技术发展可能会使得对特殊资源的需求减弱。这里有一个历史例证。在9世纪,由于具有清洁燃烧的属性,鲸鱼油在欧洲被广泛用来点灯照明,由此引起了捕鲸业的扩张。由于捕鲸给鲸鱼种群带来的压力增加,它们被迫向更难到达的深海地区远徙,诸如北冰洋,这使得捕猎的代价昂贵起来。由于鲸鱼油的需求增加,以及航海和造船业的进步,捕鲸业延续着。这导致到18世纪,鲸鱼头数出现严重减少。在1820年到1860年间,鲸鱼油由于稀缺,价格增长率竟然高于400%。结果,使用者开始寻求替代品。这就使得欧洲许多城市开始使用天然气照明。因为用作新的替代资源，石油钻探加强了。到 1863 年，美国大约有 300 个生产煤油的试验性炼油厂。数年过后，煤油几乎替代了鲸鱼油。1870 年，鲸鱼油价格创历史性新低点。与此类似，太阳能开发技术的突破，可以大大减少对矿物燃料的需求。换句话说，关于未来需求状况，存在不确定性。这将影响资源拥有者的决策。除了"基本原理"，资源拥有者也会受到"见买就卖，来者不拒"（sell your stocks now, while customers exist）这句格言的指引。

除了技术不确定性和未来需求难以预料外，如果自然资源采掘企业在政治不稳定地区生产，那么就会遇到产权不确定性问题。的确，这种可能性容易使得资源拥有者高度紧张，以至于驱使他们仓促采掘，然后退出。即使在已建成民主制度的国家，例如英国，在工党政府管理期间，也发生了相对较短期的矿物燃料储备的国有化。

最后一个值得提及的问题是急迫感的问题。出于各种原因，一个资源拥有者可能需要大量现金，这或者可以通过出售产权获得，或者可以通过加速采掘获得。如果储备属于公共所有，出售产权可能在政治上有难处，政府可能会宁可打算较快地采掘储备以马上得到现金。例如，20 世纪 80 年代，两大主要产油国伊朗和伊拉克都忙于战争。在这段时间中，两个国家都需要硬通货以维持其昂贵的战争开销。这里的金钱大部分是靠出售石油筹集来的。

因为所有这些原因，"基本原理"，这个很大程度上可以归功于霍特林的原理，在真实世界里面不可能成为决策的驱动力。更何况，霍特林的"吃蛋糕"模式，意味着可破坏资源的价格总是按照等式 5.1（见前文）揭示的趋势向上浮动。可是，20 世纪 60 年代某些资源经济学家的工作显示出，在相当长的时段里，几乎所有以自然资源为基础的商品的价格一直没有升高，而是下降了（Potter and Christ，1962；Barnett and Morse，1963）。霍特林的理论模式和现实世界究竟有何相干？通过假定自然资源采掘业中技术进步和矿藏级别的变化,斯莱德(Slade,1982)已经验证了这一点。斯莱德研究了一个长时限内,美国所有燃料和主要金属矿藏的价格趋势。如果我们允许开采成本改变以稍稍修改等式 5.1,那么可得:

$$P_{(t)} = C_{(t)} + \lambda(1+r)^t \qquad (5.2)$$

这里,$C_{(t)}$ = 时间 t 点的开采成本。它可以升高,也可以下跌。

斯莱德论证说,尽管 $(1+r)^t$,即矿区地税,通常是升高的,然而 $C_{(t)}$ 可能大幅下跌,引起价格衰落趋势。通过这个论证,斯莱德允许价格下跌。在自然资源采掘的早期阶段,成本的下跌可能胜过矿区地税的增加,但是以后达不到时,这里可能出现一个 U 形价格递减趋势。例如,在 1900 年到 1940 年之间,更大型的推土机的面世,使得级别极端低劣的矿体的剥露成为可能。同时,渣滓浮选法的发现,使得硫化物矿石可以更加经济地得到浓缩。美国铜价下跌了。因此,所有的成本一直到第二次世界大战都在下跌。当新技术转变的时间到达其自然极限,从那时起,单位成本的跌落才缓和。这引起价格增加的趋势(参见图 5.3)。

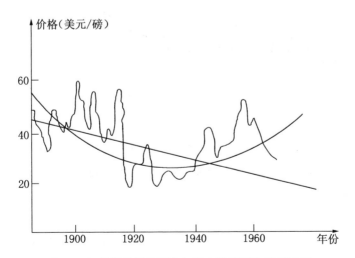

图 5.3　铜的紧缩价格历史与拟合的线形和 U 形曲线

资料来源:Slade,1982。

斯莱德的数据囊括了 1870 年到 1978 年所有的金属和矿物燃料,只有黄金例外。年度价格由于美国批发价格指数而被压低,其中 1967 年被取作基数年度。每种资源有两种估测的价格趋势。其一是价格趋势呈直线,另一种的价格呈 U 形时间函数。U 形曲线与数据显示出密合的特点。在早期生产阶段,通过假定技术变化抵消矿石级别的下降及成本减少,价格下跌易被理解。在随后的年度,技术发展达到极限,矿石质量降低,可得性变得更困难,会引起成本增加。图 5.4 显示了另一种资源,即石油的情况。这里 U 形价格趋势比线性的适切得更好。斯莱德注意到,这个模式过度简化了情形,因为它忽视了采掘工业的许多方面,例如环境法规、税收政策、价格控制和市场结构等。

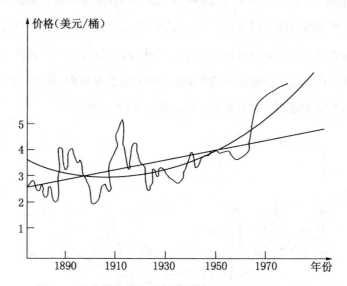

图 5.4 石油紧缩价格的历史与拟合的线形和 U 形曲线

资料来源:Slade,1982。

如前文提及的那样,在经济文献中,可耗竭资源的经济理论,即"基本原理",在很大程度上是霍特林的功劳。但是,差不多这个理论的所有方面都被格雷和卡塞尔讨论过,有的讨论还出现在 1931 年霍特林的论文

《可耗竭资源经济学》发表以前。霍特林对这个理论的主要贡献是，他通过数学模型的运用使之形式化。这一方法现在变得广为流行——有些甚至可以说被数理经济学家，如索洛、德瓦拉扬、达斯古帕特（Dasgupta）和希尔（Heal）等强调得过头了。

　　除了"吃蛋糕"模式外，新古典时代另一个重要的发展是，认识到给定的外部性及其在经济生活中的重要性。这个重要概念是由马歇尔引入的，后来被许多经济学家以各种各样的方式发展了。其中部分经济学家在本章已经提到，其余的将在第 6 章讨论。

第 6 章　关于自然资源和环境的干预主义学派

庇古

　　20 世纪早期,围绕为了实现社会追求的目标,政府是否应当采纳干预主义政策这一问题,经济学家之间发生许多争论。在苏联,布尔什维克革命之后,为设计一种完备的计划经济体系而进行的紧张工作正在开展。它主要是出于实现政治目标的考虑。当然,并非人人支持苏联宏大计划的模式。一个有趣的观念是,出于各种原因,自由市场价格并不总是反映其真实的稀缺价值,也不会百分之百地令消费者或者工人满意。因此,政府可能希望计算出影子价格,它可以作为不完备的市场价格的替代品,用于各种各样的决策措施中。泰勒(Tylor,1928)坚持认为,通过反复试验,政府能够校正市场价格。消费者和政府的共同努力,能够整肃市场。朗格和泰勒(Lange and Tylor,1938)更进一步,他们声称,政府在建立影子价格时,能够重视真正的消费欲望以及公正的企业利润最大化目标。结果是,伴随着竞争的市场经济和政府干预的混合制度,公共福利达到最大化。如此一来,所有的市场可以得到整顿,并且只要通过正确的投资水平,可以保证充分就业。

　　庇古①(Pigou,1920)在很大程度上同意这种观点,即自由市场经济不可能总是有效运行,因此,存在很大的空间供政府为推进经济福利的目

---

① 　阿瑟·C.庇古(Arthur Cecil Pigou,1877—1959 年),英国经济学家,剑桥学派代表之一,被奉为“福利经济学之父”,“公共财产”概念的创立人。他证明了政府干预具有经济合理性,以外部性的分析为福利经济学、环境经济学、公共财产奠定了基础。庇古在世时,大半生被马歇尔和凯恩斯遮住了光芒,他捍卫前者,与后者论战。他的辨析外部性、消除外部性、避免低效市场的教导,为环境经济学指明了现阶段的基本方向。由于环境经济学,他可能会越来越受到重视。代表作有《福利经济学》(1920)、《失业理论》(1933)、《社会主义与资本主义比较》(1937)、《就业与均衡》(1941)等。——译者注

的来行使干预。庇古相信，由于两个主要性质，福利是十分理想的概念：第一，福利的成分是意识状态；第二，它可以或多或少地被归属在这个范畴之下。对于它的测算，庇古认为，金钱可以成功地用作测量杠杆。这就是说，经济福利是一揽子能够用金钱加以测定的满意和不满意度。

庇古（Pigou，1929）在分析社会福利进步的过程中，对自然资源的耗竭和主张后代对自然财富拥有权利等问题，表达了极大的关注。在涉及资源跨代配置的人类行为方面，他做了大量论述。他说，个体完全是根据他们的非理性偏好在当代、较近的后代和遥远的后代之间进行资源分配。如果我们在两种满意度之间可以选择，我们未必会选择两者中更大的一个，而是常常致力于宁愿选择立刻能得到的小小满足，却不选择将来可得的、更大的福利。当然，超时空的决定之中存在风险因素和不确定性。即便如此，人们还是势不可挡地倾向于现时。为什么会这样？根据庇古的观点，我们的远瞻官能是有缺陷的，因此，我们从递减律比例看待未来事情、需求、痛苦和快乐，在长远范围内就显示出不和谐来。

远瞻官能存在的缺陷，特别在市场交易方面暴露无遗。它对后代的伤害可能比对当代要多得多。如果公共努力总体上建立在现行市场交易的基础上，那么未来世界状态将会黯然失色。试以个体制定的投资决策为例来看。由于人的生命有限，经过长时期俭省增加的成果不可能被作出牺牲的人自己享受到。结果，对于节约者，指向遥远未来的勤劳会比面向更切近的未来的勤劳所具有的魅力小得多。在后一情况中，受益人将可能是下一代。可以肯定，他们的利益具有同等的重要性。而在前一情况中，受益人将是在时间上更久远的后代。他们与当代人之间可能有，也可能没有血缘纽带。因此，节约者将不会把他们放在心上。其结果是，因此而产生的投资和创造的新资本不可能充分保证未来人的需求。

霍尔兹曼（Holzman，1958）和庇古的争论思路一致。他认为，当前的市场显示，个体采取的关于能够影响到后代的节约和消费的相反决策，可能与国家采取的决定处于冲突之中。他评论道,许多国家明显企图增长加快、人均收入上升。如果可以任由自由市场摆布节约率和经济增长,为什么经济快速发展仍像鬼魂附体一样缠住政府? 他们这样做损害消费者主权吗? 霍尔兹曼相信,如果政府对共同体强行施加某些节约措施,不会严重损害消费者的选择。正如庇古认可人类远瞻官能在性质上有缺陷一样,霍尔兹曼指出,如果回顾我们过去的决策,我们中有许多人会悔恨它们未能尽善尽美。大多数曾经享受过富足生活而现在正经历着生活水平下降的人,会非常情愿拿过去的剩余部分作交换,以改善他们现在的生活状况。

庇古开出了一个鼓励个体更加节约的理财处方:

人们自然而然地倾向于将其过多的资源用于现在的服务,而将过少的资源用于未来的服务。鉴于有这种"自然"的趋势,除非政府在分配方面进行利益补偿,否则,政府进行任何人工干预以支持这种趋势,必将减少经济福利。因此,在这种情况下,与对支出进行征税相比,所有对储蓄进行差别对待的征税,必将减少经济福利。即使不对储蓄进行差别对待,储蓄也会减少,进行差别对待,储蓄就会更少。财产税,以及遗产税,显然是在对储蓄进行差别对待。①

(Pigou,1929:28—29)

接着,他陈述道,英国的税收体系没有促进社会福利,因为它主要针对的是储蓄收入和财产。在最佳税收体制的建设中,收入和财产税再分配的结果必须拿来和它们对资本的积累和生成的不利影响对照,并且小心权衡。

庇古不认为政府应该用手段胁迫人民更多地为自己和后代的利益储蓄。他的观点是,称心如意的收入和财产税的再分配标志,就广泛的社会

---

① 引自[英]阿瑟·庇古:《福利经济学》(上),朱泱、张胜纪、吴良健译,商务印书馆 2006 年版,第 35 页。——译者注

福利结构而言,含有代价。因此,这种税收的利益和成本在任何财政立法中必须被纳入考虑。庇古进一步声称,政府既应当保护现代人的利益,也应当保护后代的利益,杜绝过度和非理性的贴现现象。

关于可破坏资源问题,根据庇古的看法,我们有缺陷的远瞻官能将导致不顾一切的损耗:

有时候,以破坏未来为手段,人们将获得远不止他们自己所需要的利益。因为掩盖和放弃那些不能开采的但是还有价值的煤层的结果是,最优煤层遭到急功近利的开发;无视繁殖季节进行渔业生产,因而给某些鱼种带来了面临灭绝的威胁;农业生产活动也是如此,足以使土壤肥力耗尽;这些是与本论题相关的各种例证。出于微不足道的用途,用光现在富足而将来可能稀缺、不易得到,甚至对后代有更重要用途的自然产品,尽管这代人毁掉的比他们实际拥有的少,但从损害总的经济满意度上说,也是浪费。为了将旅程时间从已经很短的状况缩短到更小的程度,数量巨大的煤炭被用于高速运输工具。或许我们正以我们的后代永不能飞到纽约为代价,才削减了我们到纽约的飞行时间。

(Pigou,1929:28)

市场力量常常无助于以自然资源为基础的资本的创造或者保存。在诸如水资源和植树造林规划中,由于对长远满足的欲求比较淡漠,而净回报是遥远的,它们于是受到阻碍。庇古声称,从性质上看,政府既是未来人也是当代人的受托人,如果必要的话,需要依据法律监督和行动,以保卫本国可耗竭资源储备免受过早或者不顾一切的开发。

有关可耗竭资源的理性使用、环境质量的保护、限制过度消费、推进节约、高于一切的防止有害的急功近利等,庇古从根本出发,提出了三条政策措施。它们是:

1. 国家补贴；

2. 税收；

3. 立法。

时空飞跃：庇古的策略在起作用

上文讨论的庇古策略，被广泛地用来推进森林生产，在英国和爱尔兰已经有些时日了。在森林业中，对有些树种，栽植和伐木之间的时间间隔可能是漫长的。森林商业受漫长的孕育期左右，使得许多私营投资者冻结造林投资，踌躇不前。一个国家的森林资源一旦被耗竭，再生可能需要长期和痛苦的过程，正如英国的经历已经呈现的那样。从遥远的过去直到中世纪，不列颠群岛覆盖有浓密的森林。从中世纪起，由于多种原因，残酷的破坏过程发生了。第一，为了增加粮食以供养不断增加的人口，森林覆盖的土地不得不被转变为农业生产用地。第二，木材用作燃料和建筑材料，使得森林蒙受损失。在有些地区，例如苏格兰，存在着过分的粗放经营，以至于那里一位17世纪末的旅行家评论道，"这儿的树像威尼斯的马一样稀少"（Thompson，1971）。第三，伴随着英国作为强大的海军和航海国家的兴起，造船工业的需要导致森林资源消耗。最后，战争使得森林遭受损失。到20世纪交替之际，这些曾经森林密布的岛屿，已经变为欧洲最缺乏森林的地区了。

在第一次世界大战期间，由于德国海军阻挠进口，而国内储备留下的很少的一些树木几乎被耗尽了，英国遭受了严重的木材短缺。在战争岁月里，木材是用于防御工事和煤矿坑柱的战略物资——因为国家生死攸关的能量源泉是煤炭。战后，英国首相劳合·乔治①承认，由于缺乏木

---

① 劳合·乔治（Lloyd George，1863—1945年），英国自由党领袖，1908—1915年任财政大臣，1916—1922年任英国首相。率先实行社会福利政策，第一次世界大战中组成战时联合内阁。1919年出席巴黎和会，1921年承认爱尔兰独立。——译者注

材,国家已经濒临战败的边缘。从很大程度上讲,正是这些战时经历过的供应问题,导致 1919 年英国林业委员会的建立。委员会的早期目标是:训练年轻人做实际的林业人员;立刻创建 200 000 英亩新植被;恢复 50 000 英亩的森林;并且,通过政府资助的条款,鼓励私有生产者投资林业。

尽管庇古专门建议,鼓励私有和公共部门投资森林业,但林业委员会的早期目标并没有实现。英国一直存在一个反对林业的下议院,他们认为植树造林不是有利可图的风险投资。这个下议院游说政府道,林业基本上是不盈利的,在 1922 年到 1924 年之间,植树造林计划遇到了糟糕的削减。第二次世界大战的经历使政府想起林业委员会最初成立的原因——20 世纪 20 年代种植的树木尚未达到砍伐期,而数量庞大的木材进口已经被证明易于受到德国潜艇的攻击。

有了这两次痛苦的经历,第二次世界大战之后,英国进一步开始了广泛的植树造林运动。在战后政府的政策保护下,林业部门的生产得到了缓慢而稳步的增长。可是今天,英国的森林覆盖面仍然少于陆地表面积的 10%,这使得它成了欧洲森林最少的地区。

英国政府的决策是,通盘运用三条庇古策略以发展林业生产。鉴于这种情况,国家余留的原始森林得到了法律保护。林业委员会获准使用低到 3% 的利润率,这是评估其新造林运动的林业指标回报率,而别的可进行贸易的公共生产机构正使用 8% 的利润率。私有造林者得到现金资助,分三期付款,栽植后当即支付 70%,五年后支付 20%,余下的 10% 在第十年内给付。最后,树木销售的收入是免税的。在我撰写本书的时候,英国政府已经指示,对私有林业部门的物质奖励将继续维持,植林基金将进一步增加。

就制止环境污染来说,庇古税可以针对那些是污染源的工业活动的生产水平来核算,或者直接按照污染本身核算。在前一种情况下,如果我们重新考虑第 5 章阐释过的马歇尔边际分析,经济活动的最佳标准应该是边际效益函数与边际成本函数相符合。在图 6.1 中,它被标示为 OE。在缺乏补偿的情况下,从 OB 的活动水平减少到 OE,并不是为了私有部门的利益。根据单位产量征收的庇古税,可能有助于使活动水平减少到社会最佳接受点。相当于 T 的税额会使得企业的收益函数左移,因为它是生产者的成本。在新的净收益(除税净值)函数中,企业保持 OE 的生产,它合乎社会最佳产量标准。

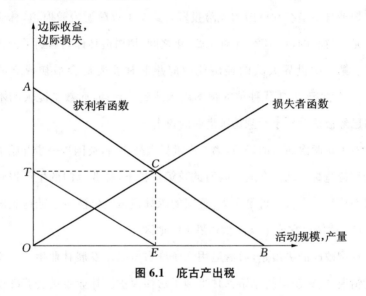

图 6.1　庇古产出税

庇古税可以直接根据污染排放征收,或者根据污染释放出的物质征收,两者之间任择其一皆可。例如,我们可以采纳由欧共体官员和许多国家学术界研究过的欧洲碳化物征税的建议。实际上,荷兰、挪威、瑞典和芬兰等国家已经在征收这样的税,丹麦议会也已通过要求征收此税的立法。在英国,环境大臣 1988 年首次表示,征收碳化物税是可能实现的。可是,到如今都还没有征收。

该建议税的重要目的之一,是将欧盟的二氧化碳排放量稳定在 1999 年到 2000 年间的水平。本来的打算是从 1993 年开始征收税,每桶油征

收 3％,然后每年增加 1％,直到 2000 年达到每桶油征收 10％。这笔税收
属于每个成员国,并专门用于环境改善。可是,1992 年,欧共体从以共同
体为基础征收碳化物税的推广行动中抽身而出。虽然如此,但是完全有
可能在下一个十年的早些时候,对矿物燃料和其他能源征收碳化物税会
在欧共体大规模实施。

该税种由两个成分组成:碳含量和能源含量。核能税与后者有关。
矿物燃料税与能源和碳含量两者都有关联。煤炭是最肮脏的燃料,大致
说来,它比石油劣 25％,石油则比天然气劣 33％。因此,有必要对煤炭比
对石油征收更高的税,对石油比对天然气征收更高的税。很多研究指出,
矿物燃料需求的价格弹性在短时间内是非常低的。这就是说,从短期来
看,这个需求难以期望会有价格上涨。巴雷特(Barrett,1990)使用英国
政府的数字计算出,天然气、石油和煤的价格各增加了 1％。

为了成效显著地控制排放,每种物品应该如何严格课税? 根据巴雷
特(Barrett,1990)的研究,为了使得二氧化碳排放量减少到 50％,在短期
内,政府必须分别对煤气征收 100％、石油征收 134％、煤炭征收 167％ 的
税。长期征收数字应当是煤气 35％、石油 47％、煤炭 59％。

在庇古的分析中,从分配的观点看,收入税可能是社会需要的,因为
富人缴纳得更多。这个观点让鲍莫尔(Baumol)和奥茨(Oates)陷入了争
论。本章末尾将加以讨论。可是,庇古认为,这可能延缓资本的生成,并
且可能与后代的福利发生冲突。简言之,针对富人收的收入税,可能会伤
害后代。

有人提出,以欧洲的建议碳化物税的形式缴纳的污染税会打击穷人,
但是对当代人,特别是对后代,有环境方面的好处。因为穷人为保证采暖
和照明,需要比富人花费更大比例的收入,能源价格的增加将会出现回
归。不仅如此,在英国,穷人一般更深重地依赖于肮脏的燃料如煤炭来取
暖,而富人通常使用相对清洁的燃料,如石油和煤气。而正如前文指出

的,为达到效果,煤炭这种低收入阶层家用的燃料,应该被课以最重的碳化物税。

除去公正与否的问题不论,碳税可能引发不利的经济后果,特别是,它可能减弱使用矿物燃料的国内和国际企业在市场上的竞争能力。这正是英国政府近年来在碳税征收方面后退的原因之一。当然后退也可能是暂时的。从理想层面上讲,碳税必须在全球有此污染的国家一齐征收,然而事实上这很难实现。如果一种税在欧共体执行,就需要各成员国担负,但是环境好处却是为全球共享的。换句话说,只有所有国家同样行动起来,欧共体的公民才能够得到这种税收的全部好处。

或许,促进广泛征收碳税的一个因素是,政府需要税收。佩齐(Pezzey,1989)提出,尽管企业和家庭可以接受缴纳根据实际的"谁污染谁付费"的原则确立的污染税,但是,他们不可能容忍增加税收负担的额外借口。另一种庇古税,即关于开采产量的消费税(参见第 5 章,"霍特林"部分)也遇到了同样的情况。这个税的确缓解了自然资源的开采率,这对后代有益。但是该税种征收的重要原因之一是,它给国家带来了快速而大量的岁入。例如,在 1978 年到 1981 年期间,欧佩克①国家通过税收方式,大大增加了原油价格。他们认为,这个卡特尔②正在为后代寻求利益。只有天真派才会轻信他们。

除了开采税,庇古污染税尽管有理论和实践的魅力,可是运用并不普遍。它们属于例外而不是普遍规则。为什么会这样呢?佩齐(Pezzey,1989)和汉利等(Hanley et al.,1990)提出了大量解释,其中之一是无知,即决策者不知道或者不能体会污染税的有用性。通常情况下,有关这样的税收的争论发生于经济学家之间,他们使用大量的、常常没必要的数学

---

① 欧佩克,石油输出国组织,英文全称为 Organization of Petroleum Exporting Countries,缩略写法是 OPEC。——译者注
② 卡特尔(cartel),市场上寡头厂商们公开而正式成立的联合体。——译者注

和拒非专家于千里之外的专业术语。另一个因素是，决策者缺乏辨别与
最佳水平有联系的边际成本和效益函数的信息。如果没有扎实的函数知
识，就不可能设计出最佳税制。最后，庇古税存在制度阻力。英国和其他
工业化国家的许多污染法规体系，是为了应答公共健康和安全的立法而
在 100 多年前建立的。污染税不讨立法圈喜欢。这个圈子里的议员希望
精确地了解，究竟为什么现存体制是不充分的。他们还把新税制视为对
他们的地位和权威性的挑战。

很清楚，庇古的策略，诸如立法、税收和补贴在许多国家得到了实施。
举个例子，在英国有许多保护法律在实施中，有关于景观遗产的，有关于
古老森林的，等等。它们和补贴一起，促进了私人林业经营和林业免税。
爱尔兰共和国和荷兰共和国，也提供补贴以鼓励私有林业。在大多数国
家，环境保护方面的立法，范围广大，并且不断增加。要是庇古活到今日，
看到其自然资源策略得到广泛实践，他很可能会感到欣慰。

凯恩斯的未来观

凯恩斯并没有围绕自然资源和环境展开广泛论述。当然，确切地说，
他对人口增长、自然资源富足和人类普遍未来作了一些深刻的评论。尽
管根据其出版的著作判断，他不能被描述为对环境问题有重大影响的人
物。但是，他是 20 世纪大部分时间中，很多国家经济政策制定领域的一
位主导人物，这对经济生活的一切方面造成了影响，也包括环境。

约翰·梅纳德·凯恩斯①是其时代社会和思想精英的一分子。他在

---

① 约翰·梅纳德·凯恩斯（John Maynard Keynes，1883—1946 年），英国伟大的经济学
家，宏观经济学奠基人，与斯密和马克思并称为经济学史上三位泰斗。代表作有《印度
的通货与财政》(1913)、《凡尔赛和约的经济后果》(1919)、《货币改革论》(1923)、《货币
论》(1930)、《就业、利息与货币通论》(1936)等。——译者注

伊顿公学和剑桥大学接受教育。在那里,他学习哲学和经济学,并受到马歇尔教导。在第一次世界大战期间,他在财政部工作。战后,他认为欧洲经济问题比个别国家的边界和愿望更加重要。他也是英国政府国内经济政策,尤其是英国回归金本位制度的重要批评家。尽管在 20 世纪 20 年代有一场著名的环境保护运动,但是凯恩斯的注意力被压力大得多的时代问题,诸如战争赔偿、金本位与良好管理的货币政策、储蓄和投资的悬殊,以及更加重要的、随股票市场崩溃而来的大众失业等问题吸引住了。

凯恩斯相信,如果能够建起适当的经济结构,使得国家在其中可以干预经济目标的实现,尤其是当市场失灵时国家可以干预的话,那么西方世界就能够拥有资源和能力来自行解决紧迫的经济问题。在他看来,失业和贫困是真实的,但又是暂时的问题,有史以来这些问题常常影响人类。

像斯密、马尔萨斯、李嘉图和穆勒等许多经济学家和思想家一样,凯恩斯有其"未来观",而且是高度乐观的。在其于普遍忧郁和悲观主义时期写就的《劝说集》(1931)中,他对未来——离他仅 100 年的不太远的未来,表示艳羡。资本积累和技术进步这两股进步力量使他产生乐观主义倾向。

凯恩斯认为,直到 16 世纪,人类始终处在非常迟缓的进步中。甚至在世界有些地区,进步根本还没有发生。现代开始于 16 世纪资本积累所取得的成就。当 18 世纪科学发展和技术发明的伟大世纪起步而最需要资本时,两百多年复利的力量,使得大量资本唾手可得。作为一个例子,凯恩斯向我们指出了 20 世纪 30 年代英国外国投资的价值,那时的总量是 40 亿英镑。他由此上溯到 1580 年,当时德雷克从西班牙窃取了金银财宝,使得伊丽莎白女王一世大开眼界。在将掠夺物用于各种各样事情后,一笔 40 000 英镑的投资被用来创建远东公司(the Levant Company),后来导致东印度公司(the East India Company)的成立。从这两个巨大的商业冒险中获得的利润,促成了大量海外公司的创立。通过 3.25% 的利润率积累,1580 年的 40 000 英镑大约相当于 20 世纪 30 年代英国外国投资的总价值。

受技术革新、市场开发和资本的可得性等因素的刺激,19 世纪初工业化加快了步伐。新方法引起许多工业和矿业部门出现机械化大生产。结果,尽管人口增长了,但西方的平均生活水准到 20 世纪 30 年代大约提高了四倍。虽然,持续进步不时引发出艰难和痛苦的问题,但凯恩斯断言,一切经济问题都可以得到解决。关于人口问题,凯恩斯写道:"从现在起,我们不需要期盼如此大的人口增长。进入黄金时代的节奏,将部分地依赖于我们控制人口的能力,这个我们能够做到。"(Keynes, 1931:363)

凯恩斯认为,从长远来看,人类将能解决所有经济问题;从 20 世纪 30 年代起,尔后的 100 年中,进步国家的生活水准,可望达到 4—8 倍高。事实上,即使预期更高的成就也不为愚蠢之见。他坚持说,经济问题不是人类永久的特征,并且,当它们得以解决时,人类将进入一个新时代。到那时,人类的精力将可以花费在非经济追求上。

科学和复利已经为人类赢得自由和余暇,因此,人类自有生以来将第一次面对其真正的、首要的问题——如何使用他的自由,摆脱紧急的经济困扰,如何占有余暇,以过好明智、惬意和美好的生活。

在新时代,道德规范将有重大变化。人类将抛弃许多伪道德原则,并采纳真正有德性的价值,诸如,贪婪是恶,善高于有用等。同时,在作为经济主义时代对立面的道德时代到来之际,主导我们生活如此漫长的东西将遇到难题。由于长治久安的优裕,人类将丧失其为谋生而冷酷无情地工作的因循的目的,而某些传统的生活方式和价值扎根于我们的身心已经经历无数代了。主要问题将是,适应一种更悠闲的生活,在其中我们必须明智地使用我们的自由。从一些已经大大丧失传统的家务活,例如,打扫、做饭、缝补等的小康的家庭主妇来判断,她们别无选择,将因此而面临沮丧,正迎着我们而来的那个适应期可能是难挨的时日。

　　如果从现今世界任何角落的富裕阶级的行为和成就判断,这个展望是非常令人沮丧的。

(Keynes,1931:368)

　　这和马尔萨斯的未来观形成多么鲜明的对照啊!现在我们离 2030 年不过还有 30 年。有任何富裕得使人腻味的时代不久就要光临人类的迹象吗?情况恰恰相反,面对最近的证据,根据一些人(将在第 11 章加以讨论的)的看法,2030 年人们的生活不可能会像凯恩斯所预言的那样。据此,可能有人认为凯恩斯犯了错——在某些例子上犯了极其严重的错误。让我们以其人口增长观为例来看看。第一,他断言,从 1930 年起我们用不着为如此巨大的人口增加犯愁。1930 年世界人口大约有 20 亿,今天大约已经是 60 亿,到 2030 年可能有 90 亿。即使在英国这样"冷静而节制的"国家,从 1930 年到 1990 年,人口也增加了大约 30%。

　　第二,凯恩斯主义的白日梦者认为,可以相信,由于资本复利原理和从科学发展获得的成果,将会出现历史上前所未有的物质优裕。人类到大约 2030 年将活得非常舒适。早于凯恩斯撰写这篇论文前 60 多年,穆勒已经讲得极其清楚,各种增长,包括资本储备的增长,最终必定会枯竭(Mill,1862)。关于这一点,1966 年肯尼斯·博尔丁(Kenneth Boulding)曾提出,凡是相信指数增长能够在有限世界里永远持续的,要么是疯子,要么是一个经济主义者。

　　第三,凯恩斯暗示,有德性的生活和真正道德原则的采纳,只能发生在所有经济问题已经获得解决的社会形态里。他十分绝对地说,所有不公正和令人不快的社会行为,我们之所以现在还见到,是因为它们有助于促进资本积累,到了富足社会它们将被抛弃。多么令人惊讶的胡说八道!事实上,我们知道,最有价值和最有德性的行为,是那些在事情处于危难棘手的情况下发生的行为。人类能够得到的公正社会,总是和国民生产总值的水平无关。凯恩斯暗示,富人必定有更大的德性操守,他们的行为必定比穷人公正!

凯恩斯作出的另一个不同寻常的论断是:"从长远看,我终归要告别人间。"①在和经济学家们的研究共事中,我发现,在许多场合,他们通过引用凯恩斯的论述消解了长期的环境问题,诸如,温室效应的全面影响、臭氧层耗竭、核废料储藏,等等。一些人采取的态度是,那些环境问题是遥远的将来的事情,现在是不可能钻研得了的,因而不属于他们的真正课题;在凯恩斯的理论架构中,重点是且应当是短期问题。

加尔布雷斯

约翰·肯尼斯·加尔布雷斯②,一位苏格兰裔的加拿大人,是 20 世纪最知名的经济学家之一。其著作透露出这样的信息:市场机制不是配置稀缺资源的有效手段。因此,为了实现真正的繁荣和其他社会需要的公共目标,政府有必要发挥重要的干预作用。他是许多畅销书的作者,诸如《美国资本主义》(1972)、《丰裕社会》(1958)、《新工业国家》(1967)、《经济学与公共目标》(1974)、《不确定的年代》(1977)和《满足之文化》(1993)。他研究的核心焦点一直是美国资本主义,并对其有激烈的批评。根据他的理解,美国资本主义在其现有轨道上将不仅会加重既有的经济和社会病症,而且会产生许多新问题,包括环境问题。作为选择,他提出

---

① "In the long run we are all dead",出自凯恩斯的《货币改革论》。很多人理解这句话的意思是,为了短期利益可以牺牲长远利益。凯恩斯的真意可能是,扯远了没有用处,我们不能坐等通货膨胀自行解决,坐收未来利益,而要果断采取干预措施。——译者注

② 约翰·肯尼斯·加尔布雷斯(John Kenneth Galbraith,1908—2006 年),美国伟大的经济学家、社会活动家、新制度学派的代表人物,常常辛辣地嘲讽主流的、正统的经济学,因而不断招惹批评。《丰裕社会》等著作中有关增长的批评观,对于环境问题研究具有重要价值。——译者注

了一种新资本主义体制。这一体制将对收入进行再分配,对价格、工资和利润进行再调节,对大企业进行仔细审查,使健康服务业和军工企业国有化,等等(Galbraith,1972)。它并不是东欧的中央计划经济,而是这样一个结构,其中有很多参与者,例如,现代企业、政府、联合体和教育机构,他们在自由民主的传统中共同合作。

加尔布雷斯认为,美国资本主义没有给它的公民带来幸福,而是带来了嫉妒、暴力、有形而可见的污染,以及严重得多的不安全感(Galbraith,1958,1967,1974,1977)。随着经济增长,借助发明、模仿、广告、推销员制度和嫉妒心理,企业,特别是那些大企业,打造了虚假需求。在这样的氛围中,消费者在猛烈的广告攻势和放大的嫉妒感的影响下,变得迷离惶惑,不再能够作出有意义的决定。由于个体力求多多益善、形式多样,而且常常是琐屑不堪的消费,自由市场向生产者发出更多信号,要求它们生产更多的数量。现代企业最重要的目标是生存、增长和自身的扩张。可是,管理者完全意识到,为使得股东满意,他们必须获得充足的利润,大体上他们做到了。现代联合大企业,依赖按照统一计划行动的专家技术结构,来实现其目标。他认为,假定能够严格执行相应的计划,将其用于实现纯粹的人文目的,对巨型企业有用的计划,对社会可能同样有用。

根据他的看法,在现代资本主义社会里,企业能够掌控市场以实现它们的最重要的目标之一,即,增长。

经济增长是企业的中心目标,由此,它成了社会的中心目标。增长,是该社会的首要目的。任何东西自然都不能阻挡它。这包括其结果,包括其对环境、空气、水、城市生活的平静、乡村生活的美好等造成的负面后果。

(Galbraith,1974:286)

更进一步,他继续说,自由市场经济强调个体需求,并使公共需求方面的缺乏达到社会厌恶的极点,甚至是不健康的极限。伴随着私人财富的增加,公共产品的供应危机加深了。一个文明的社会,应当在私人和社会财富之间维持平衡。加尔布雷斯把它称为社会平衡的问题。私人和公共产品之间的悬殊,在美国各地区,并非如其被时刻看到或感受到的那样,是主观判断的问题。在所有大城市,甚至连最基本的公共服务都严重缺乏:警力不足、学校里设施不良、学生拥挤、街道上垃圾遍地、绿色空间不够且肮脏而危险、交通堵塞、空气污染,不一而足。就连乡村也是拥挤的、被污染的,而且被乡村高速公路两旁安插的众多广告牌遮住,看不见了。

第二次世界大战以来,在私有财富增加的同时,公众贫困却变得更严重,而且没有任何被扭转的迹象。加尔布雷斯问道:这是美国人的精神特质吗?

关于人口增长问题,加尔布雷斯承认,马尔萨斯的幽灵正徘徊在第三世界国家的上空,并不是每个人都肯定富裕的国家有把握让富足持续下去(Galbraith,1958)。通过节育的方式抑制人口数量的增加,在那些最迫切需要它的地区已经宣告是失败的冒险。计划生育是如此缺少报偿的工作,以至于政府通常委派最无能的部长去负责它。防治病虫害的官员们获得成功的程度,通常是根据取得的战果,例如杀死了多少害虫来评估的。可是,计划生育官员们的成功是由他们派发出去的传单数字和他们的讲演效果来衡量的(Galbraith,1977:285)。在印度,自愿的绝育政策的实施在 1970 年达到高峰,当时能够根据数字测定负责该项工作的人员的成功程度。后来,问题出现了。为增加其成功度,有些官员开始使用胁迫措施,最后,使得该政策声名狼藉,从而被抛弃。

加尔布雷斯指出,在"丰裕世界",人们过着有保障的生活方式,因此,家庭愿意使用避孕措施。而且,除了性生活之外,还有很多休闲娱乐设施,可以将时间花在诸如电视、戏院、书籍、旅行和运动等方面。然而,在贫穷世界里,人们缺乏有保障的高水准的生活,房事可能是唯一的欢愉和摆脱日常劳顿的方法。它给人们提供须臾直接的快乐,数月以后的结果可想而知。

发展中国家的政府大多数忙碌于眼前的问题。计划生育尽管是一件数年过后能带来好处和轻松的"不可不做的事",可是,其成果要等到决策制定者退出政治舞台之后很久才能看得到,因此何必自寻烦恼?

在人口增长不太多的西方世界,避孕节育是一个争论激烈的问题。根据加尔布雷斯的论述,贫穷的国家相信,计划生育是阻止白种人被黑人、黄种人和有色人种淹没的一种途径而已。关于从欧洲和美国驱逐移民群体的观点,加强了贫穷世界的这个信念,也动摇了整个避孕节育的观念。

加尔布雷斯指责新古典经济学家(第5章有讨论)对外部性的重要性强调得不够。既然增长是现代资本主义体系的主要目标,那么,对环境的破坏完全是在预料之中的。增长越猛,空气和水中聚积的废物量就越大。用他的话说,"财富愈多,肮脏愈重"(Galbraith,1958:194)。实事求是地说,存在许多环境保护措施,但是,它们不如增长本身那么重要。只有面对沉重的证实了的负担,环境保护的主张才能有所进展。

以增长为基础的资本主义经济体制,不仅产生了无数的环境问题,而且藐视需要缓和的公共服务负担。新形式的污染和公害,通常是人为制造的。例如,除了正引起酸雨和温室效应的燃煤发电站外,科学家们在政府的允准下,建造了带有未知辐射公害的原子能发电站。有害的流程非但没有被取消,相反,公众被告知,这些事物是良性的或者公害是想象出来的。他举了一个例子:在1970年,曾经有家广告商承诺说,只要花费仅仅400 000美元,就可以通过商业电视网,为任何企业做一个第一流的形象美化展示。用这种办法,环境罪犯可以依赖电视,廉价地改造他们的形象。

那么我们应当抑或能够做些什么呢？加尔布雷斯提出了三个方案——其中有两个，他相信没有用处。第一个，而且是最显而易见的解决办法是，限制失去控制的增长。因为环境问题是由经济扩张引起的，给经济活动施加约束，一定是最有效的方法。实际上，这个策略（第 9 章再讨论）已经由罗马俱乐部（the Club of Rome）作为解决资源和环境问题唯一可行的选择提出来了。可是，加尔布雷斯不相信终止增长是一种选择。他说，一则，在任何缓和取得效果之前，需要数十年的等待。时间框架不匹配。何况，只有当目前遥遥无期的、更加平等的收入分配方案产生之后，经济增长的减少才是合理可行的。今天，越来越多的人相信，借助公共援助的方式，实施有利于最弱势的阶层的收入再分配，只能是弊大于利。富裕阶层现在相信，环境保护问题比救助穷人要紧得多。

第二个解决办法出自新古典经济学。这在第 5 章已经讨论过。它在很大程度上是将外部性看作市场失灵，并提出一个内部化操作的建议。在这里，要么是引起环境危险的企业直接付费，要么是共同体共同买单，清除困境。企业被迫付出的费用，其成本最终会被转嫁给消费者。如果共同体被要求从事清理任务，企业和消费者都必须被纳入征税范围以筹足必要的财力。当然，谁实际上应该担负大部分税务负担？这个问题可能要靠执政的政府作出政治上的决定。加尔布雷斯不相信新古典传统的环境问题解决方法是有意义的，因为它依赖于市场之中自有普遍德性预设的辩护人的信念：

不存在任何良方，让那些在公共场所吸烟的人，为那些不吸烟人的不舒适付费。最终，人们禁止吸烟。要使飞机上的乘客了解飞机噪音给航线下方人们带来的不适也是同样无望的。要估算超音速运输机上乘客们对下面大气的损害，不仅是令人绝望的，而且简直是荒谬透顶的。

(Galbraith, 1974:288)

他继续说,首先讨论了外部性的新古典经济学家们没有教我们做好准备,以便能够克服他们的市场体制对环境造成的巨大损害:

因此经济学家们应当明智地限制自己,着重从这些思想出发提出具体的补救措施来。

加尔布雷斯提出的第三个,并且是真正可行的解决办法是,让经济继续增长,但是用立法的手段具体规定增长可以放行的范围。设置这些限定是政府和法律专业人士的主要任务。立法的范围视情况而定,可以包括禁止消费,由此可以进一步包括禁止某些商品的生产,或者废除有害的技术。最重要的是要认识到,通过直接控制的办法,保证政府获利,而不是让市场机制、仲裁人或者公共利益的保护人获益。

加尔布雷斯评论说,在过去,如果公共利益(包括有涉环境问题的公共利益)与私人利益冲突,立法机关所采取的步骤是,以立法的办法为保护公共利益的条件做好准备工作。在决定行动程序方面,法律权威有相当大的独立性和权力。但是,强大的私人利益集团,诸如化学、制药、石油和汽车制造厂等,在涉案时,有时候能侥幸逃脱。在某些情况下,他们甚至可以成功地阻止计划的行动过程。立法成了旷日持久和代价昂贵的事务。公共机构受到了企图给商业穿小鞋的指责,而实际上也正是商业活动供给数百万下层人民以工作和收入。加尔布雷斯断言,这种反对不应当阻挡出于保护公共利益需要而建立的任何约束。这样,企业的替代性选择将在法定框架内充分自律。

立法应当详细列出可能产生或释放到空气与水中的废物的类别和标准。立法不过是致力于怎样达到结果的最低干预。因为现代资本主义对艺术和美学的考虑只赋予了很低的价值,所以,可见的污染并非无关大体的,忽视它们就等于放任我们对环境的摧残。指定范围内发展法规的建立,应当明白确定。但是,再次重申,在法律范围内,应当保留自主决定的自由。现在美国有许多关于环境保护和发展的立法,可是,在某些地方,这些法案的严格执行尚未能做到。

在加尔布雷斯的理论框架中,私人想实现增长的目标只能和公共规划的公共目标保持协调一致。他还警告我们,绝对主义是危险的。环境关怀已经在大部分人口和知识分子之间引起了对经济增长的深深怀疑。人口和经济零增长学派的观点甚嚣尘上。但是,他们忽视了许多事情。例如,某地方人口虽少,但是,他们可以比人口规模大的地方消费两倍多的物资,并向环境排放更多的废物。加尔布雷斯提出的环境战略,没有排除增长,只是要求增长必须合乎公共利益。有些保护主义者反对任何可能对环境发生有害影响的经济发展,这里的大部分原因在于,过去有失败的经历而当前公共部门的决策者是软弱的。不要石油冶炼厂,不要发电站,不要更多的高速公路,此类呼吁不绝于耳。这里藏有很多危险。因为如同生活中大多数事情一样,环境保护是有代价的。从保护得到的好处必须有一个成本权衡。

加尔布雷斯关于环境的许多观点并非新鲜事。他的有关私人财富的积累不曾给美国人带来幸福的观点,可能是真实的。因为私人财富增加的过程,也给美国公众带来了公共财产的贫困和不安全感。一个世纪以前,穆勒(Mill,1862)就警告过我们,持续不衰的经济增长并不必然地会给人类带来幸福。

加尔布雷斯的某些观点和阿瑟·庇古的观点一致。比如,两人都捍卫通过立法来保护环境的主张。可是,不像庇古,加尔布雷斯不赞成税收。他认为那在很大程度上是无效的,而且,在某些情况下,可能演变成荒唐滑稽的政策。最重要的是,由于税收本质上是以市场为根据的手段,这就暗含着市场是达到社会目标的最有效和最有德性的组织的观念。与庇古相反,加尔布雷斯建议,应依靠既适合生产者也适合消费者的一套明确的法规,采取直接控制的办法保护环境。当然,在这些法规范围内,行动者应当被预留有自由行事的空间,以便他们可以去实现他们自己的目标。

加尔布雷斯强烈地申辩道,私人财富和公共财富之间必须始终维持平衡。有些学者,如本雅明等(Benjamin et al.,1973)建议,这个平衡观念应当加以扩展,以使其可以将我们世界的整个生态系统包括进去,而不只是以国家为边界。

米香

埃兹拉·J.米香(Ezra J.Mishan)关于环境的最重要的著作是《经济增长的代价》(1967)和《经济增长论争》(1977)。尽管这两本书的焦点不同,但都是从经济增长将会提高社会福利的"常规智慧"出发的。米香注意到,一直拒绝接受除非在外部性缺乏的情况下产品的净增长会带来福利的净增长这样的观念的总是经济学家们。绝大多数经济学家倾向于花费几乎全部时间泡在连篇累牍的方程式和数字中,目的是创作多多益善的方程式和数字。如果他们抬起头一瞥真实世界,他们不无钦佩地注意的是产品的增长量,而几乎不曾疑惑过它们的存在究竟有何意义。更少有人怀疑,如果不稍微改变一下他们所从事的研究事业的意向,他们自己的"贡献"对其正在研究的学科到底有多少关系。在《经济增长的代价》中,米香认识到,经济学家们为多多益善的增长抗辩时,常常隐身在这样的流传广泛的信念之后,即工业进步终究是利大于弊的。

米香把自己的看法和加尔布雷斯的观点进行了比较,而后提出,要求更多、更快地增长的"常规智慧"是有漏洞的。不过,他指出,形式化的经济分析在修正过去的错误方面仍然是有用的。在这一点上,加尔布雷斯在外部性框架内,对他有关私人富裕与公共贫困的理论进行更形式化的分析。或许,加尔布雷斯偏好更直接和通常的结果,而避开了外部性后果的概念。

根据米香的见解,几乎一切环境问题的出现,都是由受到鼓励的无节制的商业态度而导致的。让经济活动发生在一个法定框架之内,则可能通过调适而达到更好的结果。

像加尔布雷斯一样,米香对环境破坏给予了广泛关注。他坚持主张,很多美好的东西过去是免费获取的,现在成了稀缺物资,按照当前趋势,将来会更加稀缺。他相信,对环境的破坏已经变得如此严重,以至于希望通过扩大所有权的概念将外部性效果内部化的做法不再可能(Kapp,1950)。整体框架的现代化目前是必要的,没有它,问题将会变得更加恐怖。

为了营造更美好的环境,预防性的现代立法方式远比财政手段更为必要。例如,像环境权,它与土地私有制条件下的财产权有点类似,应该被制度化。人人都不应当被迫违背自己的意愿,去呼吸他人出于利润动机而制造的有害物质。除了自我选择,没有人应该必须生活于有噪音的环境中。

米香的意思是,庇古的策略,诸如税收和补贴,不可能成为有效手段,因为它们已经被实际事例推翻了。庇古提出的唯一有意义的策略是,通过立法为当代和后代人保护好环境。在其《经济增长论争》中,他进一步说明了经济增长和美好生活之间的不和谐所在。除了基本的生活必需品之外,米香为美好生活的主要成分草拟了一个内容表。它们中的一部分是:良好的健康、享受自然风光、休闲时光、安全的意义、爱、信任、自我尊严、持有基本的道德原则、个人自由等。米香怀疑,特别是自第二次世界大战以来,已经发生的不加节制的增长,究竟是否提升了上述价值。

实际上,存在大量指向相反方向的证据。例如,由于受到前所未有的重视,经济增长已经危害了健康,剥夺了大众的自然生境,减少了休闲时间并使人们产生了不安全感。而且,冷酷无情地寻求效率而创造出来的物质财富,常常是以人与人之间的情感和同情的丧失为代价的,同时也剥夺了人们享受真实的爱的体验的机会。良好的生活会将个体带进自我和与他人宽容和谐的境界。由于破坏了这样的基础,经济增长已经产生出不和谐。

适度状态:鲍莫尔[①]和奥茨

在 20 世纪六七十年代,很多经济学家对法定产权的办法大失所望(我们将在下一章中讨论)。他们开始更严格地聚焦于庇古的以税收和津贴作为决策工具来保护环境的办法。科斯定理看起来没有用,一部分原因是它夹杂大规模交易成本,另一部分原因则是决策者的无能或者不愿保障一切参与者的财产权。

在那段时间中,鲍莫尔和奥茨(Baumol and Oates,1975)注意到,私人拥有产品的增长而引起的环境外部性负担不断增加的问题,已经受到很多经济学家的重视。这个问题因为公共服务供应的衰减而加剧,这在很大程度上已经被判定为无关乎外部性。换句话说,生活质量已经在两个方向上受到夹攻:环境外部性的不断增长和有效的公共服务的逐渐减少。

鲍莫尔和奥茨的观点与加尔布雷斯的观点之间存在一定的相似性。他们都对公共贫困背景下私人财富的增加表达了忧虑。例如,现代城市

----

① 威廉·J.鲍莫尔(William J.Baumol,1922—2017 年),美国经济学家,因销售额最大化假说(sales maximization hypothesis)和不平衡增长模型(unbalanced growth model)而声名大噪。代表作有《动态经济学导论》(1951)、《经济理论和运筹分析》(1961)、《福利经济学与国家理论》(1965)、《环境政策论》(与奥茨合作,1975)、《经济学、环境政策与生活质量》(与奥茨、布莱克曼合作,1979)、《非平衡增长的宏观经济学》(论文,1967)等。——译者注

生活的质量由两个因素决定。其一是谋私利的个体向街道抛入生活垃圾的速率。其二是市容机构运走垃圾的速度和彻底性。出于这个考虑,鲍莫尔和奥茨敦促经济学家们对这两个问题同时进行研究。不像加尔布雷斯偏好于直接控制,鲍莫尔和奥茨提出了征收附加税的方案。因为他们相信,对保护环境,这将是一个有效而实际的干预程序。

鲍莫尔和奥茨从外部性分析中得出这样的结论:事实上,真正的社会最适状态的目标是难以实现的,这里部分原因在于信息问题,部分原因是环境标准设计中存在着主观任意性问题。作为替代,他们选择了一种“赔偿”的办法。工作的方向是,找到可以改进环境质量的某种补贴税支撑。从集中的中心化控制中转换出来,将会获得管理成本减少的效益,节约的部分可以用于贯彻财政措施。

尽管财政手段可能是处理环境外部性的高效措施。但是,彻底取消直接控制办法却是不可取的。自然条件,例如风和雨,片刻之间可能会骤然变化。从管理环节上看,这会使得依靠税收/补贴标准调节的办法来处理此类紧急问题变得困难重重。相反,暂时利用直接控制的方法可能会更快、更便宜地收到效果,虽然直接控制也有难免渐渐失效的不足。不仅如此,直接控制的模式可推广到非紧急情况的处理,可以用作基本财政支撑结构的补充手段。

在将直接控制手段用作管理惯例的国家,只有当污染者越过法律规定的雷池时,管理部门才能够对他们处以罚款。这些罚款很少被用来补偿那些易于遭受很大损失的家庭。这意味着,对环境要素持有所有权的是国家而不是私人个体。何况,家庭补偿的缺乏未必不是幸事。因为计算正当的补偿规模困难重重,想想也是不可能的。

如果还没有彻底搞清楚相关的外部效应的边际损失和效益函数,那么,对过度污染排放征收统一税,会比对所有企业实行统一标准,能够更有效地减少污染排放(Baumol and Oates,1971)。如果在引入统一税之后,污染总量减少的效果仍然不明显的话,旨在将污染降低到政治标准上过得去的税率范围是可以略微提高的;如果排放的削减达到极点,税率也可以下调一些。

政治和经济对环境恶化要求的标准之间可能存在巨大的鸿沟。毫无疑问,政府会把重心放在合乎政治要求的污染减少标准上。达到这个标准的最低成本,是对排放所征收的、至少相当于长期边际成本减少的税收。

考虑到决策变量,鲍莫尔和奥茨偏好用税收保护环境质量而不喜欢多用补贴的办法。就补贴办法来说,因为外部性水平的降低,企业必定可以要求回报。总之,补贴是一种次级的环境管理工具,只有在确信无疑的场合投入实施才有意义。例如,一个本来在远离人口中心的地方建起来的有烟工厂,经过许多年后,却发现自己已被居民住房重重围住。为了减少对居民家庭的危害,企业可能不得不为降低烟尘或者疏散与安置居民而花费巨额投资。在这种情况下,企业要求政府补助是有合理性的。从另一方面看,污染税收是因为外部效应而强行对企业征收的处罚。尽管可能有足够的理由证明,税收和补贴在降低个别企业的污染排放问题上是同等有效的,但是,从工业整体性的观点看,补贴可以鼓励新企业加入,而税收会促使它们退出。

鲍莫尔和奥茨在分析中也描述了平等的因素。他们感到,有理由预期,富人可以从环境保护中获得更多的收益。忽视环境政策中的再分配,会导致决策者虽然不是出于故意,可是事实上会损害社会上穷人的利益。因为环境是常规物品,越有钱的人购买欲越旺盛。共同体中最富有的阶层会更热心于环境改善。可是,尽管改善环境的政策有税收提供财政支持,鲍莫尔和奥茨仍不能确信,累加的收入税能够使富人保证按照适当的比例分担应有的成本份额。

第7章　基于所有权的市场环境主义

科斯的方法

　　干预主义学派的目标是促进资源配置走向理想地步。为此,一些人建议,从大量减少某些活动到干脆彻底地取消某些经济活动,都可以纳入立法范围;从税收到补贴,都可以纳入采取财政措施的范围。用国家干预的办法来调整市场的缺陷,是出于认为政府本质上是有效的并且有能力找到解决问题的办法这一主观想象的产物(Demsetz,1969)。另一方面,市场环境主义倾向于相信,个体是他们各自利益最好的"法官"。在一个法制明确而充分自由的市场体系中,经济主体应该有能力采取必要的步骤,为他们自己及其附属的存在找到最佳的出路。

　　为了使环境衰退达到社会允许的最不坏的水准,至少在理论层次上,罗纳德·科斯[①]拒斥取消论调、建立统一标准、依靠税收和补贴等诸如此类的决策。因为这些方法假定,政府对于环境外部性的一切方面有统一融贯的知识,能够将外部性影响内部化。在干预理论中,少数决策者们的专业知识,被用来指导多数人,即所有环境要素的使用者的行动。用哈耶克[②]的话说:

---

① 　罗纳德·H.科斯(Ronald H.Coase,1910—2013年),美国经济学家,以发现和研究市场交易成本和产权的经济结构意义而著名,对法律经济学和产权经济学的产生起到了深远的作用。代表作有《企业的性质》(论文,1937)、《社会成本问题》(论文,1960)、《企业、市场和法律》(文集,1988)、《经济学与经济学家论丛》(文集,1994)——译者注

② 　弗里德里希·奥古斯特·冯·哈耶克(Friedrich August von Hayek,1899—1992年),奥地利政治哲学家、经济学家、20世纪世界自由主义思想领袖,以少有的综合哲学、思想史、法学、政治学、伦理学、心理学和经济学的思考研究社会和经济活动中的基本行为、价值等问题。代表作有《货币理论与贸易周期》(1929)、《价格与生产》(1931)、《利润、信息与投资》(1939)、《纯粹资本论》(1941)、《货币非国有化》(1976)以及广(转下页)

如果"给定"被用来指给予某个单纯心灵提供的、靠这些数据建构起来的精心解决的问题,那么,经济问题就不仅仅是怎样配置给定资源的问题。与此颇为不同,它指的是一个确保为了实现任何社会成员都心知肚明的、那些相对重要的目标的最佳使用资源的问题。

(Hayek,1972)

根据科斯(Coase,1960)的研究,如果产权制度制定得当,并获得法律的保障,那么,对污染等问题施行干预就没有任何必要,而是应该将所有牵涉到的问题留给参与各方自己去解决。在一个配有明确产权规定的自由市场环境中,经济主体一定能够把污染控制在适度的范围内。根据科斯定理,起决定性作用的不是污染者还是被污染者哪一方握有产权的问题。

依据某些假设,最可取的环境恶化标准,可以通过污染者和被污染者的协议达到。如果污染者拥有产权,他或她可以因为减少污染所投放的成本而获得补偿。与此类似,如果被污染者拥有权利,他们可以由于污染者造成的损害得到补偿。事实上,关于制定协议的性质,没有任何条件或者限制。它可能是奖金,也可能是补偿。产权的配置将能解决这个问题(也请参见 Olson and Zeckhauser,1970;Farrell,1987)。

在通过谈判达成协议的过程中,只要少于他或她必须承担的损失而无需另付,不管多少钱,污染者都会愿意支付。另一方面,只要使他或她能维持生产活动,且比他或她的单位减产的收益曲线要高,无论多少钱,被污染者也会接受。如果牵涉外部效应的个体数量较少,科斯的产权方

(接上页)为流传的《通往奴役之路》(1944)、《个人主义与经济秩序》(1948)、《自由的宪章》(1960)、《强弩之末:对凯恩斯主义的40年评论》(1972)、《法律、立法与自由》(1973,1976,1979)、《哲学、政治学、经济学和思想史新探》(1978)、《经济自由》(1991)、《科学的反革命》(1952)、《致命的自负:社会主义纠谬》(1988),等等。——译者注

法就变得很富吸引力。有利害关系的各方会有效地达成一个协定的支付表。以此为凭,那些产生外部性的各方就能够将他们的行为调适到可接受的层次。

在少数参与者之间,已经发生过大量通过谈判达成协议、结果令人满意的著名案例。1939 年的熔炉仲裁审判法庭是一个很好的案例。该法庭对付的问题是北美加拿大工业大厂引起的烟尘危害。一家国际仲裁机构发现,加拿大对破坏的后果应当负起责任,因为工厂位于加拿大管辖权限及其规定的排放法规范围之内(Trial Smelter Arbitral Tribunal,1939)。

科斯定理已经受到来自各方面的批评。如果涉及的参与者数目较大,通过谈判缔结协议可能就无法实现,因为协调的管理成本太高。即使某地界的污染者少,可是受到排放影响的可能多得足以使直接协议难以施行。如果数字特大,他们将倾向于视所有他人的行为是超越他们控制范围的(参见 Buchanan,1967;Kneese,1971;Lerner,1971)。由于数字极大,所以经济主体要建立确定的、清晰的谈判策略是极为困难的。不可避免地会出现不同的利益集团,而它们中的每一个集团都将为自己的出路而战。

德姆塞茨(Demsetz,1969)坚持主张,如果协议成本较小,利益集团之间签订协议的观念是具有重大作用的。可是,如果协议达成了,我们不应当立即推测使协议政策化的成本不会很大。在贯彻和强制实施政策之前,决策制定者需要摸清法规在共同体中的所有影响。就这一点来说,问题甚至会变得更加尖锐。这就是说,协议和法规实施的成本一定是耗费巨大的。因此,解决环境问题的最佳思路是依靠产权的发展。

科斯关于参与者何方拥有产权与效果问题并无关系的分析,是有争议的。如果这样的权利被有钱有势者掌握在手,其结果和掌握在普通公民之手很可能是不同的。更有疑问的是,许多例子都已经显示,污染的受害者有可能是社会上最穷的人。在这种情况下,让受害人向冒犯者支付环境质量改进的费用,在道德上是正当的吗?

也有这样一些外部效应的案例,这些外部影响散布于广大的地理区域,可以影响到很多国家以及数百万计的个体。例如,一个农民使用的杀虫剂,不只停留在影响本地较近的少数个体的范围内。风、河流和海洋运动可以将其从导源地传送出去,直至遍及全球,危害无数的个体成员。酸雨是另一个不受国界限制的污染实例。它是大量工业单位影响全球数百万人的一种形式。鉴于这些案例中的外部效应的特殊性,想运用科斯的产权方法去让始作俑者和受害者两方缔结合约,几乎是不可能的。

进一步说,就跨国界环境问题而言,谈判中谁是后代的代表,尤其是遥远的后代(他们是沉默的羔羊,任人宰割),这在科斯的理论中并没有交代清楚。在诸如剧烈的环境耗竭、全球变暖和核废料储存等情况中,未来的人类能够收买当代人,以便使有害的活动减缓下来或者完全销声匿迹吗?

即便它是实际可行的,个体媾和的能力是否必定会产生社会最佳良性后果,也是令人怀疑的。我们试举一例说明。有一个工厂正在排放烟尘,而且它们大部分盘旋在周围地区。居住在那个地区的人们因为遭受污染而被给付一笔充足的补偿。在这种情况下,因为得到补偿,反而没有一个人有远离工厂居住的动机。实际上,补偿将对人们接受人人受损的外部效应产生一种经济激励作用。用鲍莫尔和奥茨的话说:

> 烟尘排放过量和过多的周围居民,两者都应当避免。过量的烟尘排放可以通过对生产者征收庇古税得到抑制。而今科斯的分析暗示,为了阻止附近有太多居民,可能有必要对住在附近的人们强征税费。科斯的观点远非对外部性的受害人进行补偿,而是认为他们活该为他们吸入的烟灰而被课税。

(Baumol and Oates, 1975:25)

　　科斯为捍卫他自己的意见,进一步提出,污染税的惩罚本身能够诱生一整套外部性出来。仍以前面的例子为例,让我们假定,有更多的家庭迁入该地区,并受到烟尘影响。在这一情况下,由于根据污染税家庭数将影响企业作出的决定,外部性后果引起的社会危害将会增加。增加的税费是一种家庭决定造成的外部性,它将降低工厂生产的产出价值。未能考虑这种由家庭引起的成本和未能考虑由于企业排放对家庭造成的成本,可以同等看待。可是,鲍莫尔和奥茨(Baumol and Oates,1975)证明,科斯提及的这类逆转的外部性,不一定会导致资源配置不当,因为它只是金钱的外部性。税收只能改变某些商品的价格,影响所涉各方的财务状况。从另一方面看,增加的烟尘将会增加资源使用成本。举例来说,家庭将需求更大的自动洗衣机。

　　最近,有人提出这样的观点,即用富于想像力的方法,产权手段可以被扩展到许多问题的解决上。例如,从小轿车里排出的气体是空气污染的主要源头,以产权为基础的手段可以用来减缓这个问题。提出的解决办法之一是,将作为交通污染主要来源的高速公路干道私有化。这可以使得公路的拥有人承担起防止污染的义务,接下来再寻求措施补偿这种义务。根据这种制度,带有更优良的污染控制设备的小轿车将获得少缴税的许可,而高峰时间的税费要大幅度提高。这种使排放更加均匀的办法,可以减缓烟尘夜以继日的高度密集(Rothbard,1982)。

　　关于工业企业产生的污染,可以用色素或者同位素痕量监测器监控其排放和漂流物。如果污染损及,比方说,产权拥有者,那么,产权拥有者可以要求赔偿或者可以与嫌疑人缔结协议。

　　另一个以市场为基础的最小化环境问题的途径,是运用法律责任制的方法。在此,提倡者建议,给潜在的环境犯罪活动强加上法律责任,一旦造成后果就要他们支付赔偿。以这种方式,就能创造一个赔付市场,它可以检查生产者的行为。这里强调的是义务规则,而不是产权(Bromley,1989)。

用发放市场许可证的办法控制污染

　　虽然存在显而易见的问题,但是自由市场学派坚持,通过明确规定的、可实施的,并且政府在其中可以发挥强制作用的产权交易,环境会得到更友好的对待。如此一来,利己的经济主体会自愿参加在自由市场环境中的产权交易,这将促进合作与和解。在美国,以自由市场环境主义为基础的自然保护规划项目,已经对环境要素产生了令人满意的结果。例如,当赋予一个海滩以威斯康星自然保护区(Wisconsin Nature Conservancy)的名称时,有些人感到,自然将得到很好的保护,但是需要付出巨大的代价。可是,保护区用产权换取了包含许多濒危动植物的大面积荒野地区。最终,保护区的财富提升了。

　　安德森和利尔(Anderson and Leal,1991)的研究指出,美国市场环境主义的历程,展示了从相对容易的土地和能源发展项目的管理,到更复杂的水资源管理的稳定进步。另一方面,公有化仅仅给环境破坏发放了补贴,并且阻碍了以市场为本位的环境主义的充分发展。

　　回顾往昔令人鼓舞的成果,我们可以从中看出,从土地和水的问题,到复杂得多的空气污染问题,推进市场环境主义是有可能性的。戴尔斯(Dales,1968)和蒙哥马利(Montgomery,1972)坚持,通过颁布市场污染许可证,可以使共同体达到理想的空气质量水平。据此,政府只允许一定量的污染排放水平,并签发可以在市场里运行的许可证。

　　为了实施市场许可证制度,作为以市场为基础的构造的一个组成部分的政府,必须首先划定市场的地理边界。接下来,必须明确确定排放的类型和标准。为了鉴别各种各样的污染者,政府可以把市场分成很多组,例如,机动车辆、家庭和产业工厂等。有些污染者对某地理区域的环境可能只产生些微影响,因此,政府可以做决定,将它们从列表上排除。

应当给持证人规定一个必须支付的初始价格,还是免费赋予其持证权利? 自然,污染者会巴望着采取租赁形式,免费配给权利。在某些情况下,为了筹募收入以改善已经恶化的环境,政府可以做决定,拍卖污染权。没有阻止违章者的强制措施,这个制度就起不了作用。强制性惩罚可以包括罚款、吊销许可证,或者责令其关闭。

20 世纪 20 年代,美国环境保护局(the US Environmental Protection Agency)引入了以市场为基础的保护计划,其目的是在不损害环境质量的情况下推进经济增长。排放补偿计划(the Emission Offset Program)规定,如果新企业可使既有企业减少污染排放,新企业就能获准进入环境饱和地区。这确认了既有企业的有效产权,以使它们能够缴纳费用。根据鲍莫尔和布林德(Baumol and Blinder, 1984)的观点,这个政策发挥不了很好的作用。企业为了获得建设新工厂的许可证,不出下列两种可能:要么是靠减少它们自己拥有的别的工厂的补偿,要么靠减少政府机构规定的排放做抵消。

1979 年,《清洁空气修正案》导致了所谓泡沫政策。根据这个修正案,一个企业被准许以最经济的方式,在义务规定的污染范围内行事。把整个的运作交给企业内部解决,这一方法被认为是一个异想天开的泡沫。环境保护局要求各企业根据这个泡沫政策,将排放维持在许可的限度内。它并不关心这个政策泡沫内部发生的问题。这个政策本来的意图仅仅是针对个别企业的,但是从那时起,它已经被扩展到大批企业。

市场许可证似乎有一些优点。首先,它可以为管制者提供一个弹性的策略。例如,如果给定数量的许可证引发过量排放,那么政府可以回购一些权限。相反,如果给定的权限引起排放少于要求的标准的情形,那么就可以发放更多的许可证。这样的许可证,可以通过市场运作的方式改变。其次,许可证可以给污染者以弹性的、低成本的效益。如果各个企业的污染控制成本有差别,将有这样的可能性,即低成本污染者可以将许可证卖给高成本的污染者,并且,以这样的方式,将污染控制成本最小化。新加入污染排放市场的企业,包括新建的企业,可以从市场交易中获益。如果其成本减少的幅度较大,新企业将购买许可权利,反之,它会转而投资购买和安装污染控制设备。有时候,成本降低是有涨有落的。要减少排放,可能有必要投资新类型的控制工艺流程,其代价可能是高昂的。企业可以借助购买市场许可证以降低其成本。

如果许可证管理过于严格,从消极面看,它们可能会让既有企业对新加入者有一个不公平的垄断优势。持证者可能滥用权力,阻拦新来的企业迁入该地区,或者阻止它们进入某种特殊工业领域。在少数企业把持所有污染权时,进入的障碍会变得十分严重。如果污染跨越国家疆域,市场污染许可证的制度,将变得极其复杂。这在人口稠密和政治上缺乏整合性的欧洲是司空见惯的。如果涉及的国家不止一个,鉴别市场的地理边界就会变得烦不胜烦。

关于许可证的类型,已经有很多建议。在一个充斥许可证的制度中,由管制机构来规定污染的范围是公认的。在每个承受点上,和周围空气质量标准相一致的、被允许的排放是有限定的。从一个承受点到另一个承受点的标准可以变化。权限可以从不同的市场获得。价格可能有大幅度的差异。管理者没有必要为每个污染者核实成本降低的信息,也不必为污染者计算边际损害和边际效益函数。而在一个以财政措施为手段的制度中,了解这些函数的形态则是有必要的。从污染者的观点看,以周边环境为根据的制度显示出一些困难,因为每个企业对它的污染所影响到的地区,需要获得相应的许可证认定。这样,市场将和承受地区一样多。而污染者可能觉得,从事交易极其昂贵。

一个以排放量考虑为本位的制度,有助于消解多元市场和对每个污染者定价的问题。据此,确定许可证的根据是,将排放源头的排放量与排放后果或者与所有承受地区的周遭环境质量相比照。特定地区的排污,可以作等价的、与漂浮地点无关的处理。这个制度的主要问题是,它不区别应付罚款的源头上的差异。为了克服诸如此类的问题,克鲁普尼克(Krupnick,1983)建议,根据指定地区范围内发生的排放和交易来定义权限,而不是一对一地考虑。只有空气质量保持在承受限度以上,才允许权利转让。购买者所购买的,必须足以满足这个地区范围内所有地点的标准。补偿制度有助于将周围环境的特殊性和以排放量为基础考虑的制度结合起来。

市场准入和以权利为基础的渔业

有一个人所共知的问题,即对于公海里的资源基地要建立产权的基础是极端困难的。由于这一特性,渔业是常见的容易受损的自然资源。过去,经济主体只要有必备的技能和装备,在世界许多地区都能够进入渔场。戈登(Gordon,1954)提出,尽管海洋渔业资源丰富之极、不可耗尽对人类是个已知事实,可是,因为长期以来,渔业是公有资源,人人可以捕捞,所以,很少有人会鉴别富有的渔民或渔猎共同体。针对这个背景,20世纪50年代,戈登(Gordon,1954)、斯科特(Scott,1955)和谢弗(Schaeffer,1957)阐发了渔业经济学理论。

那时,渔业科学家和经济学家的主要预设是,鉴于渔业中存在开放捕捞问题,政府应该管理渔业活动。关键问题在于,渔业管理的基础是什么?渔业科学家偏爱旨在得到最大化捕捞的所谓最大化可持续产量(the maximum sustainable yield)的概念。因为这样的概念一点没有考虑到捕鱼成本,所以,经济学家不大接受它。作为选择,他们提出了最佳可持续产量(the optimum sustainable yield)的概念,把成本和税收纳入考虑,以此确定最大化经济租。随后,科普斯(Copes,1972)、克拉克(Clark,1976)和克拉克等(Clark et al.,1979)构造出了一种动态的渔业理论。

在 20 世纪五六十年代,有些政府对沿着自己海岸线的水体设法增加控制,并认定这是保护渔业储量、免除无节制捕捞的最佳方式。1952 年,智利、秘鲁和厄瓜多尔扩展了它们的渔业领地。在欧洲,冰岛是第一个这样做的国家。1958 年环冰岛的渔猎范围扩展到 12 英里,1972 年扩展到 50 英里。这引起英国和冰岛之间的不和谐摩擦,并以 20 世纪 70 年代所谓"鳕鱼"之战(cod war)而告终。

因为 20 世纪 50 年代出现的领海扩张行为,联合国召开了系列海洋法会议中的首次会议,目的是探讨关于海洋使用的商业和法律问题。1971 年的第三次会议上产生了《非正式的合作协定文件》,建议沿海岸线的海洋国家应该严格享有 200 海里的专属经济作业区。许多国家随即单方面宣布 200 海里的捕鱼限制办法。1982 年,《海洋法条约》通过签字。该条约的第 612 条陈述道:海岸线国家拥有是否允许在其专属经济区捕鱼的决定权。各国应当通过严格的保护和管理措施,确保专属区的储备不致由于过度开发而陷于濒危状态。还应该采取一切必要的措施,监控和恢复受保护物种的数量,使之能够保有相关环境、经济和社会因素认可的可持续产量。

随着渔业管辖权的扩大,许多国家为了达到《海洋法条约》的目标,实施了名目繁多的措施。我不能断言所有这些方法都取得了成功。例如,1977 年,美国新英格兰渔业规划行动,就大多数鱼种建立了无准入限制的周年定额制度。因为当年的收获期提前,这个规划没起到作用,剩余的时间中渔民们无所事事。第二年,政策修改了,容许两个捕获期,但是这并非长期有效的政策。后来多年,使用季度定额法,由于自然条件的原因,它也没有发挥出令人满意的作用。根据渔船的大小确定定额的办法也试用了,这个办法使渔民转而增强捕鱼能力。因为大多数渔船蜂拥到港口以求迅速完成定额,所以,他们承受了高额的捕获成本。由于常常受到逆变天气的影响,小渔船的船主尤其感到苦恼,他们时而会得不到自己的定额。政策又被修订,这次是根据船员的数目来定,结果导致每个渔船上出现了很多船员。后来,改成根据船的类型不同,使用附加规则。最终,整个制度变得复杂化,几乎难以管理,最终不得不被放弃。

上文曾述及,针对管理问题,在 20 世纪 80 年代出现了以权利为基础的渔业的发展。决策者正逐渐认识到,如果有权利的机构不鼓励渔民为允许的捕捞展开竞赛,那么渔业管理计划会发挥更好的作用。在以权利为基础的渔业活动中,管理者发给他们使用渔船和渔具的许可证,保证在一定时间内,每个捕捞者能够进入某一地理区域,让他们捞捕和出售某些种类的渔产。这些权利可以进入市场,进行交易。

以权利为基础的渔业管理计划有以下主要特点:授权的资格、专有性、持续性、分散性、可转移性和弹性。通过保护、最小化提前捕捞、减少渔民之间为完成定额的不必要竞争、帮助相同许可证持有者加强合作、降低引起过度资本化的竞争性投资、容许渔民进行权利交易等措施,以权利为基础的渔业计划,可以使持证人为将来的收获期而节约渔产。这个制度和旧的限制进入及其规则之类的政策相比,有明显的有利之处。执行旧规则时,渔民们要花费大量时间去互相比拼速度、智斗管理者、为渔具和其他法规而争吵不休。

反对以权利为基础的渔业理论的批评者,可能会提出这样的观点:和旧制度一样,定额的拥有者可以方便地行骗和偷捕。因此,定额制度需要配套以相当强有力的监控和强制措施。可是,这种批评含有一个假定,即虽然定额制度有力量的原因是它产生了自我强制的物质刺激,但是渔民们将会和在执行旧制度的情况下一样,继续躲躲闪闪地行动。雷霆(Retting, 1989)相信,以权利为基础的制度可以引发所有利益方面密切协商的结果,它可能比超然物外、对自己的事业更感兴趣的官员或者学术界设计的制度更为成功。不仅如此,权利在拥有共同文化和社会纽带的人之间的配置,可能比在具有不同背景的集团之间的配置更易取得成功。

可以转让的定额制度的首次综合运用,在 1986 年发生在新西兰。这个试验的进展,受到世界各地资源经济学家、渔业科学家和决策者们的关注。一直到 1963 年,新西兰近海渔业,都是根据严格的渔具和地区控制与准入限制的体系管理的。1963 年,出于为渔业部门吸引投资的考虑,近海渔业管制被撤销了。其结果是,工业迅速扩张。到 1978 年,随着 200 海里渔业专属区的采用,渔业生产的营利可能焕发出曙光。

1982 年,新西兰政府对某些渔场采用了有限定额管理体系,也实行了 200 海里新的渔场权转让制度。这是以权利为基础的制度的肇端。1986 年,渔业管理和可转让许可证制度中的经济目标,十分明显地显示出效力来了。起初,定额配置局限于某些鱼种十年期的范围内。后来,政府永久配给了这些定额,也扩大了鱼种范围。定额通常是根据过去捕捞成绩签发的。这套制度有下列三个主要目的:确立一个捕捞标准,它可以使得国家在维持可持续近海渔业的基础上达到收益最大化;使得劳务和资本数目达到最佳组合;使执行和强制成本最小化。

以权利为基础的渔业管理概念是有久远的源头的,虽然只是到了最近它才被落实到执行层面。在很远的过去,它以各种各样的形式存在于日本、土著居民、北欧和盎格鲁—撒克逊民族的传统中。在古老的英国传统中,对个体渔猎权的管理,存在着复杂的规范。尽管私有渔业权的发展很早就出现于英格兰,但是由于潮汐问题和近海渔场的出现,不久就中断了。可是,根据土地所有制规定的私有权利,的确在内陆渔业中延续着。随着公海私有权的终结,公共捕捞权概念占据主导,并且逐渐导致公地悲剧的产生。

第8章　二战后关于稀缺的经验研究

第二次世界大战之后,西方经济开始快速发展,这对可耗竭资源的研究起到了推波助澜的作用。在工业发展的过程中,逐渐增加的污染和生态破坏,越来越触目惊心,引人焦虑。美国的能源消费,自从19世纪中叶以来一直在平稳上涨,在二战后立刻开始加速。美国能源的生产,差不多都是由煤炭、石油和天然气支撑的。因此,最终的耗竭看来不可避免,因为矿物燃料不存在第二茬收获。矿物燃料燃烧所释放出来的大量气体,使工业中心及其周围地区日益变得暗无天日。小汽车车主的增加,大规模地加剧了这一问题。

从全球层次上看,在1860年到1914年之间,矿物燃料使用大约每年增加4.4%。从第一次世界大战开始到第二次世界大战结束期间,年增长率低于1%。在迈向1955年的十年中,增长率一度再次变得非常快,每年接近4%。图8.1显示了1860年到1955年间,从煤炭和石油得到的能

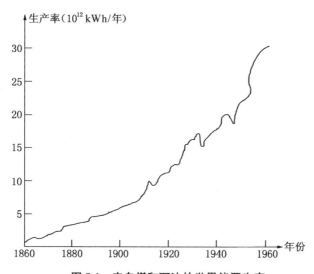

图8.1　来自煤和石油的世界能源生产

资料来源:Bubbert,1969。

源产值。战后的政府是欢迎和鼓励经济增长的。

美国总统物资委员会的政策报告

伴随着生态问题的加重,出现了这样的认识:快速增长的经济,将会越来越依赖于石油和其他原材料的进口。外来供应能足够可靠地维持美国的经济增长吗?关于资源和环境问题的最早的国家级研究,是由美国总统物资政策委员会(the US President's Material Policy Commission)实施的。它发表了名为"自由的资源,增长和稀缺的基础"(*Resources for Freedom, Foundation for Growth and Scarcity*,1952)的报告。报告昭示的情况是,从第一次世界大战开始以来,单是美国的矿物燃料和其他物资的消费,就比从前所有世纪消费量的总和还要大得多。这个报告的结论是,自然资源对于国民经济的良好运转是至关重要的。报告敦促政府一并考虑当下和未来的需求,制定出规划。

这个报告在自然资源经济学历史上,标志着一个重要的里程碑。从此以后,由国家首脑委任的严肃研究开始了。报告一开头就写道:

美利坚合众国现在所遇到的问题,是关系着其文明能否持续的问题。20世纪初,引领国家日臻伟大的人们,想也不曾想过这个问题。但是,随着20世纪一半光阴的流逝,这个问题步步紧逼而来,而真正的答案目前尚无从谈起。

美利坚合众国如要维护其民主,打败诸如纳粹等恶势力,就需要维持充足的自然资源。在当代世界,道德价值和物质基础之间的相互依赖是无可争辩的。这个报告敦促国家必须严肃对待地球上作为自由和繁荣基础的自然资源。其主要的建议是,美国应当确保拥有和国家安全相符合的、低成本的、充足和可依赖的物资循环，以及维护友好国家的利益。

波特和克里斯蒂

波特和克里斯蒂 (Potter and Christy, 1962) 的著作《自然资源货物的趋势——美国价格、产量、消费、外贸和就业的统计学，1870—1957》，是有关稀缺研究的最驰名的成果之一。该书就美国自然资源基础上的商品、消费和生产的系列数据，提供了一套完整的这一经济时期的系列数据总汇。他们注意到，在他们的研究所覆盖的 1870 年到 1957 年间，美国从一个纯粹的资本进口国和原材料出口国，演变为纯粹的资本和成品输出国。而且，这个时期美国人口增加了四倍，农业土地使用差不多增加了三倍，木材产量增加了四倍有余，铁矿石开采增加了 26 倍，原油增加了 490 倍，铜增加了 27 倍。

波特和克里斯蒂的报告，涵盖了美国所有以自然资源为基础的 90% 范围内的商品消费或生产的价格、产量、外贸、消费、就业，以及就业和产量的比率。因为缺乏可靠的数据，它排除了水和野生物。

评估稀缺的最重要的统计项目，是商品的价格水平，这被概括为四个集合：农业、林业、矿业和总资源。农业包括诸如粮食、肉类、奶制品、糖、烟草、毛纺品等一切重要货物。同样，矿业部门包含诸如矿物燃料、铁、铜、铅、锌、铝、金、银等。林业包括有原木和软质木料。为了充抵通货膨胀的影响，获取真实的统计趋势，他们用劳动统计局（the Bureau of Labour Statistics）的总批发价格指数对结果进行了压缩。

图 8.2 显示了概括的趋势。图中垂直轴表示的是对数值大小，对应每个系列同等百分比的变化，以与其相当的值来表示，因此，能直观地比较完全不同量值的数列。唯一呈现出决定性上扬趋势的部门是林业，在 1957 年，它上升到比 1870 年大约高出五倍的水平。实际上其年平均增

长率是 1.9%。波特和克里斯蒂评论说,木材价格的升高是可以理解的,
因为工业发生了从美国东海岸向西海岸的转移,这使得木材产量离最大
的消费市场距离更遥远了。

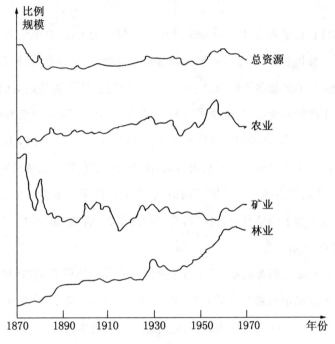

图 8.2　以自然资源为基础的生产部门的紧缩价格

资料来源:Potter and Christy,1962。

在英国,希利(Hiley,1967)的研究证实,在大西洋这边,木材的价格
也增加了。例如,在 1863 年至 1963/1964 年间,进口木材价格的年增长
比率实际上是 1.5%。其他生产部门显示,1952 年到 1957 年高于 1870 年
到 1874 年间的水准的不到 20%。

巴尼特和莫斯

在波特和克里斯蒂探讨稀缺问题的同时,巴尼特和莫斯(Barnett and

Morse，1963)检验了资源"稀缺"对开采成本和以自然资源为基础的商品的价格的意义。他们的工作覆盖了美国1870年到1957年这一时间段,部分依赖于波特和克里斯蒂提供的数据。该研究的目的是,检讨马尔萨斯、李嘉图、穆勒等古典经济学家提出的自然资源稀缺不断增加的学说之概念和经验基础。他们研究的问题属于历史增长经济学的范围,而不属于静态的效率学说范围。

巴尼特和莫斯注意到,马尔萨斯的问题只能出现于原始和孤立绝缘的社会。在那样的社会里,有关资源可得性的知识狭窄,生产方法的技能有限,也未能发展出节制人口的禁忌来。同样,李嘉图的停滞,也与这样的世界有关,在那里,由于经济增长几乎没有技术进步支持,所以,资源品质不断衰变。换句话说,李嘉图—马尔萨斯的停滞,可能会在与社会、科学和技术进步隔绝的世界中发生。可是,如果社会习惯发生改变,新发现不断出现,技术处于进步中,可以得到替代性资源,那么,根据收益递减假说得出的停滞理论就无效了。自然和人为干扰可以对农业施展有利的影响时亦然。例证之一是,三角洲的延伸,产生了大面积的富裕农田,今天,在许多国家,它支撑着相当一部分村社。

以1870年到1957年之间的研究来验证古典经济学的稀缺学说,在时间条件上是充分的。因为,它覆盖了美国从不发达阶段稳步地发展到先进经济制度的最关键时期。短期的趋势不适宜理解稀缺学说。因为,战争、贸易周期和其他暂时的事件,可能会使这幅画面变得模糊不清。更何况,对较长时间段的分析能够摸索出来不断增加的人口和收入水平对自然资源生产方面的全部影响。

选择美国,部分是因为可以得到数据。但是,更重要的原因是,在研究选样的时限内,全民消费和生产水平上升了许多倍,这使得美国所有种类的自然资源承受了严苛的压力。伴随着许多矿藏的枯竭,出现了许多重大新发现、技术进步和替代品。美国一直存在的是自由市场经济体系,因此,供求的力量总是有互相调适的充足机会。在巴尼特和莫斯的报告出版 16 年后,巴尼特另做了 13 年的拓展研究,一直进行到 1970 年(Barnett,1979)。

如果李嘉图—马尔萨斯的稀缺观是正确无误的,体现出来的结果应当是,采掘业和农业生产部门的产量成本会以增加的形式出现。尤其是当该研究进入末期的经济高速增长期时,情况更当如此。巴尼特和莫斯研究了农业、林业、渔业和矿业部门生产的单位成本。单位成本决定于加权劳动和加权资本集合的总和除以净产量。就是说:

$$C = \frac{lL + kK}{Q}$$

其中,C = 单位成本;L = 劳动投入;K = 资本投入;Q = 净产量;l,k 分别为劳务和资本各自总和的加权系数。

劳动投入一般包括不同部门所雇佣的工人的数目。为了克服采集数据的诸多困难,也为了避免其他一些麻烦,在我们大部分研究中,不采用人力劳动时间,而是使用雇佣人数。对于资本投入,即通常根据不变的价格估算出来的资本数量,可用于不同的自然资源采掘业中。有关投入和加权因子的大多数数据采纳了肯德里克的研究(Kendrick,1961)。

可是,这一阶段应该提到,除了单位成本,至少还有另外两种标准可以用来检测稀缺理论:真实价格和资源租。在第一种情形中,商品实际内涵的成本的市场价格,被视为稀缺的测度。这个标准的主要问题在于,其结果对价格紧缩会十分敏感。另一种方法,即资源租,因为它有助于把握技术变革和替代品的可能性,所以可能是非常有用的。有些人相信,检测稀缺的成本或者价格的方法,可能对这个情形有意轻描淡写了,尤其是当输入项之间的选择成为可能时(Hartwick and Olewiler,1986)。关于单位成本,如果除去垄断程度、运输成本、税收和补贴变化不计,价格其实应当跟从成本趋势。巴尼特和莫斯也根据这种假定考虑了商品的实际价值。大胆地讲,除了某些小小的例外,价格趋势是和成本趋势保持一致的。

巴尼特和莫斯的研究揭示出,实际上,除了林业之外的所有资源,都显示出单位成本下降的趋势。对于整个自然资源采掘部门,一直到 1920 年,每年成本大约下跌 1%。从 1920 年到 1957 年,每年差不多下跌 3%。已有的事实证明,在 1870 年到 1957 年之间,矿物需求增加到大约 40 倍,因为矿物资源遭受的耗竭比大多数其他自然资源所遭受的要大得多,所以,自然资源采掘部门是特别重要的。在这一时期,国内新发现的矿藏比耗竭的旧矿多得多。而且,采掘技术和可得性因素的进步,使人们可以开采近海石油,可以使用先前标为次级的矿藏等,这些促进了单位成本的降低。

在这一研究期间内,农业生产部门像矿产部门一样,经历了重大变化。人工肥料的使用、人工灌溉以及机器对畜力与人力的替代,广泛传播开来。特别是农用机械取代农耕牲畜,降低了给助耕动物供给卡路里的土地压力。与其资本成本相比,农业机械节省了更多的单位劳动。良种、杂草和昆虫控制、杂交牲畜,使得产量得以增加。就所研究的期间来说,农用土地的总面积几乎没有什么变化:1870 年是 2 970 000 平方英里,与 1958 年的 2 971 000 平方英里不相上下。

在渔业部门,随着产量的上升,劳动趋于平稳,随之而来的结果是每单位产出的成本降低了。渔业和林业的资本投入数字难以得到,但是,木材产量从不升不降的状态一直稳步增加,直到 1910 年左右。在 1870 年到 1920 年之间,劳动投入剧烈地增加了,接下来经过短暂衰落,然后一直上升,沿至 1950 年。这段时期从整体上看,林业佐证了稀缺假说。表 8.1 显示了所有四种生产部门的情况。

表 8.1　自然资源的单位成本（1870—1957 年）

生产部门	1870—1900 年	1919 年	1957 年
农业	132	114	61
林业	59	106	90
渔业	200	100	18
矿业	210	164	47
总采掘	134	122	60

资料来源：Barnett and Morse，1963。

巴尼特和莫斯得出一个结论：除了林业，所有生产部门的单位成本都在稳步降低。这预示着自然资源不是很稀缺。这可以归因于新矿藏的发现、探矿、开采、工艺流程和生产的进步，以及更多富集的低级资源取代了稀缺性高品位资源。不过，有一点这里有必要提到，这个研究存在一些缺陷。第一，单位成本指数基本上是一种回顾性的指示物，因此，它并不能适用于对未来的预期。我们大多数人是根据过去的观察和信念来作决定，但是，有时候结果证明这是错误的。第二，单位成本指数中，资本和劳动绑在一起是不无问题的。单是资本的集中就是一个重要问题。自然资源开采成本和技术进步的相互关系更是一个难题。由于物资损耗紧随而来，而矿藏发现更困难，所以，单位成本上升或许不是坏事。但是，这可能会激励人们寻找新矿藏，并改进技术，以削减成本。换句话说，从这个估测中，得不出任何未来成本和价格的显著预兆。

诺德豪斯和其他人

另一个有关稀缺检验的长时段研究是诺德豪斯作出的（Nordhaus，1973）。他考察了 1900 年到 1970 年之间大量商品的价格趋势。在大多数统计数据可以获得的情形下，以当前价格为基础进行价格分析是可行的，但是它必须经过处理，以消除波动引起的货币购买力的差异。

　　诺德豪斯根据计时制制造业工资率,精打细敲地压缩了商品价格。有关某些商品处理后所得的结果体现在表 8.2 中。使用实价数据的说服力之一是,它是一种相对具有前瞻性的方法,因为关于未来供给和成本的预期将反映在商品的市场价格中。哈特维克和奥莱维勒(Hartwick and Olewiler,1986)评论说,考察数十年的价格可能有误导性,因为这并不能告诉我们整个来龙去脉。例如,1910 年到 1920 年的价格历程究竟如何?

表 8.2　通过商品工资率压缩处理后的价格指数

商品	1900 年	1920 年	1940 年	1950 年	1960 年	1970 年
石油	1 034	716	198	213	135	100
煤	459	451	189	208	111	100
铜	785	226	121	99	82	100
铝	3 150	959	278	166	134	100
铁	620	287	144	112	120	100
铅	788	288	204	228	114	100
锌	794	400	272	256	125	100

资料来源:Nordhaus,1973。

　　诺德豪斯研究的启示是,1900 年到 1970 年之间,所有商品变得更便宜了,因此,这期间稀缺是少数。

　　另一个确证了诺德豪斯工作的大范围研究,是乔根森和格里利谢斯(Jorgensen and Griliches,1967)进行的。他们通过资本价格来调整商品价格。一些经过挑选的商品的结果请看表 8.3。这个表也综合了上文提及的哈特维克和奥莱维勒(Hartwick and Olewiler,1986)等许多其他信息。煤、铅和锌三种商品的价格趋势和其他同类研究不一致,没有出现符合巴尼特和莫斯、波特和克里斯蒂研究得出的下跌,也没有出现如诺德豪斯研究显示的在 1940 年到 1950 年之前的显著增加。

表 8.3 依据商品的资本价值压缩处理后的价格指数

商品	1920 年	1940 年	1950 年
石油	547	205	275
煤	340	195	413
铜	170	125	129
铝	647	297	217
铁	216	149	146
铅	292	281	335
锌	301	281	335

资料来源：Hartwick and Olewiler，1986。

统计显示,在这样的范围内,以自然资源为基础的商品的成本和价格呈现的是下降的趋势。下跌或者稳定的价格和世界经济的兴旺一起,恰好导致了到 1970 年消费持续不断的增加。例如,在 1945 年至 1973 年之间,全球燃料消费每年大约提高了 5%。石油急追矿物燃料,因为它的用量从 1950 年到 1973 年增加了七倍多,达到 28 亿吨。1973 年到 1974 年第一次石油危机期间,持续下跌的商品价格的计算陡生变化。当时原油的价格上升到将近四倍的状态。在 1973 年的阿拉伯—以色列战争期间,欧佩克国家同阿拉伯世界团结一致采取行动,决定将石油用作反对西方的政治武器,希望西方国家,特别是美国对以色列施加压力。1973 年 1 月,沙特阿拉伯的原油价格是每桶 2.12 美元。到 1975 年 1 月,价格上升到每桶 10.72 美元。

最近 30 年,矿物价格波动十分剧烈,但是,总的趋势是在下降。1973 年石油危机期间出现的价格飞升也影响到别的商品,例如农产品。根据格瑞芬和蒂斯(Griffin and Teece,1982)的研究,欧佩克的主要目的不是为了影响世界价格本身,而仅仅是为了达到共享石油租。图 8.3 显示了调整通货膨胀影响之后的非矿物燃料的价格趋势。20 世纪 80 年代下半叶,实价略有恢复,但是再没有返回到 20 世纪五六十年代出现的水平。矿物价格下跌的原因之一是,大多数产油国家对新旧矿藏的开发都实行了补贴(Young,1981)。例如,从 20 世纪 20 年代起,美国政府对矿物公司提供了慷慨的免税和耗损补助。靠这种方式,企业总是有能力扣除其毛收入 5%到 22%范围的预留金,只要业务生产在运转着,这就可以有效地执行。在 20 世纪 80 年代,这种方式对美国财政部造成的税收损失,总计达到了 50 亿美元。而且,根据 1872 年《矿业总法案》(General Mining Act)的规定,在公共土地上发现金属矿藏的公司,能以每公顷 12 美元或者更少的价格购买这块土地。因此,政府从土地上根本不能收到矿区地税。

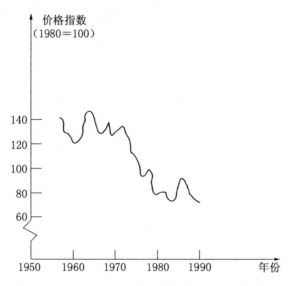

图 8.3 1957—1997 年间实际非燃料矿物价格指数

资料来源:World Economic and Financial Surveys,1990。

其他国家,例如日本,对国内资源的开采提供了税收优惠、贷款和补贴。日本在海外运营的矿冶企业得到了低息贷款、贷款担保和国家直接投资。法国政府给予矿物开采很多额外好处。但是,德国政府则没有这么慷慨。这些国家根据国家安全需要来判定给矿冶企业补贴的数量,因为,矿物企业为军用工业供应原材料。现在,有强大的政治和商业利益集团对矿业企业提供源源不断的补贴。这些补贴使得矿物的价格变得比其原来便宜得多。

通过对总价格趋势的考察,一些人相信,经济学家以及其他一些人对资源稀缺所抱的悲观主义态度并没有得到证实(Soussian, 1992)。他们认为,可以得到的矿藏比几十年以前推测的数字要多得多。商品价格的暴跌给产矿国家造成了贸易平衡方面的问题。今天看来,问题不是稀缺,而是富余,这体现在资源价格过于低廉。

就石油价格而论,它已经成了最密切关注的对象。经历了 1973 年到 1974 年和 1979 年到 1980 年两期剧烈的涨价之后,石油价格开始下跌。石油价格波及其他燃料的价格、许多国家的收支平衡,甚至于世界经济的增长。图 8.4 显示了以 1986 年的平均美元价值表示的真实价格的变化趋势。在 1981 年到 1986 年之间,价格下落了 75%,达到了每桶 12 美元的低点。在世界不同地区,石油生产的成本之间存在重要的差异。在中东生产一桶石油的边际成本低于 2 美元,而在其他地方,例如在北海和阿拉斯加,则高达 10—20 美元不等。

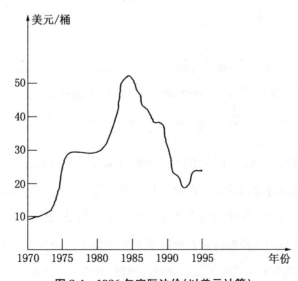

图 8.4 1986 年实际油价(以美元计算)

资料来源:US Department of Energy, 1987a, *Basic Petroleum Data Book*, V5, Washington D.C.。

　　20 世纪 80 年代早期,世界性经济衰退和五花八门的保护手段降低了对石油的需求。这导致石油市场上供过于求。布朗等人(Brown et al.,1987)坚持主张,尽管在不远的将来,石油价格的压力可能会下降,但是,由于不可预料的因素,例如海湾战争,油价的骤然增加可能会暂时压倒这种下降的趋势。国家不同,油基燃料的价格也不同。在大多数欧洲国家,汽油课税苛重,主要用来增加公共收入。可是,在美国,石油工业已经击退了政府加大石油课税的努力。在许多发展中国家,柴油和煤油得到补贴,为的是促进这些产品的消费。特定国家的总体消费水平,不仅依赖于世界石油价格,而且依赖于税收标准(Griffin and Steele,1980)。表 8.4 呈现了很多国家的汽油价格。税收不能作为达到保护目的的政策工具。

表 8.4　1982 年每加仑汽油价格

国　家	价格(美元)	国　家	价格(美元)
墨西哥	0.71	日　本	2.89
美　国	0.82	巴　西	2.94
泰　国	1.30	法　国	2.95
德　国	2.09	丹　麦	3.58
印　度	2.17	意大利	3.71
英　国	2.24		

资料来源:US Department of Energy,1987a。

美国矿务局

　　由于关于资源稀缺的高度乐观主义的经验性研究不能令人信服,所以,某些环境压力组织和学术界人士感到,应该加大力度,对将会增加和提炼的每种可耗竭商品的全球储量与需求重新作出计算。只有那样,我们才能够理解问题的严重程度。关于储量的可得性、需求和资源寿命,美国矿务局进行的研究属于第一批研究之一。

表8.5显示了美国矿务局对一些矿藏储备的储量估测。第三栏的数据根据稳定的需求给出了资源寿命。这些结果是拿已知的储量除以以1970年为指标的年度需求量而得出的。根据该表,煤是最富足的商品,估计按照现行需求,开采可以持续2 300年。第四栏显示了年平均消费增长率。最后一栏给出了在需求持续增长的情况下储量可能存续的时间跨度。例如,按照4.1%的年增长率消费原煤,那么已知储备的开采寿命将减少到111年,这比2 300年大为减少。

表8.5 需求恒定和不断增长的情况下,一些自然资源的储量和持续年数估测

资源	已知的全球资源	稳定需求（静态指数）情况下资源存续的年数	推算的年平均消费增长率(%)	需求不断增长情况下（动态指数）资源存续的年数
铝	1.17×10^9 吨	100	6.4	31
铬	7.75×10^8 吨	420	2.6	95
煤	5×10^{12} 吨	2 300	4.1	111
铜	308×10^6 吨	36	4.6	21
金	353×10^6 吨	11	4.1	9
铁	1×10^{11} 吨	240	1.3	93
铅	91×10^6 吨	26	2.0	21
天然气	1.14×10^5 立方英尺	38	4.7	21
镍	147×10^9 磅	150	3.4	53
石油[a]	455×10^9 桶	31	3.9	20
银	5.5×10^9 金衡制益司	16	2.7	13
锡[b]	4.3×10^6 英吨	17	1.1	15
钨	2.9×10^9 磅	40	2.5	28
锌	123×10^6 吨	23	2.9	18

注:(a) 10亿桶;
　　(b) 1英吨＝2 240磅。
资料来源:US Bureau of Mines,1970。

这里求得动态指数的方法如下:

$$动态指数 = \frac{\ln[(g \times s) + 1]}{g}$$

在此，g 表示年增长率（即煤是 4.1%），s 表示静态指数（即按照稳定的需求，已知煤藏量可以持续的年度数），而 ln 表示自然对数。

例如，根据 4.1% 的煤消费年增长率，那么，煤的动态指数（储量可持续的年数）的解是：

$$动态指数 = \frac{\ln[(0.041 \times 2\,300) + 1]}{0.041} = \frac{\ln[95.3]}{0.041}$$

$$= \frac{4.56}{0.041} = 111$$

应当指出，这里存在着某些与储量估测和生命跨度相关的基本问题。储量数字通常是根据探测所发现的结果确定的。在某些场合，信息是精确的、带有高度确定性的，但是，其他场合则会遇到很大误差。例如，在估测煤的储量时，有两种宽泛的规定：测量值和指示值。在前一情况下，可信性是由煤层的厚度和范围测定的，要求是煤层的厚度不少于 0.3 米，深度上不超过 1 200 米（如果是褐煤的话，是 500 米）。在后一情况下，厚度和深度要求相同，但是它们只是近似值。这些都是很不确切的测算，它们的理解范围很宽泛，并且，不同国家之间的估算不可能有可比性（Gass，1976）。

如果信息不要成本，获取所有现成储量的估测就是可望可及的。但是，勘探代价昂贵，而有关机构会视信息为珍稀的数据。从经济学的观点看，获取完全的信息量是不明智的，因为，理所当然，这涉及巨大的机构成本。从全球范围看，信息机构根本支付不起消除地球所涉及的全部不确定性所需的成本，因为大量储备很多年也勘探不到。更何况，储量测算技术的发展，例如使用精密卫星数据，有可能使得未来的估算变得非常便宜。因此，在任何时间点，对于矿业公司和个别国家，必定存在合情合理

149

或者最佳的探矿计划。怀着发现富裕矿藏的希望,投入大笔资金用于探矿,这对国家是颇为重要的问题。

美国矿务局在定义"可得性储量"(stocks availability)一语时,考虑了两个因素,即,地质知识的限度和获取的经济可行性。地质学家通常关心的是,可以使我们增加与储量相关的精确知识的勘探活动,而矿冶工程师们关心的是为了减少成本而改进采掘技术。经济学家们在分析中将两者结合起来,并用它来裁定探矿活动的经济可行性。

与美国矿务局并行研究的还有其他的机构。它们也给出了自然资源的估算报告。世界能源论坛(the World Energy Conference)每六年就展开一次能源测定。表 8.6 显示了 1970 年硬煤的情况。

表 8.6 1970 年测定的煤储量和生产情况

国家/地区	煤储量(10^6 吨)	1970 年的生产(10^6 吨)
北 美	110 000	564
苏 联	130 000	433
欧 洲	120 000	488
非 洲	47 000	58
亚 洲	15 000	513
大洋洲	10 000	52
南美洲	5 000	10

资料来源:Gass,1976。

估测储量寿命的另一种方法被称为哈伯特准则(Hubbert criterion),它依赖于两个简单的前提:

1. 无论何时何地,地下存留数量不同于初始存量估算与迄今累积提取数量。

2. 在开采过程中,生产率按照指数增加,达到峰点后,以同样的方式下落到零点。图 8.5 显示的情形是,在某段时间(比如按年度计算),测量值位于横轴,提取率位于竖轴,这里,Q = 质量；$t =$ 时间；$P =$ 开采率，即 dQ/dt。

累计产量是与横轴和该段时间钟形曲线上翘的产量线围成的面积成比例的。采掘的总量是一个积分函数：

$$QT = \int_0^T P\,dt$$

这里，T 表示储量耗竭的时间极限。依靠这个函数，我们可以通过地下储量的估算来预测未来产量，然后得出生产曲线，以便使曲线下面的面积合乎存留量估测。

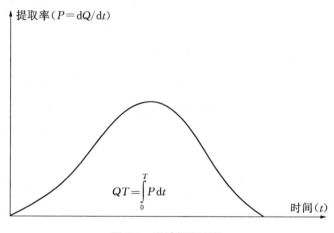

图 8.5　累计提取函数

指示储量和推测储量

某些学者，如麦凯尔维（McKelvey，1972）、加斯（Gass，1976）和拉亚拉曼（Rajaraman，1976）等坚持认为，关于储备寿命，根据全球已知存量的计算是过于保守的，甚至可以说是不精确的。实有的数字不仅必须包括已知储量，而且应包括目前尚未经决定性地证实的猜测数量。因此，表 8.5 显示的储备估计数值是不真实的，低估了现实，因为这些数字仅仅局限于已获证实的藏量。

总存储量的计算,通常是根据资源基地典型的钻孔取样来开展的。然而,样品给出的概貌可能与实际大大不同。有很多矿藏的情况是根据样品估测算得的,后来发现计算结果严重低估了地下实际。还有,算出的总储量受到当时利润合理性的限制,也就是说,考虑的是当时的技术、成本和价格状况。有些科学家相信,如果从自然规律考虑的话,人类永远不会用光矿物资源,因为地下物资的极限远远超过了它们在经济上可利用的限度(Zwartendyk,1972)。地球任何深度都含有金属储藏,我们统计范围以哪一点为界限?更何况,有些人提出,从经济学上看,终结储量的概念发挥不了终极性的限制作用,因为市场行为反正倾向于矿藏是用之不竭的(Herfindahl,1967;Adelman,1993)。

人们提出了很多种统计范围的界限,但是,各家所用的具体方法根本没有达到一致性程度。计算标准之一是考量能源的界限,在此基础上计算可采掘的矿产量。这就是说,只要采掘还没有用光的超过极限的能源数量,都要统计在储量之列。在这里,"超过极限"并没有清楚的规定。对于矿物燃料,这不是一个严重问题,因为它们在地球上存在一个可发现的最大深度。"绝对主义的"科学家所持的意见,可以被描述为是一种以自然规律为原则的矿藏最大储备量测评办法。然而,问题在于,从数字上看可能算巨大的潜在储备什么时候才能变成实际?矿物储量的经济学评估方法,必定是处于已经证实的和终极的储备这两种极端之间的两难选择。有些地质学家相信的可能是:地下潜藏的金属和矿物燃料的数量是巨大的,但是它们仍然是有待发现的。

有一种获得认可的推测性估计办法是,将未勘探地区可能存在的纯粹理论上或者假说的数量纳入考虑。出于论证的关系,让我们假设英国有一半地区完成了煤储量勘探,探得的结果是有十几亿吨。按照推测性估算的意味,余下的一半探面下还会有另外的十几亿吨,如此总量就成了二十几亿吨。表8.7将实证和推测性的储量作了一个对照。这两个概念之间存在根本区别。例如,锌的推测性估计量是已知量的46倍。

表 8.7　根据已经过证实和推测性存量估算出来的储量寿命

资源	已知的	推测性的	需求的年平均增长率(%)	静态指数(年)		动态指数(年)	
				已知的	推测性的	已知的	推测性的
铜	370	1 700	3.7	54	215	29	60
铅	144	1 854	2.2	38	488	27	112
锡	5	41	1.0	18	158	16	95
锌	123	5 606	1.2	23	1 038	18	118

资料来源:Rajaraman,1976。

根据其他渠道的资料,我们可以看到,推测性估计量和实存的储量之间存在着地区性差异。表8.8给出了全球不同地区/国家之间煤的推测性储备量。

表 8.8　1968 年或 1970 年的推测性的煤存量

国家/地区	存量(10^6 吨)	国家/地区	存量(10^6 吨)
北　美	1 200 000	亚　洲	1 150 000
苏　联	4 175 000	大洋洲	30 000
欧　洲	135 000	南　美	30 000
非　洲	120 000		

资料来源:Gass,1976。

古典学派与其他经济学家的停滞学说最终导致的结果是,需要对因使用长时期的历史价格/成本而引起的"难题"进行检验。可是,这已经被证明是劳而无功的。波特、克里斯蒂、巴尼特、莫斯、诺德豪斯、乔根森和格里利谢斯等的研究成果表明,根据过去的趋势下判断,可以得出这样一个合理、可靠的结论:我们正在摆脱李嘉图、杰文斯和许多其他学者预言的停滞点。

另一方面,美国总统物资政策委员会和矿物局绘出的是颇为悲观的画面。面对有限的原生资源储备,理想的经济增长在什么条件下可以持续,又可以持续多长时间?美国矿物局的回答是,事实上持续不了多久。可是,美国矿务局也指出,在紧缺商品生产方面,技术和经济条件非常重要。例如,如果铀的价格是每磅 8 美元(依据 1970 年的价格),那么可以生产 191 000 吨出来;价格浮动于 8—10 美元之间时,就可额外供给 45 000 吨;10—30 美元浮动,则可以额外得到 285 000 吨;如果是 30—70 美元每磅的话,又可额外得到 2 600 000 万吨。由于勘探带来的新发现,非再生资源储备总是可以足够供应。因此,到目前为止,已知储量不可作为可信的资源采掘寿命预测基数。其他资源,例如森林和渔业储备有自己的增长或者再成熟过程。但是,即使对于它们,开采和可得性也一直是新供给的重要来源和标准。

第 9 章　宇宙飞船地球

博尔丁的生态经济圈

1966 年,肯尼斯·博尔丁[①]在亨利·贾勒特(Henry Jarrett)主编的《经济增长中的环境质量》(1966)一书中,发表了一篇简明扼要的论文,即《类宇宙飞船的地球经济学》。在这篇文章中,博尔丁以长远的世界状态视角批判考察了长期以来被丝毫不加批评地接受的目标和价值观。那段时间前后,从太空第一次拍摄到的地球照片显示,我们的世界犹如一艘微小而自身有限的宇宙飞船,而不是拥有无限空间的、一望无际的平原。有鉴于人口增长、自然资源耗竭、种种工农业废物缺乏充足的储放空间等,博尔丁对已经成为各国政府最重要目标的经济增长的欲望,表达了深重的怀疑。

在其人类的经济活动和地方、国家与世界环境、增长等存在着相互作用的生态经济圈的视界中,经济增长——尤其是如果以 19 世纪左右在工业世界里发生的那种增长方式继续扩张的话——是无以为继的。大多数导论性经济学教科书,都包含一个展现经济活动循环流动的经济系统图示,而其中罕有提及自然资源稀缺、污染和废物储放等问题的。要是提及的话,例如,仅以废物问题为例,明摆着有这样的假定:生产和消费产生的废物将依靠自然循环的方式,通过土壤所具有的天然和永存的活力的作

---

① 肯尼斯·艾瓦特·博尔丁(Kenneth Ewart Boulding, 1910—1993 年),一生致力于开拓一种更加全面的社会科学,其中经济学只是一部分。他开拓了不少新的研究方向,被称为现代经济学中"伟大的局外人"。代表作有《经济学分析》(1941)、《和平经济学》(1945)、《经济学的重建》(1950)、《组织革命》(1953)、《映象》(1961)、《冲突和防御:普通理论》(1962)、《20 世纪的意义》(1965)、《生态动力学》(1978)、《赠与经济学:爱与畏惧的经济学》(1981)。1966 年他发表的论文《类宇宙飞船的地球经济学》,对 20 世纪 60 年代末环境经济学的迅速崛起和超常发展起到了极大的推动作用。——译者注

用,最终返回土壤。不止于此,一些企业为了满足别的企业和家庭需求而生产商品和服务,这需要整合生产要素。在整合过程中有一个假定,即无限的自然资源输入能够保证上述循环流动不息。根据博尔丁的分析,这是一种其结构靠资源的大进大出维持的开放的系统。

最近几十年发展起来的经济心理学属于开放系统的模式。它需要被转变为封闭系统模式——类宇宙飞船经济学。已知的矿物燃料和金属储备的可耗竭性,以及世界吸收污染物的有限性,诸如此类的认识转变具有根本性的意义。如果现在我们在尚有相对调整余地时无所作为,那么,在不远的将来,我们将会在更加严峻的条件下被迫行动。我们长期以来从可耗竭的资源里大规模获取的矿物燃料和原生资源,确凿无疑是暂时的。最终,我们将用光这些东西。这颇像从欧洲乍到美国东海岸的早期定居者,当他们不断向越来越远的西部定居点挺进时,曾相信美国可以无限供给他们以土地。最后,当定居者抵达太平洋边岸时,这个信念不攻自破。

在从一种形式的系统转变到另一种形式的系统的过程中,存在三个基本的东西:物质、能源和知识。最后一个是最为重要的。这里的先决条件是,人们对某个主题或难题必须拥有充分的信息。接下来他必须使解决的思路具体化。例如,一种可以加速生产过程的机械的产生步骤是,人类的心灵首先有相关的原创性构想,然后是利用物质和能量资源将其建造出来。知识和想象力,对于包括经济转变和进步等在内的人类一切发展的实现都是关键。作为例证,试考虑一下第二次世界大战期间德国资本破产的严重性。可是,因为德国人的知识没有毁灭,二三十年之内,资本存量又得以再生。在非洲一些国家,由于知识不充足,所以根本没有基本的资本再造能力。如果对生态经济圈没有可信的信息,调整既定的经济行为方式的希望是永远不会实现的。这是第一步。第二步是,人类必须在宇宙飞船经济学的背景下,考虑建构新秩序的方式和手段。

博尔丁讲得有声有色。他试图说明既有的经济成功的措施在宇宙飞船经济学中没有任何意义。例如,国民生产总值的增长率被普遍接受为国家经济成功的测量标杆(measuring rod)。同样,在个体层次上,财富和收入会给现代消费社会中的个人以显赫声望。传统经济学将消费和生产视为大好事,而对最终会导致消费和生产两种活动不可持续的环境耗损与环境质量恶化则少有考虑。

经济体系的成功是通过"生产要素"的生产量来衡量的,至少有一部分生产量是取自原生物资的存储和非经济对象,另一部分被输送到污染仓库。如果可采掘的物资和放入废物的空间是无限多的,那么至少从表面上看,将生产量作为经济成功的手段是有道理的。相形之下,在宇宙飞船经济体系中,生产量绝不是必备的东西,它的确被认为是要加以最小化而不是最大化的东西。衡量经济成功的基本尺度,根本不是生产和消费,而是被包含于系统中内含于人类身心状态中的总资本存量(the total capital stock)的性质、程度、质量和复杂性。在宇宙飞船经济体系中,我们基本关心的是存量维持,能够使得给定总存量在得以维持的同时生产量减少(这就是说,减少生产和消费)的技术变革明摆着就是收益。

(Boulding,1996:9—10)

图 9.1 描绘了宇宙飞船地球内部经济活动的循环流动。从最简单的形式看,它包含四个要素:家庭(或消费者)、企业(或生产者)、可以耗竭的资源和废物储放。传统的经济学仅仅聚焦于第一、二个因素,而生态经济圈(econosphere)同时考虑四种因素。家庭为企业供给生产要素(土地、劳动和资本),而企业以供给商品和服务作为回报。家庭和企业两者,均从自然资源要素中提取东西,在生产和消费过程中都产生流向废物储藏部分的废物。这里,主要问题是,由于经济活动和生产的水平保持着增长(这种现象在博尔丁构建其思想时十分明显),如果不采取果断的措施,稀

缺和废物问题两者都将变得更糟糕。由于稀缺越来越紧张,废物储藏问题愈来愈糟糕,所以,因循守旧的增长体系不可能持续下去。博尔丁建议:自然资源基础必须得到有效的保护,废物必须加以严格的管理。我们的长期生存有赖于我们管理这两个环节的能力。

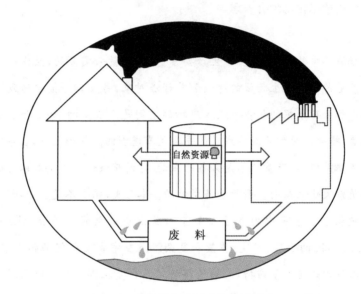

图 9.1 宇宙飞船地球中的经济活动

博尔丁深入浅出地指出,在宇宙飞船环境中,生产和消费未必是好事。这和传统经济学形成了反差。后者甚至鼓励生产和消费,认为多多益善。生态经济圈中的关键性因素是自然资本的维持。它使得各种形式的生产、消费和生命本身得以持续存在。根据他的看法,经济福利不应当以自然资本的损耗为代价来获得。这就如同不是依靠生活设施好坏来衡量食宿价值,而是更多地转向财物的折旧来衡量一样。住房的折旧越小,我们就会越感到愉快幸福。这仅仅是常识,但是这些问题都被经济学家以令人吃惊的简单幼稚忽视掉了。经济福利本质上取决于存量还是流量?根据博尔丁的看法,存量的概念对于人类福利而言是最为基础的。

他抱怨道,他力图唤起人们注意有关这些问题,可是人们对他的努力充耳不闻(例如,参见 Boulding 1945,1950)。

博尔丁警告人们不要沾沾自喜,不要延误宇宙飞船经济结构的建设。类似"放开自己,生吧、吃吧、喝吧、花销吧、开采和污染吧"的态度,即让我们按照通常方式发展吧,宇宙飞船地球的航行旅程还远着呢——这样的态度是百弊丛生的。在许多方面,宇宙飞船地球已经满负荷了。在许多工业城市我们已经用尽了清洁空气,很多湖泊已经成了污水坑,某些地区森林已消失殆尽,一度高产的矿藏已告耗竭。但是最大的伤害将会被转嫁到后代身上,因为他们很可能要承继一个更加满目疮痍的宇宙飞船地球,其中是空空如也的自然资源储备。这一点看来没有任何道德合法性。历史已经反复证明,一个抛弃对后代的责任的社会很快就会分崩离析。

一定有人认为,博尔丁的宇宙飞船地球,过分夸张了资源和环境问题。正如我在上一章指出的,一部分学者相信,除了矿物燃料,人们不可能用尽地球上的自然资源,因为世界上物质资源的真正极限远远超过利用限度。换句话说,除了一些例外,地球上的物质资源是如此丰富,以至于即使需求日积月累,在很漫长的时间内也用不完。即使一种矿藏耗尽了,那也会有替代品补充上来。关于废物问题,也有些例外需要考虑,在给定时间范围内,废物是随着时间减少的。这就是说,它们可以通过自然被有效地循环掉。不可分解的废物,例如砷等,问题仍然存在,可是它们的数量毕竟不大。核废料有可能会给未来捎去严重健康问题和政治风险,但它们属于性质不同的范畴。不过,这里似乎并不存在迫不得已的理由,至少就目前来讲,尤其从经济学视角看,因为人们依靠的核能需要极大的成本支持,所以,核能看起来比传统能源的成本昂贵得多。

也有人提出,在宇宙飞船经济体系中,生产产生的是消费或者废物,而经济系统产生的最重要的结果却是资本。这就是说,当我们将地下的铁矿石转化为梁柱、锤子、铁轨和桥梁时,它们是可以长期完好无损地保存的。例如,在许多地区,两三百年前建筑的房子、桥梁和道路现在仍然在使用中。

话说回来,博尔丁的"宇宙飞船地球"概念尽管存在缺陷,但在经济思想上是一座重要的里程碑。它的启示简单明了而又充满生命力。已知的事实是,地球终究是一个脆弱的、自我封闭的宇宙飞船单元。为了我们自己,也为了我们的后代,我们必须保护它。环境的滥用没有任何合法性。博尔丁的论文不包含任何方程式、图表或者统计数据,但是这抹杀不了它的价值。正如我们下文要讲到的,包含大量数学的"宇宙飞船地球"模型,结果表明远远没有博尔丁的简单论文更令人感兴趣。

为了支持博尔丁的宇宙飞船地球概念,巴尼特(Barnett,1979)提出了一个论证:最近两三百年,经济活动的增长已经产生了许多环境问题,并使得地球变得更脆弱。这种情形颇似千里之堤毁于蚁穴。在这一过程中,地球自身变得十分脆弱并且动弹不得。如果由地球外层空间生物来评价人类生态状况的话,他们立刻会观察到环境处于急速的破坏之中,而这来源于无节制的增长。根据这一点,市场失灵必须承担一定的责任。许多经济学家和其他人认为,自由市场经济是人类有史以来建构的最有效率和最公正的社会制度。但是,它毕竟是人工打造出来的而不是上帝的创造,犹如各种人类创造物一样,它是难免会出差错的制度。为了从无限平坦的经济体系转变到宇宙飞船经济体系,巴尼特强调,政治领袖应该发挥更大的作用,而经济学只能起到跑跑龙套的作用。

弗雷斯特的系统动力学

模型建构者通过计算机模拟技术,充分利用博尔丁的宇宙飞船地球概念来预言未来,只是一个时间问题。第一个著名的模型是美国计算机工程师杰伊·莱特·弗雷斯特(Jay Wright Forrester,1971)建构起来的。

他使用了很多纯粹假说性的、表面上讲得通的储量和流动变量之间关系的函数式。弗雷斯特的模式含有 43 个变量,它们通过 22 个线性与非线性关系联系在一起。部分储量变量包括土地、可耗竭资源、人口、资本存量和污染。最重要的流动变量是粮食生产、非粮食生产、制造业商品的消费和总投资。这一切都是以人均量数值表示。

　　污染的储放变量取决于产生污染和削弱自然吸收能力的经济活动水平。人口增长依赖于粮食可得性(积极反应)、污染和人口密度(消极反应)。由于富裕的增加,人口数字快速上升。反之,如果贫穷加重,人口数量会降低。这就是说,人口是经济系统的内生变量。图 9.2 显示了人口增长曲线,那是模型中对富裕反应最剧烈的变量。毛出生率和死亡率表现在纵轴上。经济进步程度由横轴表示。经济发展的过程既降低死亡率,也降低出生率。最终,经历短暂的时期后,由于收入不断上升,总出生率高于死亡率达到稳定态。污染和人口密度会向相反的方向拉回这个趋

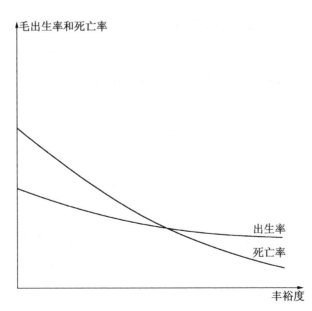

图 9.2　系统动力学中作为经济发展函数的人口曲线

势,使得人口净增长降低,但是影响效果甚微。

弗雷斯特假定,如果可耗竭资源储备之间没有任何可替代性能力的话,可耗竭资源大约有相当于目前损耗水平400倍的数量。随着经济活动的扩张,可耗竭资源将衰落到一个最终使系统运转停滞的、稳定的水平。资本积累是个人分摊投资和折旧率的函数。在到达1970年三倍的水平时,它达到饱和。

弗雷斯特得出一个结论:随着经济持续的增长和人口数量的增加,生活质量将大幅倒退。其结果是,我们现在享受的被称为黄金进步时代的、比过去与未来任何时候都高级的经济福利可能要被出卖掉。当前的问题,例如污染和贫困,与拐上穷途末路相比,还是小事一桩。控制人口增长的努力不可能获得成功。不过,比起人口增长对未来悲剧的影响,工业发展是更大的咒语。发展中国家要赶上现在西方国家享受的那般生活标准,是毫无希望的。而且,从全球长远视角看,发展中国家工业化的努力既不明智,也不应该受到鼓励。

为了拯救这种危机,弗雷斯特提出很多政策建议,例如:降低30%的出生率;减少50%的污染发生量;降低75%的自然资源损耗;缩减40%的资本积累;减少20%的粮食产量,因为它刺激人口增长。

诺德豪斯(Nordhaus,1973)认为,弗雷斯特的世界动力学没有任何经验性基础,其假定、函数关系和预测,全部只是主观性的似是而非的东西。他将弗雷斯特的模型概称为没有数据的计量。而且,诺德豪斯对世界动力学模型进行了很多灵敏度检验,他发现这个模式不堪一击。

未来世界的预言对这个模型的运作规则具有高度敏感性。上述给定的模拟显示了,如果相关的人口、技术变革或者替代物的假定发生变化,弗雷斯特的模型将表现为迥然不同的样式。

诺德豪斯特别反对把粮食和非食品消费视为有绝对关系的人口函数。实际上，证据显示，人口增长会衰减，尤其当收入水平增加时。这类错误函数对推论产生了误导作用。何况，在《世界动力学》(*World Dynamics*)(Forrester，1971)中，没有生产函数，各种变量使用的都是粗糙的数据。例如，人口变量不加区分地把从洛杉矶到加尔各答、从瑞典到扎伊尔的人口按照同等的标准处理。

罗马俱乐部

1968 年春天，由来自多个不同国家的经济学家、数学家、工程师、自然科学家、哲学家、官员和商人等组成的 30 人小组，在奥利韦蒂(Olivetti)和菲亚特(Fiat)高层经理之一的佩切伊博士(Dr. Aurellio Peccei)的资助下，齐聚罗马，讨论人类当前和未来的问题。就是在这次聚会上，"罗马俱乐部"这个正式的智囊团宣告成立。不久，其成员快速增加到超过 70 人。俱乐部作出决定，成员人数维持在 100 人以内。俱乐部成员中没有一个人拥有官方职务。小组从一开始就决定，它不代表任何意识形态、政治或者国家的立场。

讨论涉及的议题很广泛，包括人口增长、失业、贫穷、通货膨胀、年轻人的疏离、抗拒传统价值观、污染、资源耗竭和交通拥挤等。他们认为，当前这些问题在某种程度上是所有社会出现的问题，发展中国家和发达国家都不例外，并且它们是互相关联的。根据他们的观点，发达社会虽然拥有知识和技能，但是没能理解人类困境的根源。他们孤立地考察每个问题，因此找不到有效的应对方式。

罗马俱乐部的第一项研究，即"人类的困境"，成形于 1970 年在瑞士伯尔尼和美国剑桥举行的会议。在剑桥的一次会议上，弗雷斯特勾勒了一个对人类问题的许多方面下了清楚定义的全球模型，并提出了一项对之加以分析的技术。计划的第二部分是由丹尼斯·米都斯(Dennis Meadows)主持进行的,他的小组获得了大众基金会(Volkswagen Foundation)的财务资助。该小组考察了五种限制经济增长的基本因素:人口增长、农业活动、自然资源可得性、工业活动和污染。1972年,罗马俱乐部针对普通读者出版了题为"增长的极限"的报告,这成了全世界许多不同报纸的头版新闻(Meadows et al.,1972)。这个报告企图通过计算机模型,阐明无论人口数字增加与否,经济增长的好处不仅有问题,而且具有潜在的危害,甚至是灾难性的。

米都斯等人以弗雷斯特的系统动力学为原型,建构了更精致的世界模型。比起弗雷斯特的模型来,它将世界上经济增长的影响作为整体来考察,包含三倍有余的方程式。他们的基本前提是,持续增长的经济活动、人口和污染,存在一定的极限,因为世界上可耕种土地、能源储备、金属矿石和污染承载能力都是有限的。

这个世界模型包含三组东西:绝对变量,例如非可再生资源、土地可得性、资本存量和人口;这些变量水平上的变化;以及附加变量,例如工业产量、食物生产、污染对寿命的影响和污染吸收时间等。在第一类别内,土地被分为农业、工业和服务几块。人口被分为各种年龄组。所有变量都是参照指数数字并根据增长率测度的。

这三组变量之间的相互作用包括反馈回路的数学方程式处理。例如,污染的增加对农业生产和人口增长率的影响。资本积累会引起生活水平的提高,反过来,生活水平又通过不同的联系方式影响资本积累,这正是一个反馈过程。如欲进一步了解罗马俱乐部世界模型工作机制的详情,请参见科尔(Cole,1973)、休汀(Hueting,1980)和佩奇(Page,1973)等人的探讨。

所有计算机模型包含八个清楚的变量:

- 人口

- 非再生资源储量

- 单项产量

- 污染

- 粮食可得性

- 服务

- 出生率

- 死亡率

在这些变量之中,非再生资源储量总是表现出负的增长率,即它们处在被损耗掉的过程中。其他项目的增长率的正负取决于每个模型中发生的事件而定,有时它们会保持不变。全部计算机模型有两个明显的方面,即过去和未来。第一个模型描绘了 1900 年到 1970 年之间所有八个变量的趋势。罗马俱乐部指出,根据历史的记载,人口、污染、资本投资和粮食生产一直在呈指数增加。说到未来,据预测,世界会进入多种可能形态,这取决于所涉变量的表现而定。

概言之,罗马俱乐部根据多种多样的假定构造了 14 个模型。在被称为标准走势的第一个模型中,不可再生资源的实际储量被视为是对经济增长的主要制约。图 9.3 中的水平轴显示出了 1900 年到 2100 年的时间坐标。纵轴得到校准,其目的是使计算机最佳地利用统计曲线。将时间纳入参数值考虑的重要性在于,标准是相对于 1970 年的数字而不是根据实际数字而来的。垂直线左侧显示的是历史趋势。例如,1970 年的人口从 16 亿上升到 35 亿。依此反映的有工业生产、粮食供应、服务和人口的增加,非再生资源储量的下跌,等等。根据辛克莱(Sinclair, 1973)的看法,就历史性的环境问题以数量估计的形式出现于模型建构中而论,罗马俱乐部的模型,以及弗雷斯特的系统动力学,是殊为有趣的。在这一点上,弗雷斯特和米都斯等人将李嘉图—马尔萨斯的理论与当代生态环境主义结合了起来。

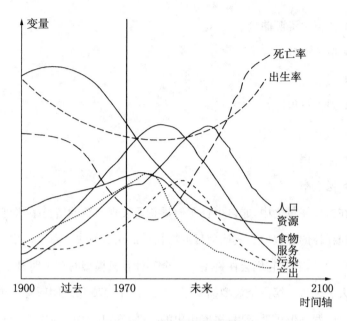

图9.3 标准走势的世界模型

世界系统的崩溃开始于21世纪上半叶,因为其时粮食增长落到人口变量之下。由于非再生资源的耗尽,这一体系失灵了。工业资本存量增长到如此高度,以至于它需要巨大的资源投入。由于稀缺仍然存在,边远地区的储量变得划算,从而,越来越多的资本被用于开采品级较低的矿藏,供后代投资的余地留得极少。资本的投资赶不上降价,工业基础崩溃。一同遭殃的还有已经变得高度依赖于现代投入的农业和服务部门,诸如,杀虫剂、无机肥料、计算机、医院实验室,等等。当经济失败时,人口会有短暂的上升,因为社会调整过程略有延迟。

罗马俱乐部认为,由于模型中有大量的集合和不确定性因素,所以,对崩溃发生的时间作精确描述没有任何意义。重要的是,不到22世纪,经济发展将会完全停滞。更有人认为,罗马俱乐部在所有值得怀疑的情况下,都努力对未知自然资源储量作出最乐观的估计。还有,诸如冲突和流行病等突发事件被忽视了。

这就是说,这个模型倾向于怀疑经济发展比它实际能够持续的时间更为长久:

因此,我们可以有一定的信心这样来说,根据现行体系没有巨大变革的假定,人口和工业增长最迟在下一个世纪之内无疑会停顿下来。

(Meadows et al., 1972:126)

在下一个阶段,俱乐部将自然资源存量增加了一倍,在此基础上重构了这个模型。系统再次失败,可是失败的缘由是超过自然吸收能力的污染水平的突发增加,降低了粮食产量并伤害了人类健康状况。在被污染的环境中,增加,甚至连维持粮食产量也变得困难重重。在第三次重构中,研究小组设定了自然资源的无限性,但是,出于污染不断增加这个同样的原因,系统还是走向崩溃。

在更晚的阶段,俱乐部运用了很多方程,获得了一个稳定的世界模型。依靠使出生率和死亡率相等的设定,人口达到稳定。由于设定投资率和资本折旧率相等的条件,工业资本增加到 1990 年后自然而然地稳定了下来。为了避免非再生资源出现极度匮乏,它们的消费被压缩到 1970年水平的四分之一。社会的经济偏好被假定朝着例如健康和教育等服务领域转变。以这样的方式,工厂化的物质商品的生产水平和污染一起被缩减了。生成污染的工业和农业产量,被控制在 1970 年的四分之一。为了生产粮食,资本被以有利于环境的方式转向农业。根据这些假定,罗马俱乐部得到一个如图 9.4 所反映的稳定的世界模型。人口、人均工业产量和污染不再增加。自然资源仍然在消耗之中,可是,消耗率得到适度调节,因此工业和技术来得及调适。

在接下来的稳定模型里,罗马俱乐部承认,人口和工业资本的骤然稳定是很不现实的。作为替代,他们假定,每个人都做到了 100% 有效的生

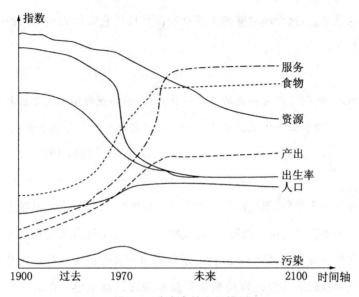

图 9.4　稳定态的世界模型

育节制。每个人都理解,理想的家庭大小是两个孩子。经济机构致力于将人均工业生产量维持在大约 1975 年的水平。换句话说,个体对稳定性目标选择的态度改变了。不过,调整是在渐进过程中发生的。这个系统达到了稳定性。但是,它不如从前的模型好。因为当人口增长到更大规模时,自然资源、粮食、制造业商品和人均服务均保留在低水平状态。换言之,指数增长得到越长的维持,最后阶段持续的可能性就越微小。

该书末尾有这样的陈述:

我们恳愿奉献的终极思想是,人们必须拿出他们孜孜寻求变革世界的精神,更多地检讨自身,包括其目标和价值。投身这两项事业是永恒的。老大难的要害不止在于人种的幸存与否,更重要的是,人类能否不在毫无意义的生存状态下苟且偷生。

(Meadows et al., 1972)

对《增长的极限》的批评

《增长的极限》是最具雄心的尝试。它试图将古典的李嘉图—马尔萨斯稀缺观与诸如全球污染、非再生资源耗竭和技术导向的资本积累等当代问题结合起来。现代计算机方法已经被用来建构模型。人们的注意力被引向许多日趋复杂化和广泛的环境和社会紧急问题。可是,也有学者证明,罗马俱乐部实行的分析以及从中得出的结论存在诸多严重问题。

尽管罗马俱乐部已经千方百计从名目繁多的来源中搜集关于历史趋势的信息,可是,供给世界模型的数据库对这项工作的帮助仍然显得极不充分。不仅如此,用来描述 1900 年到 1970 年之间历史的数学结构必须是可逆的。这就是说,这种方法应当可以用来回溯并获得更加长远的过去的视角。但是,一旦这样做,荒谬的结果便出现了(Cole and Curnow,1973)。如果一个模型的后推操作无效,那么,它的前期成果完全可能是失败的。这里,部分原因在于输入的数据不充分并且欠精确,部分原因则在于技术建构问题。

除了数据和技术难题之外,这个模型是用悲观论调设计出来并用以预测悲观结果的世界模型。如科尔和柯纳(Cole and Curnow,1973)所揭示的,如果改变若干悲观色彩的前提,模型则会跟着发生改变。同理类推,相同的人可以用许多乐观的假定构建一个世界模型,用以描绘出玫瑰色的未来,只要他们想这样做。就像马尔萨斯一样对人口增长、粮食可得性和方方面面要紧的因素报有悲观主义态度一样,《增长的极限》有着同样的形貌(Pavit,1973)。

实际上,弗里曼(Freeman,1973)就将罗马俱乐部的研究评定为是马尔萨斯加计算机。除了其悲观主义哲学不说,《增长的极限》倾向于更突

出地强调计算机模型的威力。它和心理的模型化相反,盲目迷信用计算机处理人类问题的方式受到鼓舞:

计算机拜物教者赋予计算机模型以有效性和独立权利,它们总起来超越了作为自己基础的心理模型。本来,计算机计算的有效性,完全依靠数据的性质和充塞其间的假定(心理形态的)。由于计算机迷信的风行,人们不能太频繁地念叨这些。计算机模型不可能代替理论。

(Freeman,1973:8)

罗马俱乐部研究的另一个严重缺陷是,种种计算机模型都将世界处理为一个地理上不加区划的单纯实体。与同质性的空间大为不同,我们的世界是极端异质性的。这几乎体现在世界模型的任一关键方面,如人口增长、经济发展水平、资源损耗、粮食可得性和污染等。在极端拥挤和处境困难的国家,例如印度、巴基斯坦、孟加拉国、印度尼西亚、尼日利亚和埃及,人口可能会引起崩溃的发生。例如,差不多所有埃及人口都居住在尼罗河一带和三角洲,因为埃及其余地方不适宜人居。这个情形在孟加拉等国同样严重。

大多数欧洲地区的人口现在是稳定的,而中国正千方百计努力减少人口增长,中国为此实施了独生子女生育政策。诸如南北美洲、非洲和中东地区等大多数人口处在增长中的地区,还是人口稀疏的地方。

在《增长的极限》中,大多数自然资源被纳入非再生资源范畴,但是它们各自之间没有得到足够的区别。计算机模型一直抹杀这些区别。事实上,真正意义上唯一的非再生资源是矿物燃料和诸如钾碱等一些物品。一切金属矿藏都是可以再循环的。有效的循环政策至少从理论上意味着,世界拥有永远用不完的金属储备。罗马俱乐部讨论了循环,认为它是代价昂贵和不经济的。不光如此,更多的模型实际上使用的是已证实的估算,这是过于保守的量值。地球上只有一小部分地区开展过矿物资源的探测,并且,只对经济上可行的才实行探测。有些科学家认为,从物质上讲,我们永远不会用尽矿物资源,因为地下物资的限度远远大于可能的利用极限(Zwartendyke,1972)。佩奇(Page 1973)提出,历史证明,随着旧矿点的耗竭,新的经济上可以勘探的储藏点总会得以发现。已知的事实是,地壳中存有巨大的未开发资源,终极耗竭出现的时间完全超过了罗马俱乐部的设想。随着采掘技术的进步和市场条件变得越来越有利,人类将有能力得到更多的资源。

由于工业和农业活动引起的大范围污染,很多世界模型失败了。马斯特兰德和辛克莱(Marstrand and Sinclair,1973)主张,大多数污染者造成的灾难是地方性的。罗马俱乐部将所有以复合的方式引发出世界体系中骤然的、剧烈的失败的污染者和假定笼统地混杂成一堆。瑞士和奥地利等国的实例表明,与工业和农业发展同步发生的环境问题已经达到了最小化。我们可能有理由认为,如果污染成了威胁,许多受影响的国家将会寻求通过法规、税收甚至依靠立法途径来阻止它。有些迹象表明这些工作已经开始了,比如绿党正在许多国家成立组织,为应付大气污染引起的温室效应的欧洲碳化物征税制已经在一些国家实施开来。目前以酸雨、臭氧损耗和全球变暖等形式存在的全球污染,是人们主要的焦虑所在。可是,世界模型既不能推进我们对于相关问题的理解,也不能促进它们同其他世界行为态度的互相作用。

罗马俱乐部工作的另一个缺点是,它忽视了能源、制造或农业生产方面技术突破的可能性。历史充分证明,人类的发展取决于发现和革新。如果我们回到工业革命的开端,那么,石油、天然气和核能不会被写进世界能量源泉的目录中。我们现在享用的现代通信交流和旅行方法,即使在最异想天开的小说家那里也是匪夷所思的。

电、内燃机、现代通信和旅行方式、计算机和微晶片等的发明,开启了增长的源泉并改变了我们的生活。新的技术突破可以减少人类对矿物燃料能源的依赖,因为依靠资源开发新方式的开辟,例如潮汐能、太阳能和风力等,它们是无穷无尽的。萨里和布鲁姆利(Surrey and Bromley,1973)提出,正如100年以前世界能源品目和今天显示出极大的不同一样,100年以后的事物又会经历另一个沧海桑田。然而,他们提醒,技术进步的假定,不应当使人们相信可以不顾当前能量资源逐渐上升的压力而追求发展,尽管革新和发现有一天会戛然而止的断言是极其错误的。根据他们的研究,真正的问题不是从物质上看我们赖以获取能源的矿物燃料储量的耗竭,而是面对物资耗竭的危险,我们必须对经济、社会和技术等进行适时调整。能源问题的解决办法不在《增长的极限》一书中所申辩的零增长的范畴之内,而在于当矿物燃料储备用尽时能够确保持续能源供应的决策的发展。

在考虑不可再生资源需求的持续增加时,《增长的极限》低估了价格机制的作用。它提到,当维持消费率不变时,虽然价格在上涨,但是耗竭会很快地逼近。有实例显示,尽管从1950年到1970年这20年间,水银价格上涨了500%,但是其消费却没有降低。不过,价格机制会有两种强有力的影响:首先,高价会激励保存和替代品的使用;二是,高价会推动研发,结果技术进步会将消费者从日益稀缺的商品上引开。1973年和1979年的石油危机证明了众多发达国家的高价有多高。

利用世界模型来进行预测或决策是极其天真而有害的。尽管罗马俱乐部声称其可信性,并据此提出了决策措施的建议,但《增长的极限》主要毕竟是自有其相对独立性的学术界所进行的技术试验。数学模型在社会科学中的运用可能有某种限制,如果这些模型被频繁使用以至于滥用的话,势必会造成严重的危害。

弗里曼(Freeman,1973)指出,类似的研究可能会产生很多自欺欺人的东西。第一,包括人类和自然环境在内的关键变量之间的精确关系并不清楚,在许多情况下也是无从知晓的。第二,通过总体上过于简化和总和的数学建模产生的模型离现实太远。第三,模型中的省略,尤其是从行为和政策变化的角度看,存在严重问题。如果人们明白他们的行动将会给自己带来伤害,那么,他们会加倍努力调整自己的行为举措,并可能大获成功。例如,当吸烟者得到医生的劝诫,被告知如果他们继续吸烟,他们将不久于人世,那么,他们之间的大多数人会当机立断停止吸烟。第四,世界模型使得欲参加这种工作而不懂计算的人变得极其困难,尽管他们可能会作出重要贡献。虽然事实上罗马俱乐部声称他们吸收了许多不同领域的专家,可是许多人发现,他们的研究还不足以称为跨学科研究。简言之,《增长的极限》的企图是,用数学代替知识,用计算代替理解。

向《增长的极限》质询的最后一个问题是,我们无法知道我们的未来。我们无法根据过去的事情预测明天。这就是说,过去和未来并非从同样事件集合得出的样品。不管他们获取的数据或者关键变量之间的数理关系是多么可信,即使最聪明的学术团体或者任何其他人都不可能通过回顾过去而预测出我们的未来。

宇宙飞船地球中乐观主义的乘客们

无论是弗雷斯特的系统动力学还是罗马俱乐部的世界模型,都没有说服马多克斯(Maddox,1972)和贝克尔曼(Beckerman,1974)。他们正告所有悲观主义者,人类有能力解决许多问题。不仅如此,可以认为,在世界模型中被视为是终极灾难的罪魁祸首的经济增长,能够创造出对付人类难题的技术和财政可能性。换句话说,"难题"能够提升人类排除困难的能力,而这能够促生解决的办法。

在罗马俱乐部的第二个研究,即《人类处于转折点》(Mesarovic and

Pestel, 1974)一书中,未来不再显得像第一个报告所暗示的那样暗淡无光。在这本书中,与将世界处理成一个同质的实体颇为不同,著作者们是分地区展开讨论的。还有,总增长和附加变量之间的数学关系比起第一个文本要深思熟虑得多。该书提出的观点有,在极端拥挤和食物不足的地区,可能会发生区域性或地方性的崩溃,而世界其他地区的生活水平照样能够提高。最近在埃塞俄比亚、卢旺达和布隆迪出现的问题,正是地区性经济、社会和环境失败的见证。

赫尔曼·卡恩(Herman Kahn)在其《再过两百年》(*The Next 200 Years*, 1976)一书中,拒绝增长存在物质限度的思想。1982 年罗马俱乐部在美国费城举办的会议也接受了这样的观点,那次会议强调了服务行业的增长潜力。在卡恩看来,世界刚开始穿越最快的人口增长点,下一个世纪之内将会达到稳定的水平,即大约 150 亿。这样说的主要理由是,越来越高的富裕程度和教育水平反而会降低出生率,这种情况在当代欧洲已是事实。即使用今天的农业技术水平衡量,养活 150 亿人也是不成问题的。由于新的节水、施肥和耕种方法的使用,印度和其他国家的大米产量可能会得到重大提高。还有尚未开发的食物资源,例如磷虾,在南太平洋里藏量丰富。新品粮食和杀虫剂的发现,都是完全有可能的。粮食生产唯一的危险是,几个产粮大国可能受到天气灾害发生连锁反应的影响。

就自然资源的可得性来说,卡恩相信,除了矿物燃料之外,其他资源耗竭的危险现在不存在,将来也不用担忧。他也相信,不久我们将告别石油时代。不管成本多高,总会有一种或几种矿物燃料的替代品会开发出来。例如,水力和太阳能可能会成为美国的主要能量源泉。过去,许多学者在资源耗竭问题上捏造了虚假的警报。举例来说,罗马俱乐部使用的统计资料中有一部分就是美国矿务局编制出台的。表 9.1 给出了部分相关预测:

表 9.1　某些资源的存量及其在需求稳定增长的情况下可持续的年度估测

资源	已知的全球资源	根据 1979 年水平衡量的稳定需求情况下资源的持续年度	根据平均消费增长率衡量的资源可持续年度
金	333×10^6 金衡制盎司	11	9
铅	91×10^6 吨	26	21
石油	455×10^9 桶	31	20
银	55×10^9 金衡制盎司	16	13
锌	123×10^6 吨	27	18

资料来源：US Bureau of Mines，1970。

根据 1970 年计算出来的这些数字，我们现在应该已经耗尽表中所列出的资源了。但实际上，最近若干年中，这些商品中有许多的价格下跌了，这意味着它们不再那么稀缺。

根据赫尔曼·卡恩的看法，区域性污染并不是无法控制的问题，因为发达国家只要花费不多于其 GDP 的 2% 就可能消灭它。至于全球污染，例如酸雨和温室效应，他承认问题不是没有，但是又指出，关于这些问题的科学的观点，既不能令人信服，也没有到盖棺定论的时候。极有必要开展进一步的研究和探索，而当我们充分理解这些问题的时候，解决的办法就会见效。总之，卡恩相信，环境和资源问题是可以调控的，悲观主义大可不必。根据他的观点，当前的世界不过是处于一个痛苦的转变时期，未来的情景是令人羡慕而不是令人胆寒的。

在挑战过于悲观主义者的文本《全球 2000 年总统报告》（Barney，1982）中，朱利安·西蒙（Julian Simon，1984）提出，如果当前趋势不中断，那么，到这个千年结束时，跟从前相比，世界会变得不那么拥挤（尽管人口更多了），污染会很少，生态稳定性会更大，资源/供应链的关系不再脆弱。还有，人们总体上会变得更加幸福，自然资源和环境方面的压力会减少。根据他的看法，乐观主义拥有如下一些主要的证据：

- 在过去 20 年中,发展中国家人口出生率在下降;

- 全世界人口的寿命正在迅速提高——这是科学、经济和人口学成功的信号;

- 粮食供应许多年来一直在稳定增加,尽管还有如非洲等地区性问题的存在;

- 渔业储量在经历了一段时间的衰落之后,目前正在回升;

- 热带雨林的森林破坏已经受到抑制。在世界其他地方,森林面积在扩大;

- 气候不再显示出异常或者威胁性的变化的征兆;

- 包括石油在内的大多数自然资源变得越来越便宜;

- 大气和水污染的威胁言过其实。

作为人口和环境问题方面最乐观主义的著作家之一的朱利安·西蒙,对宇宙飞船地球概念反应冷淡。他对人类有能力解决其遭遇到的问题似乎有着不可动摇的信念。正如悲观主义使我们可以识别清楚忧虑的范围一样,从标示出乐观主义疆域的意义上讲,不加掩饰的自信心在环境争论中不无益处。

西蒙试图通过运用相对晚近而积极的事例努力将未来问题阐释清楚。他在这方面重蹈了罗马俱乐部在《增长的极限》之中所犯的错误。因为,最近的事情不可能是发现未来等待着我们的事件的可靠指南。

定义"可持续发展"这一概念的尝试在某些学者那里已经成了流行的消遣。根据文朋尼（Winpenny，1991）的观点，现在，定义出令人满意的可持续发展概念是环境经济学梦寐以求的心愿。举个例子，佩齐（Pezzey，1989）提议的有 60 种定义，而皮尔斯等（Pearce et al.，1989）提出了大约 30 种。不过在其他场合，皮尔斯（Pearce，1993）通过关心经济发展的形势，力主可持续发展的定义并非一项笨重麻烦的任务。相反，它极其简单。一旦这个概念得到清楚的理解之后，真正的问题就是，勾勒出需要做什么才能实现它。其次，为了测定它，我们可以使用各种统计作为测量措施，例如按照通常方式定义的人均总产值———一种不断升高的人均消费。作为替代方案，我们还可以运用诸如教育、健康和寿命等某些更宽的测评手段。

某些公开宣称的宗旨

零增长学派声称，为了解决或者至少为了缓和生态危机，需要改变我们的生活方式。皮尔斯（Pearce，1993）对这个学派发起进攻。根据他的观点，国民生产总值（GNP）是对人类福利的主要贡献者。如果不能保持它的增长，结果就是大规模的贫困和失业。而这将加剧不平等，引起大量社会问题。有人认为，世界上的富裕者应当牺牲一些资源需求，以便使贫困的国家有资源可用。皮尔斯认为这样的观念没有用处，因为这根本发挥不了实际的作用。因此，必须保住经济的持续增长，即经济增长必须持续下去。

经济增长究竟能否解决社会、经济和环境问题？这是令人感到十分怀疑的。尽管 20 世纪下半叶，世界上许多地区的经济出现了罕见的增长。可是,贫穷、失业和贫富不均仍然持续着。在某些地区,这些问题可谓雪上加霜,越来越严重。在英国,1982—1989 年间经济增长势头迅猛,但是它未能填平不同收入阶层之间的鸿沟(Stark,1992)。皮尔斯在宣称对于绝大多数世界人口 GNP 和人类福利是紧扣在一起的同时,忽略了 GNP 也是环境恶化的症结所在这样的事实。而这一讯息本书前文提到的许多著作家已经提及了。

130 多年前,穆勒写道,经济增长解决不了人类难题。不仅如此,他指出,持续的增长,包括经济增长在内的所有类型的增长,是违背自然法则的,终将趋于停滞。肯尼思·博尔丁,这个宇宙飞船经济学的创立者、不屈不挠的经济学家,批评他的同行是冷血的、丧失理智的经济增长学派。

皮尔斯把焦点对准了"可持续"这一词语,坚称它的意义没有什么好争论的,其意义就是绵延、持久和保持现状。当然,人们可以找到可持续的其他意思,例如无贬损的、不懈的或者无穷的,等等。但是,"可持续性"争论的关键应当是,不懈的增长努力和其最终结果之间存在差异。现在有太多的显示出人均 GNP 和许多广泛的人类福利测评之间存在不一致的统计数据。例如,通过使用所谓经济福利测量(measurement of economic welfare,MEW)的方法,诺德豪斯和托宾(Nordhaus and Tobin,1972)揭示出,美国 1928 年至 1965 年之间,虽然人均净国民产值以每年 1.7% 的速率增长,但是 MEW 结果显示每年仅增长 1.1%。更新近的,达利和科布(Daly and Cobb,1989)建构了一种可以将自然资源破坏和污染的反向后果纳入考虑的经济福利指数。这个指数显示,从 1950 年直到 1961 年,美国的经济福利在逐渐增加,然后有十年保持稳定,从 1980 年起出现显著下跌,虽然人均 GNP 仍然在增长。

在许多人眼里,不管怎样评价,不懈或可持续增长观念本身都似乎是一个不能持存的概念。或迟或早,它一定会败下阵来。真实的情况是,哪怕从广泛的测量看,某些国家的经济发展已经实现了相当长时间的持续。

他们希望在人口零增长或者极低增长的层次上可以让发展再维持长一点时间。然而,人们禁不住会想,可以实现充分就业,并使得生活标准、幸福与平等同时进步的可持续的或者不懈的经济增长理论缺乏有力的证据。

皮尔斯断言:

失业和贫困的苦难,暴露了保持 GNP 高增长努力的失败。反增长的辩护士们,对于如何解决贫困和失业的问题,保持了窘迫难堪的缄默或者虚妄。奇思怪想的观念比比皆是,比如有人建议"北方"应该为"南方"的利益牺牲一点经济增长,活像富裕国家减少的商品或者服务需求会魔术般地传递到贫穷国家。当然,实际的结果是,它们并不会自动产生,结果人人受损。

(Pearce,1993:4)

在这样的观点中,很久以前就使得 J.S.穆勒等经济学家感到困惑的问题——当时并不存在的大多数我们当前遇到的生态问题,被径直打发掉了。正如肯尼思·加尔布雷斯所阐明的,自第二次世界大战以来,美国的环境和社会问题变得越发糟糕,而在那里发生了快速的经济增长。

布朗(Brown,1990)断定,延续因循守旧的基础,事实上等于在维护严重的经济崩溃、社会不稳定和人类苦难。尽管皮尔斯与他的同事们不赞成"一任其旧,处之泰然",但是他们坚持认为,施加一定程度改革行动的经济增长是无法抛弃的。改进的经济行为应包括减少物资使用、削减能量消费的浪费和避免物种多样性的损失。说到底,他们相信唯有经济增长方能解决我们的社会问题。

若干体现后代的定义

帕尔默(Palmer,1992)和史密斯(Smith,1993)等学者认为,可持续发展概念来源于国际自然资源保护联盟（the International Union for the Conservation of Natural Resources）1980 年举行的世界保护战略会议，这是一个新兴的概念。这个机构主张，可持续性是一个能使自然资源利用、基因多样性保护和生态系统恢复得以兼容与持续的策略性概念。1983 年，为系统地建构全球革新议程，联合国建立了世界环境和发展委员会（the World Commission on Environment and Development），委员会的领导人是挪威前首相布伦特兰（Gro Harlem Brundtland）。1987 年该委员会发表了总结报告，即《我们共同的未来》（亦即知名的《布伦特兰报告》）①。这个报告是专家们耗费三年时间研究所得的产物，它的考虑范围包含了科学证据、公众意见、世界领袖和商业团体的看法，以及广大不同阶层的政治观点。报告将"可持续发展"定义为：既可以满足当代人的需求，又无损后代满足他们需求能力的那种发展。

《布伦特兰报告》指出了 20 世纪头尾之间的差异，在这个世纪里，人口增加达到始料不及的水准。100 年以前，人类活动的影响是地方性的。如今，人类活动可以影响到全球的大气、水体、土壤和很多的动植物物种。

尽管这个报告在可持续性争论的历程中是一座里程碑，可是批评家指责其特点明显是西方式的（Palmer，1992）。该报告对发展和生态问题整治的定义，压根没有考虑世界文化与伦理观念的多样性。

关于这个报告的发表如何使得可持续发展概念变成了流行于大范围领域的概念，又是如何为许多其他定义开辟了道路等，皮尔斯等人（Pearce et al.，1990）进行了概述。在其他地方，皮尔斯将可持续发展定义为人类福利长兴不衰。这就是说，如果现代人生活境况的提高，是以迫使后代人生活标准降低为代价的，那么这就不是可持续发展（Pearce，1991）。

在诸如《布伦特兰报告》等很多不同的可持续性定义中，后代的地位

① 参见世界环境与发展委员会：《我们共同的未来》，王之佳、柯金良等译，夏堃堡校，吉林人民出版社 1997 年版。——译者注

是奠基石。事实上,该定义给各代人都加上了道德义务。这种义务要求每一代人都要为后代留下不曾耗损的自然资源储量。可持续性发展应该计划好,以做到在满足当代人需求的同时,无损后代们满足他们自己需求的能力。

其他一些给予后代以独一无二地位的可持续发展定义,列举如下几例:

可持续发展是这样的发展战略,它为了实现财富和福利的长期持续增加,而对一切资产、自然资源和人力资源,也包括金融和实物资产等实施管理。作为一项目标,可持续发展拒斥如下类似的政策和实践,即,依靠损耗包括自然资源等在内的生产基础来支撑当代人的生活水平,把我们不曾面临的更大的风险、更渺茫的前景甩给后代。

(Repetto, 1986)

从最纯粹的意义上讲,可持续性包含对伦理规范的信奉。这些规范包括:保持生物的生存、维护后代人的权利,并使担当起将这些权利充分纳入政策和行动考虑中的制度得以延续下去。

(O'Riordan, 1988)

可持续性发展旨在让我们在特定时期内完整无缺地留下我们继承的、包括自然环境资产在内的总财产。我们应当把我们当前享受到的、蕴藏着潜在福利机会的同等的资本传给我们的后代。

(Winpenny, 1991)

根据可持续性原理,一切资源应该以尊重后代需求的方式来使用。

(Tietenberg, 1992)

当前论争的历史根源

可持续发展的观念并不是一个全新的概念,因为它在农业中的根源可以上溯到 18 世纪末的圈地运动。阿瑟·扬(Arthur Young,1804)在其环英国群岛的旅行中,观察到公有农业向私有化转变带来的持续的产量增加,这给他留下了难忘的印象。在旧体制中,大规模开放土地是由当地集团共同耕种的。圈地运动导致了由篱笆和石头圈起来的个体农业的产生。只有在那时候,每个农民才能从他投入到土地上的艰辛劳动中获得充分的利益。他们也可以自由地进行新耕种方法的试验。而在从前,他们被迫遵循传统的集体耕作技术。其结果是,出现了生产力的持续改进。

在森林业中,我们知道,冯·图恩(Von Tuunen,1826)的著作,特别是在 19 世纪马丁·弗斯特曼(Martin Faustmann,1849)的著作中,早就出现了可持续管理的概念。弗斯特曼的任务之一是要辨析森林的最佳砍伐树龄,以便长期最大化地获取利润。他作出了这样的推理,为获得最大利益,森林资产应该无限地持续下去。从这里他得出结论,要求在被砍伐的区域重新种植树木。晚近时代,萨缪尔森(Samuelson,1976)审思弗斯特曼的著作后指出,霍特林、阿尔钦(Alchian)、费希尔、博尔丁和高德利(Goundrey)等许多著名经济学家,在分析森林管理时,由于考虑的是和多循环相反的单一循环解决办法,所以犯下了错误。值得注意的是,马丁·弗斯特曼的著作中潜含有代际问题考虑。因为森林的孕育期比较漫长,所以每次砍伐后进行的重新培植,不仅可使我们的后代能够承继一个对他们有益的资产,而且也可使他们为他们自己的后来者再创造出同样的东西。

在渔业管理中,正如第 7 章阐明的,自从戈登(Gordon,1954)、斯科特(Scott,1955)和谢弗(Schaeffer,1957)以来,可持续发展概念就充分地建立起来了。渔业生产部门试图用最大可持续产量的概念来辨析可最大化捕获的渔业生产能力。这个概念也提示渔业活动应该根据维持这种无限度的标准来规划。最佳可持续产量的另一个标准,旨在根据最大化净税收或者经济租,而不是最大捕获量来辨析最佳渔业捕猎标准。在任一情况下,渔业活动可以得到无限持续,虽然持续的层次不同。

　　把可持续发展的概念扩展到整个经济活动领域,不过是一个时间问题。因为在此之前,它一直存在于农业、林业和渔业之中。目前,关于这一主题的文献在不断增加。正如博尔丁(Boulding,1978)所指出的,线性经济体制是一时的安排,它只是将土壤中的物资转化为产品,同时依照消费来分配它们,将残留的影响物排放到垃圾堆、海洋和空气中。这种经济活动不可能无限期地持续下去。他坚持认为,这个过程将对后代构成严重打击。

　　随着我们改变环境,进而改变无数代人生活的力量的增加,对未来的忧虑也在不断增长。例如,毒性极高的核废料产生后,可以保留数百万年的活性,它们已经在某种程度上对健康、安全和后代人的公民权利构成了风险。数世纪前弗朗西斯·培根①提出,人们必定会热衷于追求现世事物,而把未来交给上帝处理。可是,他生活的时代不曾有诸如大气污染导致的温室效应、臭氧层破坏、酸雨,以及核废料、人口的持续增加和非再生资源快速耗尽等环境问题。今天的世界可谓天翻地覆。可持续发展的争论,本质上是关于因环境问题而凸显出来的后代权利的争论,这是史无前例的。

　　亚当·斯密的世界跟今天也大为不同。尽管如此,斯密自由市场学说的一些追随者仍然相信,可持续性最好留给"看不见的手"去解决。如果某些资源由于耗竭而变得稀缺,那么其价格会升高,这将促使使用者们发展或者利用更加便宜的替代品。直到最近的 1974 年,罗伯特·索洛还

---

① 弗朗西斯·培根(Francis Bacon,1561—1626 年),英国思想家,科学哲学家,曾任英国大法官。代表作是《新工具》,提倡归纳法、经验性研究,该书对近代科学精神发生了很大的推动作用。——译者注

认为,任何一种自然资源必定会有其替代物,因此,不存在耗竭的问题。伴随科学技术的发展而来的经济增长,将会消灭自然资源耗竭的千古恐惧。"耗竭不过是偶然,不是灾难。"(Solow, 1974)

当然,如皮尔斯所指出的(Pearce, 1993),自由市场解决思路绕不开的问题在于,处于受威胁中的资源是没有市场化的资源,比如大气、臭氧层和海洋等。关于从利己主义中进化出社会利益的看不见之手的学说,庇古(Pigou, 1935)认为,在绝对和严格形式上讲,亚当·斯密从来没有说过像流行的观点想象的那样的主张。为了获得理想结果而干预公共生产的事情,不断被证明是错误的,根据这样的观察,亚当·斯密建立了其思想。因此,不干预比起把事情移交给无能的官僚会更好。可是,庇古断言,这类考虑不能超越不同的时代和地点,而被当成放之四海而皆准的真理。

庇古是坚定捍卫后代利益、防止当代人的放纵而可能不断将损害转嫁给后代的经济学家之一。根据他的观点,低估后代需求从而使供应不足,是人性中含有的一个偏私成分。鼠目寸光的个体,在自己充分做主时,时常要搬起石头砸自己的脚。不仅如此,一旦他们处理有关别人的事务,比方说后代时,常常因为肆无忌惮而造成更大更重的伤害性后果。用他自己的话说:

即使在不同的时候我们要求得到相当的满足的愿望是相同的,可是我们对未来满足的愿望是没有对现在满足的愿望强烈的,因为很可能未来愿望的满足不是我们自己的……愿望和满足之间的差异,对经济福利实际的损害方式是:节制新资本的创造力。

(Pigou, 1920)

除了不能创造新型的、持续的人造资本外,如果当代的个体们耗竭了储量有限的自然资本,很可能会进一步加害后代。在拥有天赐的原始森林、矿物燃料储备和肥沃土壤的国家中,这个问题会表现得更突出。用庇古的话说:"朝向未来的愿望的同样缺失,对铺张浪费地剥削自然赠与的倾向也负有责任。"(Pigou,1920)

庇古区分了两种类型的资本,即自然和人造资本。他认为,对前者应该有节制地加以利用,以给后代留下充足的剩余,后者则应当增进。依赖于个体参与者鼠目寸光的决策的市场力量,不可能实现这两者。因此,政府必须行动起来。庇古的思想似乎启发了一些或弱或强的可持续性争论的拥护者。首先,他所举的森林、渔业储量和矿石燃料的例子被用作逻辑环节扩展到整个经济学中,并被用来辨析自然资本(Pearce,1993)。还有,两种资本的源泉得到了考虑:人造的,庇古清楚地进行了讨论,此外是人力资本或者知识储备。马歇尔相信,知识储备是创造和再创造任何事物的基本条件。如果世界上人造资本遭到损坏,它还可以从知识储备中被重新创造出来。但是,如果这些思想观念失去了,那么,即使自然资产富足如故,损失掉的东西可能也会再也发明不出来。思想的缺乏很快会将人类拉回黑暗、暴虐和贫困时代(亦可参见 Pigou,1912)。

人造、人力和自然三种要素组成的所有资本储量,产生人类福利依赖的生产(Pearce,1989,1990;Pearce,1993)。三种类型的资本可以相互替代。因此,如果一个弱化了,另一二者应当加强,以便后代总是收到不变的储量。这是所谓弱的可持续性主张,其中自然资本储备没有特别的地位(Hartwick,1978;Solow,1986)。

另一方面,强可持续性特别强调自然资本要素的重要性。主要原因是,总体上,它对生存和福利两者都是根本性的。其中一部分可以被指定为紧缺资本,它对生存是决定性的,例如,臭氧层、碳循环、生物多样性以及其他的自然资产。科学家可能把它们称为是必不可少的。强的可持续性要求至少要保持紧缺资本处于恒稳态。还有,总储备量需要保持恒定,只能允许人力和人造资本储备之间发生替代作用。

保持紧缺资本恒稳的规则有两点更深的原因，其一是不可逆转性。这就是说，一旦这样的资产用尽，它们就永远消失。其二是不确定性。因为我们并没有彻底理解生态系统的运行机制。或许有朝一日我们对自己的环境会有更好、更多的了解。但是在此之前，我们应该避免担负不必要的风险。此外，可持续发展需要国际合作，诸如国家之间，在基本商品—成品贸易，还有其他易受损坏的东西之间的合作，尽管程度可以有所不同，但是需要这些合作以便改变大气及其最外层的状况。从长远观点看，一个国家以其他国家为代价来实现可持续性的战略是绝对行不通的。

当前论争的分歧所在

在"可持续学派"提出的观点中尚有许多严重问题。首先，资本不变规则的辩护者坚持主张，有问题的是价值而不是物质资本的储量。价值文献的发展的部分目的就在于处理这个问题。在讨论了某些关于不变资本理论规则的难题之后，皮尔斯等人（Pearce et al.，1990）建议，将可生产性的物质储备数量和其价值集合起来。这有点像把葡萄和苹果加到一起。以这种方式，环境资产像人造资产一样被价值化了。考虑到生物多样性、矿物燃料储备、钾化物、磷化物等非再生性资源以及其他自然资产（包括表土、新鲜水体等）由于人口增长，根据人均物质可得性，事实上后代面临的境况无疑会更糟糕。由于稀缺的原因，它们的价格在将来会变得更高，它们的全部价值将因为此种方式而得以维持。对那些必须依靠物质可得性以维持生存的人类未来成员来说，这可能不是非常令人欣慰的好事情。

由于非再生性物质资产用罄，并且按人均量衡量的其他自然储备变得更少了，人造资本和人力资本必须增加，以补偿后代。这里有这样的假定，即人造资本和人力资本是同源发生并且是良性循环的。事实上，情况并非总是如此。以核工业为例，它是一个涉及数万亿美元的问题。长时间以来,这个部门一直生产着极其危险的物质,不仅对人如此,对这个星球上一切生物形式都是一样。据估计,仅仅在美国,核燃料消耗,例如铀,将从 1987 年的 15 903 吨,增加到 2000 年的 40 293 吨(Kula, 1994)。此外,数量庞大的高、中、低等国防、商业废物及其体积正在快速增加。关于怎样将它们安全地储放在永久性基地,似乎还没有好主意。由于我们的核工业,后代将会从我们这里继承一份有害产品,而这一点我们自己的祖先想也没想过。

核装备本身不比机车或者轮船。机车和轮船一旦退役,可以熔化用于制造其他东西,比如说剃须刀片。事实上,核"资本"是具有严重放射性破坏构造的,它们必须以高昂的代价被消解和安全地储放。1990 年,世界各地共有 423 座核反应堆。它们提供了世界电力需求量的 20%,而正处于建设中的还有 105 座。这些工厂老化后,必须被返回到绿色安放处所。可是,根据这个操作,完成一座反应堆的净化可能需要花费 100 年时间。

早在核世纪到来以前,庇古(Pigou, 1920)就提出,鉴别和确定资本的价值是存在问题的。例如,拿一辆摩托车来说,对出租公司而论,它是资本,可是对于家庭,它就是效用。在核时代,赋予总的人造资本以价值甚至是更成问题的事。

根据希佛(Shiva, 1992)的看法,人造资本对自然的可替代性,就像从前者中赚得的货币一样,是一种幻觉。它只停留于经济流通活动中,不可能取代自然的循环流动。正如乔治斯库-罗根(Georgescue-Roegen, 1974)所言:

如果某某仅仅看中钞票,那么这个人所能看到的一切不过是钱从此手到彼手而已。除非遇到令人遗憾的事故,钱永远不会退出经济过程。或许在那些现代经济增长且繁荣的国度,确保原生物资没有什么困难,可是,这竟成了经济主义者们对上述关键性的经济因素视而不见的额外理由。即使同等发达的国家为操控世界自然资源而开战，也不曾把经济主义者们从他们的酣梦中唤醒。

在人力资本或者实用技术性知识(know-how)方面，人们受到了同样的误导，以至于认为一切都是良性的。人类的知识和力量，常常被用于搞破坏。最聪明的大脑和代价最大的劳动一直被用于创制大规模杀伤性武器，例如核武器和化学武器。遍及人类历史，我们可以看到，破坏性战争使用了当时可得到的最好的技术。这类例子举不胜举。

在弱的可持续性观念中，一种形式的资本耗尽后，意味着需要使余下的资本之一有所增加或者使另两者都得到增加。可是，令人怀疑的是，增加的余地，比如就经济作物来说，即使其产量得以维持，恐怕也不能对热带雨林和物种灭绝造成的损失起到令人满意的补偿。

另一方面，就强可持续性来看，它要求至少必须保持住紧缺资本，同时，要推动经济活动增长。本书第9章提到的许多著作者已经充分揭示，经济增长和紧缺资本之间存在着平衡。没有充足的能源利用，增长不可能发生，甚至就连目前水平上的经济活动也难以为继。以矿物燃料为基础的经济会加重温室效应。如果能源生产部门大幅度地转换到核电生产，那么，又将会遇到废物储放和裁减核"资本"的难题。何去何从？太阳能、风力、潮汐和水动力，并非各国都可得到充足的数量。因此，期待不用矿物燃料或核工业能源而仍然能使得增长继续下去，是不现实的。

关于自然资本、人造资本和人力资本的估价问题，如果说有这样的苦差事，那也是极其复杂的。以第一种资本为例。在初始情况下，人们需要认清地球所包含的一切储备，然后给每一项定出价值。除了矿物燃料之外，金属储备几乎在地下任何深度处都存在。我们的计算界限划到什么深度为止？应该拿什么价格来确定它们的价值？用当前的市场价格抑或某种别的价格标准？加速的提取将会削减市场价格，而这又会延缓提取，在其余情况不变的条件下,结果适得其反。使用平均历史价格吗? 那么,就会有表土、草地、森林、新鲜水体、景观的审美价值、湿地、地球上碳的再循环的承载力等因素需要加以考虑。

多年来,经济学家们甚至一直没能找到前后一致、令人满意的测算各国真实收入的方式。而这一方式对监控人类福利的进步是必要的。这有点像一位不成功的小国领袖,他灵机一动,要充当世界领袖,并想总管包括后代在内的各民族的问题。所以,当皮尔斯(Pearce,1993)痛惜英国政府在很大程度上对可持续发展理论充耳不闻时,没有什么值得大惊小怪的。

劝导走可持续发展之路并改进人们行为的理由之一,是为了解决发展中国家的大众贫困化问题。可是,大多数发展中国家似乎已经不分青红皂白地采纳了西方的进步模式,连带缺点,包括加大的不平等。

皮尔斯(Pearce,1993)指出,在绝不背弃永续增长兼改善环境行为的原则方面,西方应当对发展中世界起一个带头作用,以便他们能够发展起来,减轻贫困。关于有利环境保护的发展和更平等的收入分配问题,其说服力从根本上看是非常单薄的。不仅如此,在很大程度上,发展中国家不可能重视西方学者对正当行为的论述。因为西方破坏环境由来已久,而且还没能解决其自己国土上的相对贫困与绝对贫困。

1988 年在伦敦召开了"拯救臭氧层"的会议,会议吸引了 120 多个国家参加。从会上看,西方经济发展的辩护者们和发展中国家代表之间存在不一致。例如,中国代表指出,目前还没有得到充分揭露的 CFCs[①] 污染问题,从根本上说是西方 30 年滥用环境的产物。由此产生的结果是,中国人可能比发达国家饱受更多的痛苦。因为受到的损害在延续,而发展有必要先行 CFCs 的影响一步,且将来对 CFCs 使用有更大的限制,所以发展中国家有必要获得补偿。印度代表认为,要求发展中国家将其

---

① CFC, chlorofluorocarbons,氯氟碳化合物。——译者注

CFCs 的使用维持在低于西方 100 倍的水平以下，对这样的方式，西方有必要从道德义务上加以考虑。他指出，在发展中国家，跨国化学企业承担一切是不可能的，不过，整个世界都应当免除臭氧层损耗。他敦促成立一个基金会，以帮助发展中国家找到替代性物品，重建发展中国家制冷工业。他强调，这不应当被认为是慈善施舍事业，因为在西方已经有最好的原则——谁污染谁交费(the polluter pays)。

或许永不间断的经济增长"神学"和环境改善是不匹配的，即使它能设法实现能源和水资源的节约使用，同时避免森林砍伐、增进无氟应用技术等。例如，在荷兰，20 世纪六七十年代之间农业的加强，导致了农业产量出现丰足的提高。但是，另一方面，它造成严重的水体和土地污染。今天，荷兰是欧洲无机硝酸盐类化肥和动物排泄物污染最为严重的国家之一(Baan and Hopstaken, 1989; Stalwijk, 1989; Tamminga and Wijnands, 1991)。其结果是，从 20 世纪 80 年代早期以来，农业污染就一直是荷兰政治领域一个争论不休的问题。到 1984 年，国会限制在现有农场基础上再增加农业活动，也控制家禽业、乳业和粮食生产部门新的农业投资的发展。

皮尔斯(Pearce, 1993)在对"改变生活方式学派"(the change-in-lifestyle school)的一次批评中提出，使他们的主张得以实现的唯一道路，应该是缩减当前对自然资源铺张无度的需求。使用较少的资源，维持经济增长不是不可能的。但是，由于会增加大众的赤贫，人均 GNP 的减少或者哪怕是停滞不变，大众也会不满。进一步说，富裕使他们的生活水平具有高度价值，而由富入贫他们是不能接受的。

当环境乌云的笼罩越来越暗、越来越低时，根据永续增长建构生活方式的人们，将不得不对他们的冲动加以严肃思考。我了解许多病例，有些个体在饮食上曾经构筑了自己的生活方式，而当被他们的医生告知，他们正迈向死亡时，他们一夜之间就改变了生活方式。在医生命令的促成下，过了若干年斯巴达式的刻苦磨炼的生活后，他们出乎意料地坦陈，新生活方式比他们从前想象的要好得多。

永续的经济增长或许是一种可以被戒除的瘾。过度的重商精神,可能已经使得我们形成了条件反射,以至于我们相信,增长是唯一可接受的生活方式。正如加尔布雷思所指出的(参见第 6 章),增长是现代企业最重要的目标,可是只有当家庭消费越来越多时,它才能发生。

成本—效益分析(cost-benefit analysis,CBA)已经活跃了一些时日。它被用来帮助公共决策者评估作为经济增长引擎的新投资计划的价值。没有新的投资决定,经济增长的观念是不可能贯彻下去的。或许,在规划标准上,我们不仅应当关心环境影响评估,而且应该关注个体计划引起的道德问题。遗憾的是,某些经济学家似乎不是太热心于考虑道德问题这个标准。因为在他们看来,成本—效益分析是偏好的抵消者和数字的紧缩因素。例如,皮尔斯(Pearce,1983)主张:

> 作为统合我们个体偏好的一个步骤,我们一开始需要确立一些根本性的重要东西:CBA 无关乎道德上正确决定的产生。当且仅当我们采纳了更进一步的规则,即,一些合成的个体偏好组合在道德上是正确决策的方式时,CBA 产生的结果与道德上正确的要求才可能协调一致。
>
> (Pearce,1983:3)

至为重要的伦理关怀,与在某些情况下将会受到当代社会成员提出的规划的深刻影响的后代有关联。不幸的是,以普通折现(ordinary discounting)的方法,从成本—效益分析中抹去个别规划对后代的影响,现在成了司空见惯的实践。正如我在其他地方揭示的(Kula,1994),通过普通折现的方法,甚至是使用低廉的折现率,健康和核废料储藏的附加代价,被还原成了少之又少的净现值估算数字。皮尔斯本人展示过(Pearce,1983),可以假设,从现在起 500 年后有核事故发生,并且将给后代强加

100亿镑的经济代价,而这可以按照5%的折现率还原为25便士的现值。

我在许多出版物中曾论证过,普通折现是错误的。不仅因为它歧视后代,而且因为它依赖于一个强硬的假定,即个体永生不死,而社会就像一个永生的个体一样。通过个体是有生有死的设定,一种选择性的公共折现(communal discounting)形式,即所谓的修正折现(modified discounting)已经被构建起来。(欲概括性地了解普通折现和修正折现方法的各种特点,请参阅Kula,1994,1996;充分的讨论,见Kula,1997。)在修正折现方法中,绝不会忽视未来问题。发生在后代身上的成本和效益,将按照它们在当代成员身上一样的折现方式来折现,这产生了一种迥异于常规方法的折现形式。例如,依据通常的折现方式,相关的一项成本按照5%的折现率计算,在500年之后的折现因子将是0.00000。同样的成本因素、同样的利润率,按照修正的成本方法核算,折现因子将是0.26619。换句话说,按照普通折现方法,后代实际上失去了任何经济价值,因此,普通折现方法用起来无伤大雅。

表10.1显示了针对各种利润和年份,普通折现和修正折现方法之间的区别。

表 10.1　不同年数和不同利润率情况下的普通折现因子和修正的折现因子

年	普通折现因子			修正的折现因子		
	1%	2.5%	5%	1%	2.5%	5%
0	1.00	1.00	1.00	1.00	1.00	1.00
50	0.61	0.29	0.09	0.79	0.49	0.28
100	0.37	0.08	0.01	0.71	0.46	0.27
500	0.01	0.00	0.00	0.71	0.46	0.27
1 000	0.00	0.00	0.00	0.71	0.46	0.27
2 000	0.00	0.00	0.00	0.71	0.46	0.27
3 000	0.00	0.00	0.00	0.71	0.46	0.27

资料来源:Kula,1994。

实际上,经济活动究竟可持续还是不可持续,普通折现被用作决定标准与否是无关紧要的。假定它们是不同的概念,当从普通折现的观点打量所谓弱的可持续性、强的可持续性和自然资源不变法则时,它们的长远成分实际上将被还原为乌有。依照普通或者说常规的折现方法,重心位于当代和邻近代。这就是说,经济增长必须想方设法在短期范围内维持下去,以便为那些尚且活着的人供给物质利益。下一步无论发生什么,毕竟不关大体或者说无足轻重。

可以说,我们不知道怎样从维持它们对后代的价值的立场辨别和评估紧缺,以及其他一些长期资本的价值。通过普通折现方法为未来资本找到一种净现值,将会产生出荒谬绝伦的低廉的数字——如此一来,不如直接说,何必操心？ 就拿皮尔斯所举的例子来看,按照 5% 的折现率计算,500 年内 100 亿镑将缩水到 0.25 镑的净现值。这意味着,为后代忧虑是杞人忧天。这是许多可持续经济发展学派的大作中众多矛盾和怪事之一。具有讽刺意味的是,他们是从诸如义务、关怀和为后代谋划等概念出发的。

成本—效益分析并不要求产生道德上正确的决定,尽管有关于这一点的毫不含糊的陈述。可是,在其他地方,皮尔斯和他的同事们将可持续发展定义为理想目标的向量。这些目标有:人均收入得到实际增加、健康和营养得到改善、教育的成功、有资源可得、更加公平的收入分配和基本自由的增加,等等。接着,他们论述道:"包含于这个向量中的基本成分对伦理学的争论是开放的。"(Pearce et al., 1990:3)换句话说,可持续发展对伦理学争论是公开的,而在成本—效益分析中,实际的决策是在微观层次上做出来的,因而伦理问题遭到忽视。另一方面,特纳(Turner, 1991)强调,成本—效益分析是可持续资源管理缺一不可的部分。

也许,在一种理性而开放的论战中,可持续发展争论进展到适当的阶段,矛盾和不一致将会被消除。根据诺夫(Nove, 1992)的研究,经济学领域很少会发生开放的争论。那些占优势地位的观点会竭力忽视对已经建立的理论进行挑战的观点，或者将它们边缘化，哪怕挑战者对他们教条的批评中可能具有十分有用的见解。

布朗等人（Brown et al.，1987）认为，可持续发展已经成了一个先验性的术语。的确，就像"友谊"一样，可持续发展是一个悦耳动听的语词。因此，很多人在毫不理解它究竟意味着什么的情况下便用开了。谢尔曼（Sherman，1990）指出，不必把注意力集中在精确定义的追求上，相反，我们必须更加关注可持续性在被运用的具体背景下，它的实质蕴含是什么。这个概念被用作发展、增长、生态系统等的限定词，并且，更加重要的是，要理解它在其被运用的具体背景中究竟有什么样的意义。大多数经济学家将增长和狭义上国家的 GNP 的增加联系在一起，但是，这个过程可能会对大多数人造成痛苦（Daly，1990；Douthwaite，1992）。特别是，现时的"不断增长"的世界经济体系中的资源分配形式，可能会给穷人带来更多的艰辛，而这种情况延续下去就会加速环境恶化。

皮尔斯（Pearce，1983）鉴于主要的环境问题，例如核废料储藏、大气污染引起的温室效应和臭氧层破坏等，承认在经济方法方面存在代际歧视。在有些人看来，当下做决定的当代人是适当的选举人，因此，他们是关键性所在。"我们不能考虑尚未出生一代的成本，因为，这样做不齐于要以人们难以接受的方式扩大民主选举的概念。"（Pearce，1983：53）

为了克服代际歧视的难题，皮尔斯（Pearce，1983）建议建立一个补偿基金，以使后代在受到当前活动可能延续造成的损失时得到补偿。这一定是摆脱一代人为另一代人造成的混乱的最便捷并且最没有痛苦的出路，否则就认罪服法吧。复利率下的长期积累会生成巨大的资金，从理论上讲，它可以补偿未来的个体。推翻皮尔斯所谓 500 年值 100 亿镑损害的例证，我们只需要立即投资 25 便士，按照 5％的利润率，然后看看 500 年中它可否变成 100 亿镑则可！这样就能够补偿不幸。如果整个英国人口,约 5 700 万人,每人立即投资 1 镑的话,哪怕按照 3％的利润率计算,500 年内也会达到惊人的总量。这是经济逻辑,它可以上溯到约翰·梅纳德·凯恩斯,我们第 6 章提到过他。复利率的力量不仅允许后代人舒舒服服地生活,而且使得我们能够补偿环境破坏的受害者。这类关于经济状况的观点,喋喋不休说了一大堆了。到银行里存上几镑——于是可以坐等它去"克服"后代人的困难!

不过,皮尔斯对这种方法也提出了两个质疑,即,我们无法确知未来破坏的范围,并且利润率不可能长时间保持不变。尽管存在这些实际困难,他仍然说,补偿基金的构想值得追求。他还指出,在一些"强硬派"看来,我们毫无必要去操心补偿基金,因为后代获得的补偿已经尽在其中了。这是因为,现今的规划将会增加国家的资本储量,而由于这些遗赠稳操在手,后代们因此能够从事于复利改善活动。铁路轨道、核资本和军事装配等之间并无实质区别。我发现这种思路,连带在银行储蓄几个便士的设想,听起来实在是令人恐怖。

"可持续性"学派提出的观点,究竟有没有什么伦理基础? 根据特纳(Turner,1991)以及特纳和皮尔斯(Turner and Pearce,1993)的看法,可持续发展的争论具有坚固的伦理维度,因为它建立在关爱他人的基础上,即,关心作为后代的那些人。这需要集体行动,以使得尚未出生的各代人可以继承这样一种环境,在那里,他们可以为他们自己创造出不低于当代人享有的福利标准的生活。因此,可持续发展是关于仅仅为了人类的利益,长期公正使用自然资源的一种代际契约。在这一点上,可持续发展是,并且应当是人类中心的,即在方向上是以人为本的。

根据以人类为中心的思考方式,人类是唯一要紧的物种。这就是说,那些赞成强人类中心的观点的人相信,只有人类才拥有值得从伦理上加以考虑的生命特性。还有一种不太强的观点,即弱人类中心主义,容忍管理关系概念(the concept of stewardship)的发展。管理理论认为人类应该适当考虑一下其他物种,因为它们施惠于人类。这就是说,人类应当摈弃不必要的残酷而带着关切和尊敬的心态利用自然。

在强、弱观点排列范围的另一头,也有很多观点,例如盖娅假说、土地伦理、深生态学等。它们基本上持有不同的观点。从广义上说,在这些信念中,非人类物种也具有需要从伦理上敬待的价值。尽管人类拥有理智和能力,但是他们在造化过程中,不过是自然的一部分而不是中心所在。我想在下一章更多地谈谈这些观点,当然也包括人类中心的观点在内。根据部分拥护者的观点,可持续发展应该是人类中心的,但是,不应当排斥代表其他物种的正当理由(Turner and Pearce, 1993)。

至少有三个决定性原因使得非人类中心的立场,即生物伦理中心的立场,在可持续发展的论战中,没有受到人们的重视。第一,它可能会产生社会不公正。因为某些财富资源必须被转移到比方说动物福利和一些自然现象的保护等方面,这些行动的代价可能是十分昂贵的。第二,这种财富的转向与对某些物种的禁用,必定会减缓经济增长。第三,在处理发展计划的时候,我们只需要用成本分析体现自然现象的内在特点。这种理路,试图赋予那些可以给人类带来效用、因而可以用货币表达的自然要素以价值。即使某种自然现象与个体生活不存在联系,它仍然具有价值,并且人类能够欣赏其价值。借助各种统计方法的运用,可以使人类明白在多大程度上,愿意为那些也许跟他们离得极其遥远的事物的保存支付费用。这样,任何事物具有的价值总量都可以体现到成本—效益分析中来。

尽管这里的人类中心的方法体现了后代利益,也是一个伦理的姿态,可是,它不必然地站在环境的立场上。在这里,当代与后代人关心环境要素,无非是因为环境显得有用。如果事物没有任何直接或者间接用处,那么它的破坏就可以算小事一桩。我不敢肯定,渲染内在价值标准,能否满足大批的环境愿望,正如我将在下一章要阐释的。

　　虽然我不希望失敬于"可持续学派"的伦理立场,可是,我找不到他们的立场是坚定的以环境为立场的信息。可持续性暗示其代表着高阶的需要和价值(Swaney,1987;Turner and Pearce,1993)。但我没有把握相信,环境运动中的大多数人会发现可持续性学派的伦理平台在当前已经达到足够的高度。

　　总而言之,可持续性学派的观点还远远难以令人信服。到目前为止,它们产生的一切充满了矛盾、混乱和内在的不一致。我想,他们最有说服力的观点是,环境的最大威胁来自人口增长(Pearce,1993)。经过第二次世界大战之后,由于劳动力短缺,哈罗德(Harrod,1952)对英格兰衰减的人口再生产率表达了忧虑,并建议家庭应该按照 4—5 个孩子来做生育规划,以便国家能够维持其经济和社会进程。幸运的是,经济学家已经比这个观点远远进步了。的确,人口增长带来的破坏性极大的结果必然是贫困的加重。随之而来的将是导致铤而走险、肆无忌惮地滥用环境。不过这并不是什么新观念。

第11章 环境开发的伦理和精神维度

前面各章指出,可持续经济发展争论中的某些支持者强调,作为一个概念,可持续性必须包含伦理规范。目前,关于环境伦理行为的文献在快速增加。我想,在这一争论中,经济学家们的底线一定是环境滥用有害于人,许多道德问题因此而生。例如,呼吸被污染的空气或者使用肮脏的水,使得人们生病,甚至于使人命归黄泉。核设施和核废料的管理失误,可以导致当代人和后代人罹患癌症和基因畸变。在山上伐木,会引起土壤侵蚀,这又会淤塞河流,造成下游洪水泛滥,世界各地每年因此而送命的大有人在。在生态脆弱地区过度放牧,会引发沙漠化,它断送了牧羊人及其家庭的谋生手段。捕捞无度引起渔业储量的损耗,甚至于灭绝,这使得渔民社区生活艰辛,最终不得不迁徙他乡。可以给出的例证数不胜数。

对于某些经济学家而言,当下重要的不仅是要有优良的环境政策,而且还需要有基础性的尊重自然的环境伦理。这些政策应该包含自然的、人道主义的和精神的向度,也应包含功利主义的维度。"环境伦理学"一词,指的是指引人类对与自然的关系进行思考的原则学科。具有威胁性的人口增长和环境问题,已经给巩固人类社会的价值探索带来新的刺激。这样的探索,一部分已经得到宗教团体、哲学家、环境社会学家和很小范围内的经济学家的贯彻。什么算是在道德上正确的、影响环境的经济行为? 经济学界里还没见到严肃的讨论。我认为在不远的将来不会有很大的变化发生。

具有讽刺意味的是,作为社会科学分支之一的经济学,在其差不多一切管辖范围内都冠有丰富而久远的行为公正的传统。像公平价格、公平工资、公平利润、公平税收和折现等概念,是大批经济学家长期关注的、有意义的问题。试举一例,如价格公平的概念,自中世纪以来就一直令许多经济学家和其他人费尽心思。中世纪早期的观点是,公平的价格是这样的价格,它使得供货人在与其社会地位适应的情况下,能够维持生计并支撑其子孙成规模地繁衍不绝(Ashley,1920;Clark,1927;Clough and Cole,1946)。后来,不同的观点发展起来,使得市场仲裁的规则得以形成(Magnus,1894;Kraus,1930)。如果一件商品的市场价格不等于供给的成本的话,供应商必须承诺它是公正的,不管他们盈利还是有所损失。斯科特斯(Scotus,1894)认为,公平的价格是规格一律化的要价,它与购买人是谁以及购买用途是什么毫无关系。看待这个问题的适当方式是,价格是一种社会现象,应当不忘以社会化目的对之进行规范。根据卢福尔的考证(Roover,1970),这一观念可以上溯到罗马时代。

公平工资的概念,像公平价格的概念一样古老和多变。这个观念可以一直回溯到中世纪,甚至更加久远的年代。在中世纪,劳动者应当得到维持其生计和家庭生活的报酬,是人人接受的准则。为了使这个观点成为现实,也正是为了实现公平的工资和工人平等的机会,基尔特应运而生。可是,基尔特最终没有实现它们原初的目标。另一方面,马克思主义学派相信,资本主义市场决定的工资是非常不公平的,因为这样的市场建立在剥削劳动者的基础之上。边际主义学派坚持主张,公平的工资是将工人的贡献和边际产量关联起来的工资。边际主义最著名的代表之一,约翰·贝茨·克拉克[①](Clark,1927)在其著作的开端论述道,激发其发展分配理论的主要动机是,他想为收入分配中的公正找到一个客观基础。他的推理是,如果净劳动贡献可以在生产过程中加以辨析,那么,其市场价值就是公平工资。

关于累进收入税的公正问题,欧文·费希尔(Fisher,1927)提出,因

---

① 约翰·贝茨·克拉克(John Bates Clark,1847—1938 年),美国经济学家,美国学派创始人。代表作有《财富的哲学》(1885)、《经济进步的理论》(1896)、《财富的分配》(1899)、《托拉斯的管制》(1901)、《垄断问题》(1904)、《经济理论要义》(1907)。他认为经济学既要有研究人和人的关系的部分,也要有包含研究人与自然直接关系的部分。——译者注

为收入的边际效应随着工资增加而衰落，所以以高税率征收富人的税是正当的。

这又一次提出，什么是道德上对环境正当的行为？这个问题的经济维度自然不可否认，因为环境要素受到经济获益行为的剥削。伦理学上的人文主义者提出，环境是有价值的，因为它对人类福利作出了贡献。要是物种的灭绝，不管蓄意还是非蓄意的，能够导致比方说经济财富的增长，我们就不应该过于在乎它。例如，一个功利主义的环境主义者将会赞成，或者还会鼓励对农作物害虫实施斩草除根行动的努力。对于他们来讲，对自然的责任只能从属于我们对人类同胞的义务（Passmore，1980）。消费、人口和污染控制，是而且应当是，仅仅根据人类利益出发。如此一来，我们是在替我们自己的行动负责，而不是为了环境。这个论证路线不是人人能够接受的，但是，它是有用的观点，因为它提供了最低限度的基础，从中我们可以建构起有意义的决策和一套行为规范（Hooker，1992）。

有观点认为，对自然负责是个不太清晰的论题，除非从对人类影响的角度看，尤其是从那些不利的影响来看。自然不是一个有人格的存在，它也没有可以普遍接受的特殊的、长远的目的。直白地讲，自然只是一个对象。在这里，我们应该分离人类和他们的所有物，例如农场动物、宠物、土地，等等，它们是自然的一部分。

对作为对象的自然遵守义务的概念，是而且一定是与对人遵守义务十分不同的。对自然的义务在方式上是后设性的。不过，人们可以以多种多样的方式对自然保持关切，无论是出于法律或者上帝的要求，还是出于主体自身深层的个人信念即良知。对自然负责，是一个令我们极其为难的概念。它是否可以成为普遍接受的观点，这是令人怀疑的。为了真诚地对某事尽义务，我们有必要深入该义务创设的源头，理解其基本形成过程。最后，但是并非不重要的，必须有能力行善而不是作恶。因此，在采取对环境尽责的行动之前，要三思而行。我们理应精心思考清楚这一观念的意图所在(Hooker，1992)。

对人尽责就是完全不同的一回事了。环境问题来源于胆大妄为地伤害人类的行为。正如前文所提到的,空气污染引发了呼吸系统和其他健康问题,水污染毒化了我们的饮用水和鱼类储备以及农作物和森林,而生物多样性的破坏卷走了新型药物的开发机会,加速了温室效应。这些属于普遍认可的理由,是保护环境的"底线"。事实上,它们在当前环境决策的形成过程中发挥了定向性的作用。这里,除了对人类同伙,包括后代尽伦理义务之外,并不存在任何对环境尽诸如此类义务的含义。首先,后代人将由我们这代人产生出来,我们必须对他们尽责。我们因此而应该给他们传送一个秩序井然的世界,以便他们可以完成他们作为人类的自我实现。胡克(Hooker，1992)认为,尽管这属于一种伦理学论调,但是它并非内在地具有环境伦理学的特点。伦理学的范围和复杂性是巨大的。狭义的概念视角关心的是我们认定其具有深层价值的对象。传统的伦理立场是以人为本的。从它出发,环境是因为人类才应该加以保护的。在更广泛的层次上,它可以被定义为对善的追求,因为在某种程度上,它是对个体利益和人类缺陷的超越。

从另一方面看,生态中心的伦理学趋向于认为,出于经济利益损害环境是违背伦理的。这从物种灭绝这一极端的表现形式中可以看到。每一物种灭绝都是一项使生命终止的衰败的递增,随之而来的则是人类的败坏。灭绝终结了物种的躯体和灵魂,这与通常的生生死死绝对不同。由于人类这种超级谋杀者而引起独一无二的生命之流的干枯,是最具破坏性、最可憎恶的事情。

造化经过数十亿年有价值的辛劳,数百万类热热闹闹的物种,被移交到人类这种后进物种的关照下。这一物种有成熟的心灵,产生了自己的语言。地球上的生命犹如一幅壮观多姿的图画;相比较之下,灭绝则使之黯然失色。在这个道德信念不确定的世界里,如果还有什么能使得任何主张有意义的话,那应当是,人类没有正当理由则不应该杀死有生命的个体。这一点使得没有重大合法性人就不应当滥杀物种这样的观点具有更多的意义。需要从"是什么"向"应当什么"迈进。不过,这里不存在伦理学上自然主义者们所犯有的谬误者,相反,正是因为人文主义者在得出他们的伦理结论时不能自犯逻辑错误。

(Rolston Ⅲ,1992)

在经济学思想里,尤其是在古典时期经济学思想发展的过程中,由于托马斯·马尔萨斯、亚当·斯密和约翰·斯图亚特·穆勒等的著作,神学与哲学的重要性变得众所周知。我们时代环境问题的增加,重新唤起了人们对人类及其触及到的包括经济学在内的诸多学科领域的环境的宗教维度和哲学维度的兴趣。在诸如犹太教、基督教和伊斯兰教等西方宗教里,人类是伦理学关怀的焦点所在。但是,东方宗教,例如佛教、道教、印度教甚至欧洲前基督教的信念,具有多元的焦点。不同的人与人之间、不同的历史时期的宗教观的解释大为不同。在本章中,我从犹太—基督教的观点开始,然后进一步转向其他目前颇有争议的领域。

犹太—基督教神学与环境

根据一些人的认识,资源与环境危机根源在于犹太—基督教创世学说的教义中。《旧约》声称,"神说:我们要照着我们的形象,按着我们的样式造人;使他们管理海里的鱼、空中的鸟、地上的牲畜,并地上所爬的一切昆虫"(《创世记》1:26)[①]。值得注意的是,《旧约》中实际上没有用过"创

[①] 《创世记》,《圣经·旧约》中的一卷,为"五经"之一。——译者注

造"(creation)一词,而诸如天(heaven)和地(earth)、一切活着的东西等表达形式却有所使用。"创造"一词是《新约》开始使用的(Peacocke,1979)。

　　许多著作家指出,我们不顾一切地对待环境的态度,从深层原因上讲,取决于我们有关自然和神的信仰,而在这之中,宗教信条发挥了微妙而深刻的作用。犹太—基督教信念从自然中分离出上帝和终极性人类存在,因为我们是按照上帝的形象设计制造出来的。这样的说法将自然还原成了纯粹的对象、一种物质实在,也亵渎了自然。与亚洲宗教和前基督教的欧洲泛神论比较起来,基督教不止建立了人和自然二元分离的理论,而且坚持人类为了自身目的应该剥削自然的观点。基督教学说因此而对自然施加了一种充斥着暴虐和功利色彩的绝对君临意识,这造成了生态危机的加重。

　　这是众多基督教观中的一种,其各方面的特点已经经历了广泛争论,随后我将对这些加以解释。可是,有必要强调,如果宗教在本质上是环境困境的根源,那么,这种解决办法就需要在根本上有一个新的精神转向。

　　将地球和其他生物托付给人类,给予人类以绝对统治者的地位,助生了残酷无情的基督教心理。麦克哈格(McHarg,1977)称《旧约》是一个令人不安的文书,一个混杂着恐怖的文本,它已经培植了一种对自然怀着冷酷无情的功利主义和具有终结破坏性的态度。

　　如果你需要找到某一文本……该文本对你保证,人对自然的关系只能是破坏性的……该文本能够解释,西方人至少贯彻了两千年的大破坏和大劫掠的话,那么,除了这一恶魔般地引发灾难的文本外,你没必要进一步寻求别的文本。

　　在传统犹太教的态度里,生态危机问题不符合对世界的观察,因为地球广漠无垠,资源用之不竭。它是供人们剥削用的,对这一过程唯一的限制是同其他人群一道开垦荒原的能力。在《摩西五戒》和拉比①们的教本中,我们很清楚地看到,自然存在的目的是专供人类使用。根据拉比们在中世纪早期对《圣经》的解释,上帝领着亚当参观伊甸园,并且对他说:"我所创造的一切,都是为了你们。"(《米德拉西》②,7:28)因此上帝在其工作的尾声创造了人类,以便他们径直来大吃大喝。这有点像一个国王,他开始建造一座宫殿,待宫殿落成时,他于是邀请其所宠爱的贵客来此参加盛宴(《巴比伦塔木德》③,Sanhedrin 38a)。

斯塔尔(Stahl,1993)说,一个犹太人看到鲜花盛开的树时必须发出的祷告是:"祝福你,上帝,宇宙至尊,你创造了这个应有尽有的世界,并让各种神圣的事物和树木降生,以便人类可以享受它们。"这个祈祷文被印在祈祷书上,用来在适当的场合诵读。

犹太信仰对环境态度的另一个主张是,自然是野蛮的、混乱无度的,不易得来满足人类的需求。因此,自然必须加以驯化,以适应人类的需要。例如,约书亚(Joshua)④命令以法莲支部(Ephraim)⑤和玛拿西支部(Manasseh)⑥进入山上的树林,砍伐它们,用以制造可以安居的居住区(《约书亚记》,17:14—18)。自然的野性美对信徒们有破坏性的影响,因为他们动摇了信徒们祈祷的努力。在将近两千年前的犹太教法典的第一部分《密西拿》⑦中,就有这样的观点:沿途诵经的人,如果驻足赞叹一棵

---

① 拉比,希伯来文 Rabbi 的音译,本意为"我的老师"。古代犹太教中指精通经典和律法的学者。通常通称犹太教负责执行教规、律法和主持宗教仪式者。——译者注

② 《米德拉西》,音译词,本意为"解释",犹太教讲经的布道书,为教徒自幼习学的通俗典籍。——译者注

③ 《巴比伦塔木德》,犹太教口传律法集《塔木德》的两种版本之一,由 3—5 世纪巴比伦犹太教学者编订,权威性高于《巴勒斯坦塔木德》。——译者注

④ 约书亚,亦译若苏厄,见于基督教和犹太教,本为《圣经》中人物,在摩西之后,率领以色列人进入迦南。——译者注

⑤ 以法莲支部,《圣经》时期 12 个以色列人支部之一。——译者注

⑥ 玛拿西支部,《圣经》时期 12 个以色列人支部之一。——译者注

⑦ 《密西拿》,音译名,原意为"教导",为犹太教口传律法集《塔木德》的前半部和条文部分,成书于公元 175—200 年或 210 年之间,书中每一条文可以称为该条文密西拿。——译者注

树或者一片风景,就犯下了罪恶,因为这是沉湎于虚度光阴的空想中(《米示拿》,Avot,3:7)。在 16 世纪里,一位德高望重的拉比强调,信徒们不应该中断神圣律法的研究而沉湎于不切实际的浮想联翩,因为那时上帝将要收回对其的看护(Duran,1961)。

并非所有犹太人都视自然是美丽的。例如,段义孚(Tuan,1970)和托马斯(Thomas,1984)认为,作为一个规则,传统民族不认为未加驯服的自然是可爱的。但是,经过颇多辛劳而被转化为花园或者果园的,于是会被认为是美丽的。在对犹太民间故事的研究中,摩洛哥的诺伊(Noy,1967)提出,共同体对自然的态度一直是消极的。在研究中所有被提到而得到认可的自然有山峰、森林、河流、小溪、鸟、植物和动物等。随后,通过文本的分析考虑,这些被从内涵上划分为积极、中性和消极的三类。结果显示,57%的人们支持消极态度,15%的支持积极态度,剩余的赞成中立的态度。可是,斯塔尔(Stahl,1993)报告说,时间久了,传统的犹太态度开始发生变化,尤其是对受到西方教育影响的欧洲人之间的犹太人而言。

希伯来宗教经典也充满了这样的断言,即从对自然的考察中,我们可以学习到知识。例如,通过对蚂蚁的考察,我们能学会怎样成为勤劳的人(Proverbs 6:6)[①];从公牛和驴子身上以色列人可以学会怎样使得行为端正(Isaiah 1:3)[②];从鱼和禽鸟的身上我们可以学到主所创造的东西。一位 15 世纪在西班牙的犹太哲学家认为,人应当从自然之中努力了解优良品质、道德素质或者智慧的教训(Albs 3:1)。在 17 世纪,另一位犹太道德哲学家莫德纳(Modena,1949)认为,从熊和蝰蛇身上,我们能够了解到:愤怒与残酷都是邪恶的。

《圣经》和其他文献的恰当意旨饱受争论。巴尔(Barr,1972)力主,

---

① 《箴言》,《圣经·旧约》中的一卷,"智慧书"之一。——译者注
② 《伊赛亚书》,《圣经·旧约》中的一卷,"先知书"之一。——译者注

圣经中的词语"domain"[①]不是强意义上的用法,因为它被用于指一般意义上的管理(ruling)——甚至和平的意思,如所罗门(Solomon)所提到的那样(1 King 4:24)[②]。把"subdue"[③]一词解释为暴虐地对待其他物种,可能是一个误会。事实上它被用来指农业活动,例如耕种,以满足定居者的基本需求(Genesis 2:5;2:15)。

据弗格森和罗琦(Ferguson and Roche,1993)的阐释,希伯来关于人和自然的观点是,人应当代表上帝照看自然并保存它,不只是将其作为食物源泉,而且要作为教育和愉悦的源头来照顾和保存。人类掌管自然有似出于保护性的一种良善动机,而不是意指成为掠夺性的剥削者。

基督教含有人作为自然专制主的观念,得到林恩·怀特(Lynn White)在一篇演讲中的强化。该演讲发表于1966年美国科学进步促进会(American Association for the Advancement of Science)举行的会议上,题为"我们生态危机的历史根源"。一年后,他的论文在美国科学会的刊物《科学》杂志上发表(White,1967)。虽然林恩是一位虔诚的基督教徒,但是,他提出,我们生态危机的历史根源可以追溯到犹太教—基督教神学。这种神学破天荒地确立了人和自然二分的立场,尔后使人类居于君临自然之上的位置。发生于17世纪和18世纪的科学革命,使得人类有能力实施不顾后果、貌似成功的剥削政策,最终引发了严重的生态问题。

对西方人的剥削劲头起到推波助澜作用的另一个因素,是基督教对泛神论的胜利。泛神论曾经视人类为自然的一部分。关于欧洲前基督教信仰所遭到的毁灭,林恩将其描绘为"我们的文化史上最重大的精神革命"。经过中世纪基督教执行的大灭绝运动,泛神论思想几乎彻底消失了。

---

① 强意义的用法,一般译为"主宰"或"宰制"。——译者注
② 《列王纪》,《圣经·旧约》中的一卷。——译者注
③ 一般翻译为"征服"。——译者注

　　怀特并不否认基督教信仰中存在不同的观点。例如,圣方济各①被环境主义者当成守护神。他对神的创造恭敬有加。他一直过着贫穷的忏悔式生活。方济各把一切生物当成近亲对待,强调与自然亲密无间地交流的必要性。当然,对于某些基督教徒,圣方济各将人的地位给予一切物种,这种信念和异教徒的信念相差无几。他们因而转寻别的源泉,例如16世纪的圣本笃②。圣本笃教导人们明智地利用自然资源。很多学者指出,圣本笃比起圣方济各与人类的状况有更多的相关性(参见 Livingston,1994)。可是,圣方济各不是通向亲近自然之路的独一无二的人选。比如,4世纪的圣克里索斯托③相信,一切动物都应当受到极尽仁慈的对待,因为它们和我们具有同样的来源。

　　和上述观点形成对照的是,帕斯莫尔(Passmore,1975)注意到,掠夺性的态度可以在圣保罗④的书信中找到。对于帕斯莫尔而言,一直沿袭到最近的,正是成了基督教的官方意见的希腊—基督教的狂妄自大。其他的人,例如托马斯(Thomas,1984)指出,怀特过分夸张了人类需求受宗教训导所激发的严重性。或许,导致不良后果的更重要的因素是,以私有制为基础的市场经济的建立。正是市场经济引起了对自然的过度盘剥。换句话说,环境滥用更多地出自经济学,而神学的原因少之又少。为提供有说服力的证据,托马斯指出,日本人崇拜自然,但是,污染的广泛蔓

---

① 圣方济各(St.Francis of Assisi,1182—1226年),亦译法兰西斯,1209年创立方济各托钵休会,宣传"清贫福音",1212年协助加拉(Chiara,1193—1253年)成立方济各女休会。——译者注

② 圣本笃(St.Benedictus,480—547年),亦译圣本尼迪克,天主教本笃会创始人,开创天主教休会制度的最早模式。——译者注

③ 圣克里索斯托(St.Chrysostom,Joannes,347—407年),古代基督教希腊教父,擅长辞令,有"金口"美誉。主张哲学为基督教服务,虔诚就是哲学,397年由皇帝选为君士坦丁堡主教。——译者注

④ 圣保罗(St.Paul),《圣经》人物,耶稣升天后被增选为使徒,早年名为扫罗,信仰犹太教,参与迫害基督徒,后来在通往大马士革搜捕基督徒的途中,受到耶稣教训,皈依基督教,更名保罗,约公元67年被罗马皇帝尼禄杀害。《新约》的《保罗书信》传为其所作。——译者注

延也没有得到抑制。在有关非基督教的东方的研究中,段义孚(Tuan,1970)坚持认为,虽然有跟西方不同的宗教传统的盛行,可是,东方的环境破坏就像西方一样糟糕。

另一个对环境的可能的破坏性因素,就是随着法国大革命而来的民主化。它打通了新的社会流动通道,使得财富和特殊利益更容易到手。其结果是,资本积累中发生了越来越大的瓜分。在美国,国家支持的边疆开发,产生了交托于淘金、寻宝族移民之手的土地私有制。他们为实现其梦想而征服环境的欲望冲动,引出了罔顾一切的态度。这种态度是在私人环境道德和公共环境道德缺席的情况下形成的。社会制度想调整它,使之正视生态危机,实在是力不从心了。

怀特的文章遭到众多攻讦。但是,大多数批评者是出自基督教徒阵营的科学家,他们所有人都认为,宗教精神的启蒙可能对解决生态危机具有很大的作用。汤因比(Toynbee,1972)相信,补救环境问题的灵丹妙药,有待于迈出一神教的世界观(*weltanschauung*)而恢复多神教的世界观。其他人指出,基督教教义所讲的,实际上是管理关系而不是怂恿鲁莽、破坏自然的态度。弗格森和罗琦(Ferguson and Roche,1993)相信,怀特和持类似观点的人对于《圣经·创世记》的理解,是没有充分根据的。事实上,从犹太教—基督教传统中,完全可以发展出一套当代生态伦理。自然秩序的毁坏,本身是一种罪恶的活动。利文斯通(Livinstone,1994)相信,上帝是一位明智的保护主义者和经济学家:按照上帝形象制造出来的人类,能够像创造物的看护人一样行动。在约翰·加尔文①的训诫中有这样的说法:"让人们拥有土地,共同分享其年复一年的硕果,以便他们不会遭受由于他们的疏漏而带来的伤害;重要的是为了让他们努力将自

---

① 约翰·加尔文(Jean Calvin,1509—1564年),欧洲宗教改革家,基督教新教加尔文宗创始人,促进了宗教世俗化。1558年创办日内瓦学院,为日内瓦大学前身。著有《基督教原理》(1536)等。——译者注

己接受到的传递给后代……让每个人明白自己不管他拥有多少事物，他不过是上帝的仆人。"

到 17 世纪，黑耳（Hale，1677）提出，人被创造出来是为了充当上帝的管理员，因此，他们应当保存地上的美和物产。德勒姆（Derham，1713）力主，根据基督教的管理关系说的精神，上帝的智慧是万能的。上帝鸿恩浩荡，关爱和福祉甚至可惠及他所创造出来的最卑微的、最软弱无助的、无感觉的部分。

晚近以来，一切事物都是为了人的用处而被创造出来的观念开始进一步衰落，至少从基督教文献来看是这样的。对动物和其他生物的虐待不被认可，因为许多基督教经师认识到，在《旧约》中，动物被认为自身是善的，并不是因为对人有潜在的用处而存在（Thomas，1984；Livingstone，1994）。

根据这些著作家的说法，如果信徒们仔细思考的话，会发现犹太教—基督教神学中，存在充足的、至少是鼓励对环境持管理关系的智慧。要是这一点得不到强调的话，那一定要归于既有的教士的失败。正如利文斯通（Livingstone，1994）所说的：

就基督教神学没能给予环境忧虑以充分严肃的对待而言，就教会真真确确充当了造成生态破坏实际上的同谋而论，我们必须为弄糟了这个世界而接受理所应当的谴责。我们必须自觉地将基督教批评家们的愤怒转化为自我批评。同理，末世论者视环境灾难为神谕的见效，我们不可满足于这些悲观主义的、末世神学的自鸣得意。

在其引起争论的论文发表了数年过后，林恩·怀特本人提出，《旧约》里面的确有教导我们尊敬全部物种的一些章句段落。遗憾的是，过去它们基本上没有得到如其真意的阐释，现在该是重新审读经文的时候了。如果至少在部分程度上说，环境问题是由于对《圣经》教义误解而造成的，那么，就有大量拨乱反正的理由了。可是,凯(Kay,1989)认为,《圣经》中若是存在环境主义,则应该根据《圣经》本身的上下文来理解。按照这个标准看的话,它们可能和当前的问题大异其趣。进一步说,这不应该阻碍我们行使重新发掘意义的义务,那些意义因为旷日持久而被丢失或者遭到了禁止。

十分清楚,《圣经》有这样的暗示,即在不应该被礼拜而流于盲目崇拜的意义上讲,自然不是神圣的东西。这并不意味着,人类应当蔑视自然。相反,以上帝的名义,作为创造主最青睐的物种,人类对源于上帝的自然的资源,应该展示出一种体面的、名副其实的相称来。根据巴尔(Barr,1972)的研究,《圣经》的主宰观念,应当根据古代亲缘性观念来理解。《创世记》传达了一幅天国的画面。在其中,人与其他物种和平、和谐地共同生活在一起。按照这种语境的理解,人类的主宰观念近似于众所周知的"牧首"(the shepherd king)的概念。主宰的概念,还涉及人类作为上帝的协同创造者的理解问题。不过不同于上帝,因为上帝从虚空中创造一切,而人类是从上帝施加于自然之中的秩序和框架内着手创造。因此,人类在不辞劳苦地进行创造的同时,必须尊崇秩序的整体性。

这些基本上是出自带着基督教信条的经院学者们的观点。他们不是局限于《圣经》一书,而主要是致力于在语词和命题中寻觅更伟大的意义。不仅如此,他们相信,有必要从宗教精神的视角处理生态危机。帕斯莫尔(Passmore,1975)坚持主张,生态问题事实上是可以借助政治行动以及科学技术来解决的特定类型的社会问题。不像帕斯莫尔,犹太教—基督教经院学者们以及的确是另类信仰的追随者们,相信这里必定存在精神维度,而一味依赖政治、科学和技术必定是鼠目寸光的(Livingstone,1994)。

伊斯兰教

根据伊斯兰教教义,安拉(真主,Allah)从一块黏土中创造了男性和女性——亚当(阿丹)和他的妻子厄娃(好娃),并赋予这个创造物以生命。一切人,不论肤色、种族和社会地位,都是亚当和厄娃的后代,因此是扩展的大家庭的平等成员。在真主面前人人平等。可是,这并不意味着人类应当滥用安拉为他们创造的自然。

在伊斯兰教中,明白不过的是,亵渎和破坏创造物是罪恶,那将招致惩罚(Yildiran, 1994)。伊斯兰教要求人类思量自身和一切创造物,并了解它们,以理解真主是万物的创造者。因此,人类是从属于自然的不可分割的部分,享有从中获益的特权,也承担着保护环境的责任。

伊斯兰教的经书,即《古兰经》[①],包含有宣示真主为了人与其他生物而创造世界的陈述。有一节说道:

你们看到了你们钻出的火了;是你们使得燧木得以生长,还是我使它们生长的呢?我把它当作教训,并且以之为荒野定居者的抚慰。(Surah Waqish 56:63—72)。

在另一处,有这样的陈述:

至仁主,曾教授《古兰经》,他创造了人,并教人修辞。日月是依定数而运行的。草木是顺从他的意旨的。他曾将天升起。他曾规定公平。(Ar-Rashman 55:1—7)。

东方信仰

东西方哲学之间存在一条宽阔的沟壑。可是,传统的理想与其在实

---

① 本节涉及《古兰经》的译文,主要据英译本,同时参考了中文版《古兰经》(马坚译,中国社会科学出版社 1996 年版),特此说明。——译者注

在世界的表现之间,甚至可能存在更宽阔的沟壑,而这在东方文化关于环境的态度方面体现得更为明显。此种沟壑,可以被视为社会失调的标志。正如我前面曾经解释过的,大体上说,西方人把自然看成是从属性的东西,尽管关于它的程度差别还有争论。东方人(中国人、印度人、日本人和其他非基督教和非穆斯林的亚洲人)等,则把自身视为自然的一部分。

然而,我们应当认识到,某种文化中关于环境的道德风尚,一般基本上无涉于哪怕很少的哲学范围和生活态度。在影响我们的滔滔事物中,可以认为,宗教理想很少能扮演主要角色,这在基督教的欧洲文明里面表现得非常明显。基督教教诲人们宽恕和非暴力,这一点生动逼真地呈现于"伸出右脸让人家抽"这一表达中。可是,基督教欧洲的历史,古往今来却一而再、再而三地展示出最极端的暴力现象。东方关于环境的情形,只是稍稍好一点点。或许,在东方以及西方等复杂的文化之中,功能紊乱与矛盾冲突本是难以避免的。

东方信仰拒斥西方关于人和自然关系的观点。在道教和佛教,也包括诸如印度教和禅宗等类似的信仰体系中,不曾有过主宰地球的说教。根据上述这些信仰,人类虽然是最聪明、最具有创造力的物种,可是,他们没有被授予改变自然秩序的特殊使命。神圣的价值被建构在环境之中。因此,一切生物具有同等的重要性。这是事物之道,这是事物当然的持存方式。

和西方主宰一些事物而以管理关系看待另一些事物的观点不同,道教和佛教对我们和自然的关系,提供了一种因任顺从的"顺其自然"(let it be)的方式。一如道教,"道"伸张的是"无为而无不为"[①]。根据这样的信仰,不受主宰的事物,当然是自我管理和自我生成的。由此推之,自然,即资源,不是他人的纯粹工具,而是自身具有重要价值的事物。换句话说,

---

[①] 语见通行本《老子·三十七章》,全句为"道常无为而无不为";亦见《老子·四十八章》,"为学日益,为道日损,损之又损,以至于无为,无为而无不为矣"。——译者注

自然是需要爱护的事物。我们需要任其遵循自身发展，保证其不受人类制定的政策干预或者破坏。在东方思想中，主导性的观点是相反的，即，实现人的价值，最重要的是要实现天人合一（Sylvan and Bennett，1988）。可能造成自然秩序破坏的人类行为，基本上可以说是道德败坏的，是无视它们对个体可能具有的重要价值的。可能十分必要的还有，要依靠高明的人，例如大师和宗教导师，在他们的指导下寻求怎样端正自己的行为。这种依靠，在今日的西方似乎不可能会受到普遍接受，但是，在东方它是十分受人尊敬的行为规范。

　　段义孚（Tuan，1970）声称，西方人已经产生这样的兴趣：将他们自己对自然的进攻性和剥削性哲学与东方信仰的和谐观进行比较对照。这一看法应当得到慷慨的褒奖。但是，它不太合乎现实，也没能指出存在于东方人与世界其他地区人们生存方式中的不一致和悖论所在。更何况，它可能产生严重误导，以至于使人们将基督教来临之前就存在的进攻性欧洲态度归因于犹太—基督教神学。例如，在古希腊，前苏格拉底哲学家色诺芬尼①对他所处时代的工程成就留有深刻印象。他相信人类的物质进步。索福克勒斯②在《安提戈涅》（*Antigone*）写下了人类用铧犁剥开土壤的记载。亚里士多德被其时代的技术创新所吸引，做了这样的陈述：“自然战胜了我们，我们又通过技术成为自然的主宰。”（*Metaphysics* 847a20）③罗马人在坚定地颂扬人类征服自然的力量方面是有过之无不及的。在《罗马帝国衰亡史》（1776—1788 年成书）中，爱德华·吉本（Edward Gibbon）令人不无羡慕地写道：“笔直的公路贯通各个城市，所及之处不管是

---

① 色诺芬尼（Xenophanes，生卒年约为公元前 570 年—前 470 年），古希腊哲学家、吟游诗人，一般认为是爱利亚学派开山，巴门尼德的老师。——译者注

② 索福克勒斯（Sophocles，公元前 496—前 406 年），古希腊伯里克利的同时代人，身为将军、祭司，是雅典最著名的剧作家。现存代表作有七部，包括《俄底浦斯王》等。——译者注

③ 本条引文应该是出自亚里士多德《机械学》847a20，本书作者原注释似有错误。——译者注

天然的还是私有的属地,一皆让道。隧道洞穿山梁,雄浑的拱桥在水激流宽之上横空出世。"

有一个被广为采纳的态度,的确源于古代中国基于泛神论的信念。段义孚(Tuan, 1970)说,为活人和死人找到适宜的栖居地,以便让其与当地的天地之气的流通达到共鸣、和谐的风水概念,促使建筑师建造出似乎适配而不是主宰景观的建筑结构来。许多重要的建筑物,包括城堡(the Walled City),在建造过程中,综合了属地深层和谐的需求,力求做到遵守地理,能够安抚地气,使人和环境相互适应。早在东周时期(公元前8世纪—前3世纪)就有记录表明,当时没有山林官员的职位,他们负责保护树木和动物。这些官员,带有不应该干扰自然的精神性理解,提醒一般民众,使他们明晓砍伐森林的有害结果,诸如土壤侵蚀和洪水泛滥等。还有,森林的砍伐,容易促使马背上的部落深入中原。

伴随着人类需求的发展,对精神性秩序的尊奉开始衰落。随着中国人口的增加,大规模的森林砍伐,行动起来了。这迫使人们以牺牲森林为代价去实现农耕土地的扩张。同时,建设城市需要木材,制造工业燃料即木炭也需要木材,这些也加剧了森林遭受的损失。

除此之外,佛教传入中国之后,死后火葬的观念引起了树木短缺,尤其在中国南方。在日本也出现了类似的问题。17世纪,佛教徒受到指责,因为他们耗掉了全国十分之七的木材资源。除了火葬之外,木材也用来建筑巨大的佛教殿堂和庙宇。甚至写经也应该对森林砍伐负责,因为用来制造黑墨水的煤烟是由燃烧松木而采得的。佛教和道教甚至于不喜欢绿色作为颜料。

对一些环境运动而言,东方信仰已经成了指导性的哲学。特别是在印度,自从独立以来,就一直以西方经验为效法模式,由于国家致力于加速工业化,环境问题变得越来越糟。根据加吉尔和古哈(Gadgil and Guha, 1994)的论述,一些环境运动声称,资源和发展规划领域的环境文盲,对国家资源基础和环境质量的改善应负直接责任。发起环保运动的甘地①主义者们拒绝现代生活方式,并从道德败坏的立场看待环境问题。在这种道德腐败过程中,唯物主义和过度消费主义将人民和自然拉开了距离。他们坚持,印度应当放弃其对西方经济发展模式的追求,并回归传统根基。在那里,自然和一切生命形式得到尊敬的对待。

印度还有一个强有力的环境组织,它被称作生态马克思主义者(the Ecological Marxists),他们认为环境恶化是一个政治和经济问题。不是道德价值,而是资源取用的不平等才是印度生态危机的根源。富人为寻求利润而破坏环境,而穷人仅仅为生存同样破坏环境。与甘地主义者们相对照,生态马克思主义者对传统价值观抱有敌意,他们把这个国家的困境的原因部分地上推到古老的文化态度上。甘地主义的环境主义者们,已经成功地在全国乃至于更大范围内,在巡回讲演中、在会议上、在出版物中,推行开了他们的道德复兴的教旨。

世俗伦理学

总体上说,在有关对待环境的伦理行为的认识上,世俗的著作人之间存在大量不同的、常常是相互冲突的观点。康德②或形式主义的道德立场主张,善的行为的本质是遵循普遍的伦理原则而与实际后果无关(Kant,1785)。康德充分意识到自然是人类实现其目的的手段(Infield,1963)。可是,在他心里,观察自然,尤其是从动物王国里父母对后代的养育中,可以快速教给我们存在于自然中的关爱的态度。这有利于我们在

---

① 莫罕达斯·卡拉姆昌德·甘地(Mohandas Karamchand Gandhi,1869—1948 年),印度哲学家、民族独立运动领袖,鼓吹"非暴力不合作"的甘地主义创始人。甘地主义核心主张为"非暴力"的手段和"坚持真理"的目的,认为二者须臾不能分开。——译者注

② 伊曼努尔·康德(Immanuel Kant,1724—1804 年),德国伟大的哲学家。代表作有《纯粹理性批判》(1781)、《实践理性批判》(1788)、《判断力批判》(1790)。——译者注

人与人之间培植类似的关爱态度。然而,康德不赞成这样的观点:自然的研究可以引起人们对其他物种给予更大的关爱(Frasz,1993)。很清楚,在康德的思想中,只有人应该带着关爱和尊敬对待人,因为每个人本身就是目的。一般而论,这个态度可以被推广到其他领域,比如环境。康德相信,在目的王国中,一切都有尊严。与人类需要有关的物品,总体上看都具有市场价值。但是,能作为使得所有价值成立的基本条件的,必须是以自身为目的,是为了自身的价值。具有这样的价值就具有尊严。根据康德哲学,人本身是无限的目的,绝没有其他与人本身的价值对等的价值。任何东西都可以交换,但是作为人的目的的价值却不允许交换。因为,人的幸福要求他人的尊重,人在道德上有义务做到尊重其他个体的幸福。

布斯(Booth,1994)坚持认为,在康德的传统中,以干扰其他个体幸福的方式去使用环境是不能允许的。例如,有损于健康的活动,比如向空气中排放可以被人吸入的有毒气体,和康德的伦理主张就是互相冲突的。如果人类健康,甚至自然环境的性能,被赋予高度的价值,损失他们的一切行为于是都会变成不正当的。可以证明有损行为合理的唯一可能是,不这样做必定会对人的健康和自然环境导致更大的损害。

另一方面,功利主义伦理学,根据动机对人和其他可能物种,例如高等动物,有无好效果来判定行为的善。早在1789年,功利主义经济学家杰里米·边沁就提出,考虑到动物王国不能自行申诉或者推理论证,有一个问题我们不得不需要追问自己:动物可以感受痛苦吗?(Thomas,1984)由于这个观念,在18—19世纪,世界只是为了人类利益和快乐的说法开始崩溃,功利主义学派有关非人类物种的认识开始抬头。

福利经济学受到旨在最大化社会福利的传统功利主义伦理学的支

持。如果存在一些受损失者，则他们应该得到补偿。帕累托①准则要求，经济活动，比如投资，如果能使得一些人生活得更好，而同时不至于导致任何他人生活状况恶化，那么就是可以允许的。然而，实际上，任何可能满足这种条件的计划，几乎都是不可能的，因此，帕累托公式已经被所谓的卡尔多—希克斯原则②取代了，这个原则要求赔付受到损失者，至少从理论上讲要求如此。在将补偿纳入考虑之后，如果共同体有一个大规模的收益，那么，经济活动就是可以被认可的。

　　布斯（Booth，1994）认为，如果一种经济活动对环境有破坏性，由此而受到损失者则应当因为其所受损失而以一定的方式得到补偿。这种方式可以使他们通过其他手段获得对等层次上的满意。寻求人类幸福的手段之间的可替代性，使得经济活动得以畅通无阻。然而，如果对环境破坏导致的幸福损失没有任何替补的话，则传统的福利经济学，在决定合乎伦理地使用自然方面，便只能无能为力了。这看起来或许是一个强词夺理的观点，但是，布斯征引了最近美国荒野保存历史上的一些实际案例资料来支持他的观点（亦见 Nash，1982）。如果自然环境的性能对一些个体如此具有价值，以至于他们放弃任何补偿，那么，依靠成本—效益分析巩固的传统福利经济学就将不再具有充分的理由了。

　　与成本分析中的净现值的计算不同，由人类的物质进步的追求和自

---

① 维尔弗雷多·帕累托（Vilfredo Pareto，1848—1923 年），意大利经济学家、社会学家，为数理经济学学派中洛桑学派的奠基人之一。代表作有《政治经济学讲义》（1896—1897）、《社会主义体系》（1901—1902）、《政治经济学教程》（1906）、《社会学通论》（1916）等。——译者注

② 卡尔多—希克斯原则（Kaldor-Hicks Principle），帕累托准则需要计算经济行为或者政策造成某些人生活状况恶化的程度，而这是非常困难的。尼古拉斯·卡尔多（Nicholas Kaldor，1908—1986 年，英国新剑桥学派主要代表）提出，只要证明受损者可以获得补偿，其他人境况会改善，就可以了。约翰·理查德·希克斯（John Richard Hicks，1904—1989 年，英国经济学家，新福利经济学先驱者之一）在卡尔多补偿原则上进一步指出，只要变革可以提高生产率，那么受损者就自然能得到补偿，社会福利政策就是合理的。——译者注

然环境破坏两者冲突而引起的伦理问题，不是很容易就能解决的。有一种观点，是泰勒（Taylor，1986）提倡的，他主张，除非为了维持实际收入以使得所有个体过上人类必需的、体面的生活，否则就不应该制造环境破坏。

当然，除了康德思想和五花八门、形式多样的功利主义学说之外，在世俗学派之内，还有从道德立场看待环境问题的其他方式。在这一点上，万登（Wanden，1995）对道德客体和道德的代理者这两种互相联系的伦理论题作出了划分。

道德客体

在这里，我们试图确定何种行动和事物是具有伦理价值的。人类是应该得到道德对待的唯一对象吗？道德对待应该推广到其他物种，乃至于推广到全体创造物吗？正如我在上文曾经讨论过的，犹太—基督教教义的早期狭隘的解释，使得人类成了唯一的道德对象，但是，这种观点现在受到许多学者的挑战。

在昔日，并非所有人都要纳入伦理义务的范围是个常识。不幸的是，今天仍然有某些集团实行着有选择的标准，道德义务仅仅被扩展到某些群体，例如自己的部落、大家庭、相同宗教和肤色的人。

中世纪欧洲基督教对穆斯林的态度，可以在十字军运动中找到其一览无余的表示，它旨在穷尽一切可能的手段，将巴勒斯坦圣地和欧洲的穆斯林斩尽杀绝。纳粹对犹太人、斯拉夫人和其他"肮脏退化的种族"的意识形态，为灭绝性集中营的建立铺平了道路。往昔强加于北美和欧洲黑人头上的奴隶制，以及南非制度化的歧视，对我们仍然是记忆犹新的。这些是道德上选择性对待行为令人不寒而栗的例证。胡克（Hooker，1992）声称，我们正慢慢醒悟到这样的事实，即道德关怀应当推广到一切人，无关乎其血缘、宗教、肤色、性别、政治立场等。

　　道德对象的问题是环境伦理学争论的重心所在。人类中心主义者相信，人类的生存比其他一切生命形式更有价值，人类或许是地球上唯一具有道德价值的生命形式。另一派是生物中心主义者们，他们力主人类不比任何其他物种更有伦理价值。

　　人类中心主义的立场至少在三点上得到了辩护。第一是生物学意义上的，就是说人类从生物学意义上讲，是最为发达的物种。我们在经历数百万年计的生物进化图示中占有最前沿和最高的位置。人类的大脑最为发达。在一切物种里，我们的中枢神经系统是最为复杂的。第二是心理学层面的，即，只有人类拥有意识自觉和抽象推理的能力。唯有人类在面临复杂的道德境遇时，能够作出道德选择。唯有人类能够思考和争论哲学概念，诸如伦理、正义、超越生物性存在的生命可能性，等等。因此，我们是能够展开道德判断的唯一物种。第三是哲学意义上的。这就是说，人类的人格在很大程度上，是在某种文化环境中，通过和他人的关系而形成的。也就是说，一个人的自我人格，只有在和他人接触时才能形成。这意味着个体之间的社会关系贯穿着根本的道德意义。这些观点已经被解释学、批判性哲学家等许多哲学学派发展了。根据万登（Wanden，1995）的看法，人性中哪一种成分在道德上具有决定性的意义，我们并不是很清楚的。

　　持生物中心立场的人们主张，一切生命形式可以而且应当拥有像人类一样拥有的伦理价值，伦理的对待应当包罗动物、植物和其他物种。因此，所有生物都具有内在的伦理价值。就这个意义讲，人类和阿米巴细菌之间没有任何区别，两者有同等的道德地位。阿尔贝特·施韦泽①是这

---

①　阿尔贝特·施韦泽（Albert Schweitzer，1875—1965 年），亦译史怀哲，德国思想家、生命伦理学家、伟大的人道主义实践者，1915 年提出"敬畏生命"的伦理原理，有两条要义：我是生生意志之流中的生命；维护生命是正当的，遏制生命是恶的。他的"生命"是指生物共同体中一切互相联系的生命。代表作有《文明的哲学》(1959)。——译者注

个学派最佳、最知名的代表。不仅如此，生态系统作为整体，连带其周围环境，在伦理上是有价值的，因此，需要得到最高级的主宰性的物种——人类的尊重。很清楚，这里不是说个体身份载有道德价值，而是说生态系统体现有这种道德身份。当然，这不必然地意味着主宰性的物种，只要不打破生态秩序，就可以残酷地虐待某个个体。某些具有感觉痛苦能力的物种，例如哺乳动物、鸟、蛙和蜥蜴等，不应该受到痛苦的虐待。正如早些时候提到的，边沁通过其"物种可以感觉到痛苦吗"这样的发问，使得这个论题成了伦理学讨论的一部分。

与人类中心观点有联系的另一个问题是意识。不只是人类具有意识。像类人猿和狗等高等动物，同样具有意识。如果感觉痛苦的能力一并意识，是判定是否具有伦理价值的充足条件，那么，高等动物理所当然应该得到伦理对待。辛格（Singer，1975，1981）与瑞根和辛格（Reagan and Singer，1976）主张，伦理关怀的同心圆必须扩展，至少要扩展到将的的确确能够感觉到苦乐的高等动物包罗进来。正是本着这样的出发点，动物权利运动蓬蓬勃勃地发展开来。

道德行动者

这里的焦点是有关为环境作出伦理决定的存在者为谁的问题。关于环境，我们应该作出伦理决定吗？如果这个问题有答案，一定是由最高的主宰性动物，即人类来作出。因为，我们是唯一能够从事道德盘算的动物。但是，由哪些人做主呢？谁才具有决定环境保护或者允准与实际程度相应的环境败坏限度的道德威信？在这些问题的背后，潜藏着自由的伦理学和法律的伦理学之间的区别。根据万登（Wanden，1994，1995）的见解，这些概念表征了我们在时代道德上进退两难的窘境，尽管这种两难的根源是从古代伸展而来的。

自由的伦理学蕴含着这样的意思：每个人对自己的生活具有自由的

决定权,并有采取必要行动的道德权利。今天,所有的民主传统,都在既定的法律框架内,高举着个人权利和偏好的伦理学大旗。多元的民主制为个人偏好获取选举意志表达的确认提供了载体。

还有,一切民主体制的特点之一,即自由市场机制,只可以用于一些可信的确认个人偏好的结构。供求的威力可以评估出所有商品,包括环境商品的价值。大体上说,价格向决策者通报了人民打算对环境因素的保存支出多少的信息。由于种种原因,有时候市场价格可能是不可信赖的,也许有可能是令人捉摸不透的。如果碰到前一种情况,那么,虽然有一些难度,但是通过现成的成本—效益分析,实际价格(隐蔽的假定价格)还是可以估算出来的。如果情况是如后者所指示的,那么,有很多统计方法和实验技巧,可以用来查明行动者拟付的意愿。

运用市场体系保护环境的捍卫者们认为,不存在取代供求力量的可行办法。例如,如果把大多数种类的生物多样性推到灭绝的临界点的代价很高,那么,市场力量将会发挥出援救的作用。一种资源的稀缺越大,愿意支出的人们就会越多。因此,各种手段都会被拿来用于保存濒危物种。例如,制药企业已经认识到,生物多样性的保护将会使得它们生意兴隆。因为这一点,为了保护濒危物种,很多制药企业同意为热带雨林地区支付保护成本(Kula,1994)。带着生产抗癌和抵御心脏病的有效药物的观点,以利润为追求的企业,现在正在筛选从热带雨林中找到的生物有机体。这里,通过运用市场的力量,道德行动者正在采取措施以保护自己的利益,而这可能比通过立法来保护物种更有助益。

目前,大多数人赞同,我们蒙受着过多的污染。它们破坏环境,由此进一步损害人的健康。如果经济主体被迫用税收的方式为他们的工业排污,一并为家庭烟尘支付费用,那么,这样的破坏活动将会减少下来。污染者会降低他们的排放,因为这样做会使他们节约金钱。

如果没有市场价格或者市场价格不充分,那么还有广为人知的可用于环境保护的价值评估方法可用。根据这种道德的行动者的观点，通过市场方法的运用，可以尝试规定出道德对象的价值。这和人类中心主义是互相呼应的。在环境伦理学观点排列范围的另一端，比如从生物中心的伦理学观点看，关于多少环境应该得到保护，我们不能把个体偏好视为决定性的因素。尽管市场可以发出信号，放任任何程度的环境破坏仍然可能都是非伦理的，但是，这并不意味着环境要素的市场价值是无用的。在建立实际决策时，它可能是重要的。然而从生物中心哲学的立场来看，不管用什么方式获取的市场价值都会大大损失其重要性，因为它们构建的评定环境价值的方法，从根本上看是不充分的准则。进一步说，从这样的视角看待问题，对于法律伦理学而言是不可接受的，因为在法律伦理中，我们的中心职责是要符合自然的规律而不是去改变它们。

市场体制的替代性方案，取决于以实现环境保护为目标的政治程序。根据一些人的思考，多元民主的社会结构比市场力量更值得信赖。因为，它避免了财富和收入的不平等分配。而不平等分配使得过度的权力聚集在少数的然而是强有力的经济利益集团手中。政党可以自由接受上述不同伦理观中的任何一种。现在，大多数民主国家已经有了绿党，他们大多数都严守生物中心主义伦理学。另一方面，保守党人倾向于更人类中心主义化的立场。几乎所有带着各色政治观点眼镜的政党，都根据加上其他一些论题的环境纲领，展开它们的竞选运动。

使用政治程序的观念下决心实现环境抱负，是和自由的伦理学连接在一起的。从另一方面看，法律伦理学倾向于动摇代议制民主。保存环境，可能会遇到代价高昂的经济后果。如果市场机制靠边站，政治程序得以流行，则环境保存中所涉及的价格和成本将需要专家来确定。这意味着，政治体制必须不问预算限制和总的经济条件，而照收由专家确定的环境账单。换句话说，在法律伦理学中，政治体系成了生态考虑的附属物——再换句话说，民主靠边站而由生态学掌控一切。

目前,自由的伦理学,特别是功利主义形式的自由伦理学,是西方的主导模式。根据万登的观点(Wanden, 1994),这个概念及其对人类利益的强调,是一个抽象的经济学原则,而不是伦理学原理。因此,不应当想当然地认为环境抱负必定会实现。尽管有其缺点存在,对人类中心主义的功利主义而言,法律伦理学可能是一个相当好的选择方案。人类中心主义的功利主义,已经如此漫长地主宰了我们的思维和生活方式,产生了极其严重的环境问题,其中就包括诸如危及包含人类在内的许多物种生存和安全等的现实的、潜在的核污染。

应当提请人们注意的是,人们受到敦促要以关爱的心态对待的环境,具有高度复杂的构造。视自然为一架有似前定的钟表的陈旧观念,已经丧失了广泛的认可。相反,自然具有常常呈现出的、引起不可预期的后果的、混沌行为的观念,却正处于兴起之中。自然的复杂性和不可预料性的发现与最近几十年发展起来的混沌理论有关系(参见 Prigogine and Stengers, 1990; Jantsch, 1980)。这个观念认为,环境和其他人类结构,的确是从既定的平衡态开始转变,尔后进入每个系统自我生成的更复杂的状态。这并非长期渐变的过程,而是在颇短的时间间隔中突发的活动。这里重要的在于,不管是对控制平衡的规则,还是对引发新结构形成的突破点,我们都不能有完全的了解。据推测,原始生命是从无生命物质吸收太阳能而自发转化的过程开始和发展的(Ho, 1988)。

万登(Wanden, 1994)辩称,环境混沌理论对我们的决策有重要的影响。首先,环境结构的复杂性使得对一些经济活动,例如碳和硫化物等的排放的后果的预测变得困难重重。吸收了这些物质的生态系统,比起我们预料的,可能有或多或少出入。第二,由于新的环境政策,或者既定的环境政策的推广,我们的经济体系可能同样是不可预期的。例如,碳税的采用,对某些经济活动,可能比对全球排放水平和选择性生产与贸易的形式,会有更大的影响。因为,我们不知道环境和经济的突破点在哪里,也不知道随之而来的突变是什么,所以,根据若干伦理哲学来确定环境政策是有难度的。

进一步说,不干涉复杂性规律、脆弱性和弹性,这种环境规定本身就是一件判定起来烦不胜烦的事情。从词源学上讲,环境是环绕我们的东西。从空间几何学上讲,塞浦路斯和莱斯特郡都被大海包围。但是只是在前一情况中,大海才是环境。如果所取半径足够长的话,个体的人可以说是被一切存在物环绕着。环境的关键性的特点在于,它指的是个体的当下环绕物,但是,即使这样说也是含糊不清的。个体的人会将室外的街道或附近的公园看成他或她的环境,但是,不会同样地称呼房子底下的碎石瓦砾,这也许是因为碎石瓦砾对他或她的生活没有任何影响。不过,极其遥远的对象,比如太阳和月亮,对一切生命包括正被讨论的个体生命有着巨大的影响,却很少会有人把它们当作个人环境的重要组成部分。

实际上,环境的概念不应当以地理学意义的距离为限。数千里之外的朋友和家庭,属于我生活的重要组成部分,而我漠不关心的隔壁邻居却不是。今日典型的大学教师,有某一个出生地,但他们可能会在异地发展,然后又被另一个地方的大学雇佣。他们为了晋升而随时准备搬家,并在不同的会议之间飞来飞去。通过国际互联网的使用,他们可以与全球所有角落的同行交流,并获取可能来自地球另一头的信息。学者大体上说是待在由所有这些情境构成的家中。换句话说,家对于今天的知识分子而言,不是过去意义上的家了。环境的概念指的或许是,或者应当是,人们可以生活的地方。这对所有的人概不例外(Cooper, 1992)。

盖娅

为了设法解释地球上 30 多亿年生命的持续现象,一位见解独特的科学家,詹姆斯·拉伍洛克①出版了一本很有影响的著作《盖娅:地球生命的新视野》。在逾 35 亿年的绵延期间,虽然作为一颗屡遭流星撞击的动乱不息的行星,但是,地球上的生命形式不仅延续下来,而且事实上繁荣昌盛起来。拉伍洛克描述了其中的究竟。"盖娅"②,是作者精心挑选出来的,原是古希腊人对"大地母亲"(the Mother Earth)女神的称呼。拉伍洛克在分析过程中,将生命和全球环境分成盖娅这个单一系统的两个组成部分。盖娅具有自我管理和自我修复的功能。自我管理功能意味着,替生命的持续和繁荣保持有益的地球环境。为达到这一点,温度必须维持在既不冷也不热的水平。自我修复功能意指,如果系统受到打击,远离平衡,它可以进行自我恢复。所有这些意味着,我们的行星是一个活的东西,它差不多是不朽的,能够劫后余生。但是,这不意味着可以确保任何特定生物比如人类能够永远幸存。

　　盖娅假说目前有很大的争议。它既吸引了众多的赞成者,也招来了同样多的反对者。反对者认为,这个假说不是以严格的科学调查为基础,而是建立在某些含糊笼统的哲学甚至宗教信念的基础上。支持者们相信,像许多研究世界历史的理论一样,盖娅理论也是可以检验的,只是这样的检测实施起来有难度。不仅如此,据称,只有等到有关太阳系形成的理解获得进步之后,才能够正式地检验盖娅以及与之类似的其他理论

①　詹姆斯·伊弗雷姆·拉伍洛克(James Ephraim Lovelock, 1919—　　),英国独立科学家、发明家、化学家、生物物理学家和著作家,盖娅假说的原创人(现称为"盖娅理论"),1974 年被选为英国皇家学会会员,自 1994 年以来一直是牛津大学格林学院的荣誉访问研究员。1990 年获得荷兰皇家文理学院第一届阿姆斯特丹环境奖。获得的其他奖项有:1996 年的诺尼诺奖(the Nonino Prize)、沃尔夫环境奖(the Volvo Environment Prize),1997 年的日本蓝色星球奖。1990 年被英国女王陛下封为二等勋爵。他的众多发明之一是电子捕获侦探仪,是探测大气中氯氟碳化物(CFCs)的重要仪器。他参与美国国家航空航天局的研究,某些发明被该局用于行星探索项目中。著作另有《盖娅和敬畏盖娅》《盖娅:实用行星医学》。——译者注

②　盖娅(Gaea, Gaia),希腊神话中的"大地母亲神"或"大地",大地从原始混沌中涌现,从大地产生出天、洼地、海洋,然后和天与苍天神结合生出泰坦诸神。——译者注

（Watson，1991）。例如，今天的火星是一颗寒冷而没有生机的行星。可是，科学家们了解到，火星一度是非常温暖的，火星表面被流水侵蚀的痕迹就是证据。这意味着，火星的温度曾经高于冰点，这使得有些科学家推测火星上曾经有生命存在。然而，随着这个行星上大气的大量流失和严酷的降温，生命毁灭了。就其所涉及的范围而论，盖娅理论假定，一旦在某一个类似于地球的行星上有生命形成，这颗行星上很可能就会出现弹性和永恒性。不过，这是不大可能遇到的。可是，一旦行星变成活的星球之后，不幸横遭劫难、生命被毁灭的话，这并不必然地说明盖娅理论是矛盾的。通过适当的飞向火星的载人飞行，寻觅早期生命证据，也包括可能存在的大劫难，这个预测可以得到检验。

鉴于行星地球具有自我调控性特点，大多数科学家相信，太阳的热度一度比目前要低30％左右。如果这个现象发生在现在，那么将化海洋为冰川，进而终止绝大多数有生物种。几乎人人确信，在生命形成之后，地球上不再会发生这样的降温过程。因为，几乎一切物种都需要在零度以上的气温中才能得到存活。这里有一个解释是，当太阳热度不太大时，地球的大气变得更稠密，同时二氧化碳会产生足够强大的温室效应以保持气温回落。由于太阳变得更热，大气中的温室气体已经减少，这使得地表温度变得可以适当地保持稳定，适宜于生命存在。

根据地球有自我修复功能的观念，这个行星有能力穿越宇宙激流。据估计，每隔1亿年，地球就遭到一次巨大的流星撞击，这会毁灭大多数物种。但是，新兴的物种会快速崛起（以地质学尺度来说），以取代旧的物种。例如，可以相信，紧接最近一次碰撞而来的是地球环境的破坏，恐龙和其他物种被灭绝了。可是，随着毁灭的结束，恢复和协同开始共同起作用。伴随着新物种的突现，地球上的生命迅速恢复到有秩序的状态。

盖娅理论的追随者们倾向于对人类中心主义的环境哲学，包括我们

第 9 章解释过的博尔丁的宇宙飞船经济学概念持批评态度。盖娅理论的拥护者们认为，人类必须从终结性意义上把自己视为更大的实在的一个不可分割的部分，也是行星地球这个生命体的一部分。从这个视角看，生物多样性的破坏应该属于一个重大的伦理学问题。人类不应该贪婪成性，不应该破坏任何一部分环境——这是一种以地球母亲自身为名义而宣示的管理性关系。

深生态学

深生态学运动是从 20 世纪 60 年代生态学运动中自发孕育和形成的。在人类与环境的关系方面，它试图促使人类中心主义的价值观、感知和生活方式，向生态中心主义的范式转变。根据塞申斯（Sessions，1995）的介绍，其源头可以追溯到道家、禅宗佛教、圣方济各，以及更晚近的著作家，例如奥尔德斯·赫胥黎（Aldous Huxley）、乔治·奥威尔①、罗宾·杰弗斯（Robin Jeffers）、约翰·缪尔（John Muir）和其他许多人。它的发展差不多与利奥波德（Leopold，1949）普及的土地伦理学相并列而行。更具体地说，差不多平行于卡逊时代（Carson，1962）。卡逊对现代农业中杀虫剂使用的蔓延忧心忡忡。在她眼里，杀虫剂对许多物种造成严重损害，甚至于对人类健康造成了威胁。这样做也不符合阿尔伯特·施韦泽敬畏生命的原则。

20 世纪 60 年代的另一个重大进展是对人类中心主义的拒斥。人类中心主义在 20 世纪之初，曾由美国森林保护局的局长杰弗德·平肖（Gifford Pinchot）清楚明白地表达出来。他认为，只有人有价值。动物和

---

① 乔治·奥威尔（George Orwell，1903—1950 年），原名为埃里克·阿瑟·布莱尔（Eric Arthur Blair），英国小说家、政治评论家。代表作有《一九八四》（1949）、《动物庄园》（1945）、《狮子与独角兽》（1941）。——译者注

其他物种自身没有任何价值。它们仅仅是供人类开发利用、开展户外娱乐运动和满足人们美学欣赏价值的资源。此外，为了后代可以有和我们类似的开发利用与娱乐机会，它们应该得到保存（需要了解平肖与缪尔之间的全部论辩，请参见 Fox，1981；Sessions，1995）。在 20 世纪 60 年代，挪威哲学家阿恩·奈斯[①]和美国诗人加里·辛德[②]开始在国际范围内推行深生态学的概念，这一奋斗目前还在进行中（Naess，1989；Synder，1977，1994）。

深生态学家们相信，一切有生命的物种的共同体是更大的实体，具有更大的价值。最近二三十年的工业和商业发展，旨在为消费者创造一个经济和技术的"地狱世界"。实际上它创造的世界是一个"废物成堆的世界"。这导致了人类身心与世界整体的破坏。媒体的产业化制导，不仅创造了富裕和经济增长的幻觉，而且威胁着人的生存能力。很多教育机构现在不是为了教育年轻人，而是为他们装备挣扎于破坏性的工商业社会中的工作技能。这样的社会我们无法依靠。我们延误了漫长的时间，而本来我们应该发问：我们社会的价值和我们正前进的方向究竟有无根本

---

① 阿恩·奈斯（Arne Naess，1912—2009 年），挪威语言哲学家、奥斯陆分析哲学小组代表人物、环境哲学家、深生态学之父、维也纳小组成员。其哲学生涯可分为四个阶段：第一阶段是科学哲学时期，大约持续到 1940 年；第二阶段是经验语义学阶段，大约从 1940 年到 1953 年；第三阶段主要致力于反独断论研究和复兴古希腊皮浪主义怀疑论的工作；第四阶段大约开始于 1968 年，即生态哲学时期。受生态灾难的刺激，1968 年起，在奥斯陆大学正式开讲"哲学与生态学课程"。1969 年提前退休，专门致力于生态哲学研究。他相信仅靠科学技术解决不了生态危机，而哲学和智慧能弥补科学的局限。"深生态学"一词最早见于奈斯 1970 年的《问题的深性和深生态学运动概要》一文，1990 年奈斯加以修订，1995 年公开发表于塞申斯编的《为了 21 世纪的深生态学》文集中。1972 年在布加勒斯特发展中国家未来会议上，奈斯发表了《浅层和深层长远生态运动》一文，文章公开了"深生态学"一语。1973 年，该文在《探索》杂志面世。深生态学的哲学、伦理、政治、教育和经济等思想也被称为奈斯主义。同年他以挪威文出版《生态学、共同体及生活方式》一书，此书系统表达了奈斯个人的生态哲学体系。——译者注

② 加里·斯奈德（Gary Synder，1930— ），美国著名诗人、作家、翻译家、社会活动家、"垮掉的一代"运动的领袖人物之一。代表作有《乌龟岛》（1975）、《荒野实践》（1990）等。——译者注

问题?

冷酷无情的现代社会贬低了人生以及环境的质量。简朴和自然的生活,可以使我们的生活质量达到最大化,并可以丰富我们作为人在地球上生活的体会。我们从自然中的分离已经造成了某种创伤。我们未能满足人类最基本的环境需求。其结果是,人们到处热衷于消费主义,沉溺于对毒品的依赖之中。人类康复的首当其冲的条件是,洗心革面地重新恢复我们与自然的亲密意识。

卡普拉(Capra,1995)认为,根据 GNP 评价的经济政策追求增长,和人类幸福毫无关系。多多益善的增长假定从根本上说是错误的。不幸的是,经济学家不愿承认经济仅仅是社会组织的一个方面。他们致力于研究的主题,被从它的真正的基础中撕裂和孤立起来。当下的经济学家的简单化的、非常不现实的理论模式,总体上是一个误导。在迈向深生态学运动的过程中,新实在观正在突起,深生态学运动正在积聚力量,而这些将会成为创造我们未来经济体系和社会制度的基础。

奈斯(Naess,1995)划清了深生态学和浅生态学之间的区别。对他而言,浅生态学是为了维持富人的健康和福利而对污染和资源损耗发动的一场战斗。他用七条来刻画深生态学运动的特质:

1. 拒斥"位于环境中的人"(man-in-environment)的形象比喻。作为替代的是,从"人是环境的一部分"的比喻中引申出的"如果没有环境,人就不是其本身"。

2. 生物圈的平等主义(biospheric egalitarianism)。根据这一点,人类需要带着由衷的理解来尊敬生命的形式和生存方式。生活质量取决于我们和其他生命形式共同参与自然育化而获得的欣慰和满足。对自然采取主—奴关系的态度会导致异化的结果。

3. 生物多样性的原则(principles of diversity)。诸如"适者生存"和"生存斗争"等概念的真意,应该被理解为与其他生命共存的能力。生物多样性有助于提升与其他物种共存的潜力。"万物并育而不相害"①(live and let live)，比起"不是你死，就是我亡"(either you or me)是一条更佳的生态原理。

4. 反阶级的立场(anti-class position)。根据奈斯的见解，人类差异性的形成部分地应归因于某些集团的剥削和镇压。剥削者和被剥削者过着不同的生活，这样一来，他们便丧失了自己而从属于不同的阶级。多样性的原则不包括上述强制性的分别。同理，深生态学不欣赏诸如发达的与不发达的、富余的与贫穷的等级划分。

5. 无损坏(non-degradation)和无耗竭(non-depletion)的心态。深、浅生态学家兼有这些目标，不过，深生态学家不应该从事破坏环境和不必要的耗用自然资源的活动。他们在工作选择上应当有所不为。如果工业安装抗污染的工艺设备，产品的价格会上涨，因此会加大社会等级的差距。停留在徒为抗污染目标而战是不够的。因为这在打发掉污染的同时，有可能增加其他种类的恶。无污染、无耗费的生产模式必须加以推广。

6. 复杂性(complexity)。自然环境是极其多变的和复杂的，这决定了生态学家所思考的是他或她隶属于其中的巨大系统。

7. 去中心化(decentralisation)。为了适应合生态化的生活，需要弱化与等级链条相关的内容，并且强化地方自治。以两座房屋为例，一个是用当地材料和技能建成的，另一个则是需要，比方说，借助粮食出口换得的进口材料建成的。前者需要的能源可能仅仅是后者的 5%。

奈斯认为，一个深生态学家应当同时兼顾上述七条，否则会顾此失彼，得不偿失。他还指出，七条概要颇为模糊，在某些方面还可以进一步加以准确化。这些要点不是靠逻辑或者演绎法得出来的，相反，是靠遍及世界的实地工作者的经验和建议得出来的。深生态学运动明显是规范性

①　该句译文借自《礼记·中庸》。《中庸》一篇，包含了不少合乎生态哲学旨意的文化建设指南和原则。——译者注

的,它部分地奠基在来自世界各个角落科学研究的成果上。最后,奈斯强调,像其他的生态学运动一样,深生态学的性质是生态哲学的,而不是生态科学的。

生态学是一门具有限定性的科学,它运用的是科学的方法。哲学是对描述性的、一并规范性的基础展开论辩的最一般的形式。政治哲学则是哲学的分支之一。所谓生态智慧(ecosophy),我指的是事关生态和谐和生态平衡的哲学。一种哲学是一门智慧(sophia)。它是开放性的、规范性的,不仅包含规范、规则、推理、价值优先性声明,而且包含我们有关宇宙中事态的假说。智慧是策略性智慧,是处方,而不只是科学的描述和预测。

(Naess,1995:155)

深生态学虽然是一场有影响的运动,但是受到了大批思想家,有时候还有其支持者们的批评。例如,该运动的倡导人之一塞申斯就指出,他的一些同行故意不用心对待,甚或在总体上忽视人口过度增长对当前和未来环境危机的严峻影响(Sessions,1995:4)。其他人,例如胡克(Hooker,1992),指责这个运动不具有任何严谨的理论基础,更进一步,深生态学是我们的伦理氛围中一个太简单化的概念,因为它忽视了张力和冲突所在。库珀(Cooper,1992:165)发现,这个运动推进新环境伦理学的成绩几乎单调得令人乏味,并且也是令人沮丧的:

推进"新"环境伦理为什么显得重要? 流行的答案是,没有它,我们会一如既往地奔向大劫难……不管它吧,这个答案设下了一个阴险虚伪的怪圈。因为它提出了"新"伦理,不像道德真理,倒像一个省力的鬼话,一个神圣的胡扯,是尼采所谓"没有它人活不下去的虚假性"之一例。但是,就像"生态智慧"一词可能提示还需要更深一步的解答一样,一种"新"伦理不仅需要语义基础，而且需要对世界上"其他地方"人们的地位有真实的了解。

库珀又补充说，这些概念有许多是肤浅的、模糊不清的。首当其冲要点出的是，自然应该是什么？他们甚至没有给出适当的定义。

戈尔①（Gore，1992）指责深生态学是内在地厌世、厌人类的。奈斯的生态哲学把人类描绘成地球的异己存在，原因正在于人类具有自由意志。为捍卫这场运动，塞申斯（Sessions，1995）提出，戈尔在蓄意误解深生态学，其目的是推广他自己的那一套以人类为主宰的、基督教管理关系的观点。布克钦②（Bookchin，1987）批评深生态学运动总体上包含着对人类的攻击。他说，在深生态学家的眼里，人类是自然进化中丑陋而邪恶的产物，其行为、思想是破坏性的而非建设性的。反过来看，深生态学家否认诸如此类的推论。深生态学家认为自身当然是以人为本的，是人是"世界和宇宙中心"的哲学理论的批评者，然而，他们的性质并不是反对人类的。

土地伦理学

1949 年，奥尔多·利奥波德③出版了一本书，叫作《沙乡年鉴》。该书

---

① 艾伯特·戈尔（Albert Gore Jr.，1948—　），曾任美国副总统，热衷于推行环保政治和政策，代表作有《濒临失衡的地球：生态学和人的精神》（1992）。——译者注
② 默里·布克钦（Murray Bookchin，1921—2006 年），美国无政府主义哲学家，社会生态学学派的奠基人，对美国 20 世纪 60 年代生态学革命的产生发挥了重要影响，曾与深生态学家发生公开激烈的论战。代表作有《迈向生态社会》《自由的生态学》等。——译者注
③ 奥尔多·利奥波德（Aldo Leopold，1886—1948 年），美国荒野管理教授，荒野学会的合作创立者之一，被奉为美国环境伦理学最伟大的先知、环境伦理学之父。20 世纪 40 年代，他把生态与伦理相结合，创立"土地伦理"，提出一系列新的出发点，例如："我们尚未有处理人和土地的关系，以及处理人和土地上动植物的关系的伦理规范"；"土地的伦理规范只是扩展了群集（community）的界限，使其纳入土壤、水、植物和动物，我们可以将这些东西统称为土地"；"学会像山那样地思考"；有利于生态的是善，否则是恶。土地伦理学在伦理学史上是革命性的，因为传统规范伦理学认为伦理关系只存在于人与人之间，而土地伦理学却肯定人和自然之间存在伦理性关系。代表作有被称为经典之作的《沙乡年鉴》（1949）。——译者注

包含有使得所谓利奥波德的土地伦理学得以建立的基本原理。在书中，他提出，从哲学的观点看，伦理是合群的行为与反社会行为的区分所在。合乎生态的伦理是对生存斗争中行动自由的一种限制。根据历史背景，有用来处理个人之间行为的根本性伦理，也有用来处理社会和个人之间关系的辅助性伦理。可是，尚没有处理我们和土地、动物以及植物之间关系的任何伦理。不幸的是，土地仍然是被视为一种财产、一个奴隶。土地是一种生产要素，占有它可以给人带来声望，然而占有却不包含义务。将伦理延伸到土地和自然，不仅是一大进步，而且还具有生态必然性。

在很大程度上，各种形式的伦理学，是根据个体从属于相对独立的某一共同体的成员的原则而演化出来的。如果他们的自然性向促使他们为共同体中的地位而竞争的话，他们的伦理学便指示他们要合作。土地伦理学不过是将共同体的边界扩大，以便能够包括所有的人类环境。

面对自然的征服者，也就是人类，利奥波德发出了一条警告：

纵观人类历史，我们已经了解到（但愿如此），征服者最终难逃失败的下场。原因何在？因为，这样的角色中有一点是不言而喻的，即征服者是无所不知的。诸如：在共同体生活中，究竟是什么使得共同体在按部就班地运转，究竟什么样的东西、什么人是有价值的，而什么样的东西和什么人是微不足道的。结果反复证明了，他胜人而不自胜，既不知彼也不知己，这正是他终究逃不出由胜而败的原因所在。

（Leopold，1949）

保护，是人和土地之间的一种和谐状态，实现这个目的的最佳方式是实施教育。不幸的是，土地的使用仍然处于狭窄和鼠目寸光的经济利益的掌控之下。显然，如果我们的主导思想和信念没有变革，则伦理学考虑将不会发生任何重要的变化。根据利奥波德的观点，保护土地的目标不能实现的主要原因在于,哲学和宗教仍然对它充耳不闻。人类能够对他们有能力看到、感到和理解的事物采取伦理的对待。

于是我们可以说,土地伦理反映了生态意识的存在,也可以进一步说它反映了个体对土地健康尽义务的信念。健康指的是土地自我更新的能力。保护是我们理解和保存这一能力的努力。

(Leopold,1949:236)

如果没有比经济学设定的限度宽阔得多的对土地价值的爱和高度尊重,就谈不上对土地和自然有伦理性对待。对于被奇技淫巧和经纪人从土地中孤立出来的城市佬来说,土地是城镇之间空空荡荡的地带而已。他们已经"羽翼丰满,可以摆脱"土地了。换一个方面看,对于现代农民而言,土地是一个假想敌,是让他们经年累月、艰辛劳作不停的东西。这样一来,土地伦理学似乎毫无希望。所以,土地伦理学乃是一个需要冲锋陷阵的战士的进步阶梯。

女性主义与环境

根据有些学者的研究,对自然抱以关爱和护理的女性态度,在前基督教的欧洲一度存在过。后来伴随着历史的进程,它被进攻性的、主宰性的男性态度取代了。基督教的创设标志着沧海桑田的巨大变化。《圣经》经文,例如,"于是上帝说,让我们照着自己的形象,按着我们的样式造人。让他们主宰海里的鱼类、天上的鸟儿、地上的牲畜,以及遍地爬行的一切爬行生物",在对环境问题的态度方面,开启了侵入性的男性视野。女性的思想虽然失势,但是毕竟幸存下来。17—18世纪的科学革命,在有机和女性世界的棺材上打下了最后一颗棺材钉,从而使它寿终正寝了

(Merchant，1980)。

尽管遇到基督教的阻击，可是女性主义的世界形象被摄录在诸如"地球之母"(Mother Earth)和"处女地"(virgin territories)等语词之中，得以长时间幸存下来，并发挥出文化约束作用，对肆无忌惮的行为产生了制约。例如，昔日曾有各种各样的仪式，包括在开矿之前举行祷告和斋戒，因为，开发被认为是对地球之母的侵犯。在16世纪，为协助企业消除这些仪式，产生了很多文件(Merchant，1980)。

就农业而言，长期以来，以家庭或者共同体为基础的农产事业维持了乡村的健康。可是，向拥有新技术的市场资本主义的转变，标志着中世纪农耕经济的终止以及中世纪生态系统的打破。差不多遍及北欧，开始出现风车和水磨，森林砍伐加剧了。在帮助农民们使用湿地排灌、减少沼泽、围海拓地、控制病虫害和引种新作物等方面，手册开始面世。这些手册承诺说，可以使生产力增加十倍，因此具有极大的吸引力。维护整体的、女性主义化的哲学努力仍然存在。可是，面对新兴的经济和技术，这种布道活动的命运是可想而知的。

在麦茜特①看来，正是弗朗西斯·培根使得对自然的主宰合法化了。它和对妇女的剥削、主宰有着密切联系。在诸如"拷问自然"(interrogating nature)这样的词语中，培根动用了审讯女巫的技法。《弗朗西斯·培根著作集》中有如下的话：

妖术、女巫的伎俩、魔咒、梦幻术、占卜之类的迷信叙事形式，和在类似的叙事形式下面所隐含的存有可信的事实成分与清楚的证据的东西，

---

① 卡罗琳·麦茜特(Carolyn Merchant，1936—)，美国环境历史学家，曾任美国环境历史学会主席。代表作有《自然之死：妇女、生态学和科学革命》(1980)、《激进的生态学》(1992)、《地球守护：妇女与环境》(1995)、《绿色对黄金》(1998)、《生态学》(1994)等。——译者注

两者应当一概予以排除……我没有这样的看法……[因为]从这里我们有可能获得有用的启示,它不仅对确凿地审判被指控犯有搞迷信活动罪的人们有用,而且同理,对进一步揭示自然的秘密有用。从事这两类事情的人,如欲以真实的探求为其整个目标的话,那么他们在挺进并深入这些阴谋欺诈之中时,绝不应该踌躇不决。

(Spedding and Ellis et al., 1870)

将自然转变成为人类服务的奴隶,是在培根那里得到合法化的。这大大地满足了土地和矿藏拥有者、实业家和商人等暴发户之流的利益。资本主义化的、商业化的、男性的理论,开始对女性化的自然观施加压力。这给喷薄而出的资本主义社会结构中的阶级和性别异化打开了通途。

利文斯通(Livingstone,1994)指出,麦茜特从女性视角对历史进行的分析,并不是全部都具有说服力的。前基督教世界的态度,对于自然可能并不像麦茜特彰显的那样有益。

生态女性主义也是许多新环境运动的批评者之一,尤其是对于深生态学而言。他们的批评是,深生态学运动对人类中心主义大加挞伐,活像他们自己是某种性别上中性的哲学一样。事实上,男性中心主义(即以男性为中心的)才是环境问题的真正根源,而人类中心主义不是根源所在(Zimmerman,1987)。有些女性主义者,例如沃伦(Warren,1987),将妇女解放和一切侵略制度捆绑在一起。因此,他们很大程度上赞同生态中心的平等主义。反过来看,深生态学家们倾向于同意,在生态破坏的历史上,男性可能比妇女有更深的牵连。不仅如此,他们断言,还有其他的社会集团,比如资本主义的、西方人的和白人的等,也与生态破坏的历史纠缠很深。根据他们的观点,在经验的基础上,拮选出某一单独的集团,例如男人,并谴责他们造成了过去的环境破坏或者其他失误,生态女性主义的这种做法过于简单化了。这隐含着这样的意思,妇女在共同体中毫无权力,由此,她们不应对生态破坏担负任何责任。女性主义的生态学认为,首当其冲的是,我们要将社会互动关系拨乱反正(尤其是男性和女性集团之间),然后其他一切会各就其位。然而,这可能是一厢情愿的痴心妄想。

自私的基因

1976 年牛津大学生物学家理查德·道金斯(Richard Dawkins)为对生物进化过程作出解释,出版了一本标题为《自私的基因》的著作。在这本书中,他提出,包括人类在内的所有物种,犹如争取生存、尽人皆知的基因这种自私的小东西一样,不过是生存的机器。因此,从进化的观点看,一切生物的生活目的,都是保存自己。他声称,在人和人之间以及人和自然之间关系的问题上,根据利他主义态度进行撰述的许多著作人,都犯下了彻头彻尾的错误,因为,他们误解了进化发挥效用的方式。由于错误地假想物种(或集群)的而非个体的利益(或基因)才是进化的大事,所以,他们迷失了方向。

如果我们得知,某一个芝加哥恶棍,长期以来一直在芝加哥黑社会里享受着逸乐的生活,我们对这个坏蛋的性格和品质会得到一个清晰的轮廓。就像那个匪徒一样,我们的基因数百万年来一直挣扎在充满极端冲突和竞争的环境之中。因此,我们的基因最重要的特质就是其残酷无情的利己性,从而造成了个体的利己性。

自然界有特别的氛围,从个体的层次上讲,要生存可能只能保持极少的利他主义。因为,利他的行为是有限的,并且只限于特殊条件下才有意义。博爱、情同手足等概念,不具有进化的意义。

通过关注从没有人仔细观察过的东西,道金斯发展了他的进化理论,并让我们可以知道原初发生的事情。最能自圆其说的开始点是所谓“原始汤"(primitive soup)——地球上所有生命源出于此——这种汤汁里可能含有水、甲烷、二氧化碳和氨气。借助太阳供给的能量,这种"汤"开始产生出很多分子,特别是氨基酸,那是蛋白质和活的有机体的"建筑材料"(building block)。接下去,在某些位置,分支的"建筑材料"可能偶然地开始进行自我复制,这标志着复制过程的开始。这或许不是原始汤中最大或者最复杂的分子,但是它明显具有能够产生自我复制品的性能。在早期阶段,复制和进一步的复制并不完美,这反而使得汤汁中出现了多样性和进化过程。

因为"原始汤"不能支持无限多的复制分子,因此,这个进化的过程充满了剧烈的竞争。随着复制者数目的巨额增加,它们以非常快的速率用完了"汤"中的建筑材料。这使得建筑材料成了稀缺和珍贵的资源。由于竞争,许多变异被淘汰了,于是达到了新的更高层次的稳定性。在这个稳定态中,每个竞争者力争维持自己的稳定,同时竭力瓦解竞争对手的稳定。有些竞争者侦查到破坏敌对分子的方法和手段,并占用被解散的建筑材料以制造自己的复制品。这些竞争者是第一批掠夺性肉食者。不过其牺牲品也找到了自我保护的方式:建造一件保护性"薄膜"。这可能是第一位的生存计谋。由于生存越来越棘手,保护性薄膜开始发展出更加精巧的形式。

幸存下来的东西,不是漫无目的地在"原始汤"中浮游,它们为了安全和自我保护而成群地游动着。这些是所有生物——病毒、细菌、植物、动物和人类等含有的基因。一切物种的化学过程相当一致,所有生物的复制品、基因,基本上具有种类相同的构造。基因是由 DNA(脱氧核糖核酸)分子组成的,这些分子由被称为核苷酸的小分子长链条构成。换句话说,我们是带有保存"自私的基因"的编码的生存机器。尽管这也许是一个令人震惊的陈述,可它是真的。

基因的利己性给个体行为的利己性打开了道路。进化根本不是以道德为本位的；它是冷漠自私的。

　　我个人的感受是，单纯建立在普遍冷漠自私的基因法则上的社会，一定会让生活在其中的人感到它是一个极其龌龊、令人讨厌的社会。但是不幸得很，再大的痛惜也不能改变事实真相……可以提醒诸位，如果你们像我一样，祈愿建设个体在其中能够慷慨无私地合作、面向共同的善的社会，你们就不要指望从生物学本性中获得些许帮助。

(Dawkins，1976)

　　道金斯让人们认识到，我们应当继续努力，去建设一个关爱人类的社会，这个社会可能包括自然及其所有的有生物。可是，当我们着手这样做的时候，我们不应当忽视或低估控制我们，或者存在于自然环境之中的所有其他事物的行为的力量。建立在人类生存之上的互相照顾、互相关爱环境的生活方式，是有意思而不现实的目标——任何别的物种不会有这种奢望。然而，要实现这个目标的一切努力，都可能被自然之母本身加以动摇。她会按部就班地引导甚至迫使我们转向单一的目标——生存。有鉴于此，每一种经济或者环境政策必须将这一点铭记在心。

第 12 章　概括与结论

由于加剧的资源耗竭和污染,环境的衰弱枯竭这个问题已经是老生常谈了。正如该书前文提到过的,《圣经》时代逐渐增加的经济活动,导致中东和北非大规模地出现森林退化、盐碱化、土地流失和沙漠化。在罗马帝国的高峰期,由于工业、农业和人类生活垃圾的泛滥,罗马首都里里外外的土地和水体都受到了严重污染。在 1388 年,英国国会充分考虑到河流污染,以至于对那些向沟渠与河流乱扔牲畜粪便、屠宰动物下水和其他垃圾的人征收多达 20 镑的苛重罚款(Clapp, 1994)。可是,当时的这类问题是十分地方化的,影响波及的是大量邻近环境中的人口。与之不同的是,时下的环境难题,在规模和复杂性上都有增加,其影响波及的是全球范围,并且,它们会继续影响许多代将要出生的众多的人们。

在中世纪里,欧洲大部分地区的经济活动水平并没有很大的增加。但是,随着重商主义时代的来临,这个局面开始改变了。尽管政府采用了很大的保护性措施,可是,与亚洲和美洲的通商贸易,仍然在明显增加。在那个时期,重商主义思想家们相信,依靠某些类型自然资源的积累,即珍贵的矿藏,尤其是黄金矿藏,国家的财富和力量就会得到提升。人口增长被说成是对国家的强大和富裕有好处的事情。

法国重农学派是最早挑战重商主义学说的学派之一。他们认为,不是黄金而是土地及其粮食生产力,才是财富的源泉。魁奈在其声名远播的《经济表》中,试图证实农业是隐藏在经济增长和财富积累背后的驱动力。重农学派的另一个重要特点是,他们相信,由上帝靠其万能的智慧为人类建立起来的自然秩序是无比重要的。因此,自然秩序不应当受到政府或者任何其他强大组织集团的干扰。

现代经济学的奠基人亚当·斯密相信,在自由贸易的氛围中,利己的追求必定会为人类实现繁荣昌盛。在社会进步的过程中,农业将是开路先锋。但是,当贸易和工业发展起来后,农业的相对份额就会降低。斯密没有对自然资源、稀缺、污染或者人口增长表示出很多关心。就这一点说,他在一大批持悲观主义立场的古典经济学家中属于少数派分子。与之形成对比的是,马尔萨斯坚持主张,人口增长对固定的土地供应的压力将会导致饥荒,因此要阻止人口数量的增加。顺着类似的思路,李嘉图表示,不顾经济活动的增加会降低自然资源的质量的危险,最终必定会导致人口增长和经济进步双双中止。

就其对不间断的经济增长学说的可求性、必然性以及可行性提出的质疑而言,J.S.穆勒对停滞的争论的逼近是令人感兴趣的。根据他的看法,在发达世界里,不需要为增长而斗争,那里真正的问题在于财富的分配而不是增长。更进一步,他断言,因为持续的增长有违自然秩序,人类最终会在自然力的逼迫下,放弃整个的这些思想。在穆勒的《政治经济学原理》出版 27 年之后,杰文斯选取当时是英国最主要能量源泉的煤炭业作为典型,通过对不顾资源耗竭的经济进步主张进行的检讨,给穆勒提供了一些支持。

可是,停滞学说,以及马尔萨斯、李嘉图、穆勒和杰文斯等真心诚意捍卫的收益递减律,遇到了一些反对意见。根据亨利·凯利的观点,在社会进步过程中,迁移的方向一直是倾向收益增加律,这一点在矿业和农业中表现得最为明显。即使在相对晚近的时代,许多共同体仍然在高处然而容易守卫的土地上建立定居点。那里的土壤质量是颇为贫瘠的。这就是说,与收益递减律的辩护者们所说的不同,人类在没有例外的情况下,一般首先是占领和开发贫瘠的土地,然后才向其他地方迁移,例如土壤优良的洼地。因此,依靠农业技术不断改进的作用,大多数共同体碰到的是收入增加的好处。类似的情形也出现在矿业中,因为共同体首先是采掘他们周围的矿藏,然后才向可以获得更多开采成果而比较遥远的矿点转移。这个过程也获得了采矿技术改进、资本积累和共同体之间联合与合作的增加等的助益。凯利还批评了李嘉图的地租理论,因为李嘉图认为:从实质上看,地上的农作物和木材的产量之间没有任何区别,只不过木材的成熟期更长而已;因此,不管是为了采集木材,还是为了收获粮食,两者对土地拥有者的支付,应当是同样的。

人口增长和资源限度,是大多数古典经济学家著作中的主导性问题,但是对社会主义者们而言,它们几乎没留下什么印象。对于马尔萨斯关于人口增长的速度比基本生活水平的维持跑得快的理论,西斯蒙第不曾给予过足够的重视。在西斯蒙第的眼中,如果工人们生活在一个自由而公正的社会中(虽然那时还没有这样的社会),他们就会对自己的实际生活条件形成恰当的判断,因此,不会早婚多生。霍奇金(Hodgkin)相信,产品的价值可以全部归因于其所内含的劳动数量,可是,资本主义制度通过使得资本和土地拥有权制度化,以最骇人的方式,剥夺了真正的价值创造者即工人们的利益。数年之后,卡尔·马克思从这个观点里发展出劳动价值论。马克思提出,劳动人民的贫困化处境是统治阶级窃取了剩余劳动的结果,而不是由于资源不变的情况下人口增长的压力造成的。恩格斯明确表示,由于科学和技术可能会以比起人口增长更加不可抗拒的几何级数向前迈进,所以,马尔萨斯的理论是错误的。

马克思推证说,由于开采和操作方法的进步,在自然资源采掘部门,例如渔业、矿业和采石业中,回报递增律是更加可能的。但是,资本主义的本性是不顾一切地剥削自然资源,包括农业土地的肥力。这将使得危机更快地达到极点。

关于资本主义危机的发展过程的看法,在马克思的思想和李嘉图—马尔萨斯理论之间存在重要的区别。在前者看来,肆无忌惮—并利润的减少和大众贫困化造成的购买力限制,将会卡死资本主义制度的脖子。在后者眼里,问题的性质在于不顾人口增长而引起的收益递减律,将使得这套体系陷入停滞。根据马尔萨斯和李嘉图的观点,人们无法改变停滞的命运。而根据马克思的观点,存在其他解决问题的途径。

在新古典时期,人口增长、资源稀缺和社会工程等问题似乎遭到了压制,虽然它们没有从学术界彻底消失掉。经济学家们的主要用心所在是边际效应和商品的价值,包括以自然资源为基础的商品在内。此外,还有庞巴维克、索利和马歇尔等关于土地和矿租地税问题的一大批讨论。从环境经济学的观点来看,下列两个领域的发展是重要的:可耗竭资源的经济学和外部性的经济学。

早在 19 世纪中期,J.S.穆勒就认识到,从其最终的、总耗竭的意义上讲,矿业生产和农业、制造业商品以及服务部门的生产运行十分不同。今天的自然资源采掘生产,意味着明日利润的减少。反过来说,推延到将来提取,则会降低当下的利润。索利通过强化矿业领域中现在和未来生产之间存在的对立,扩大并推广了这个观念。通过将分析引入到英国钢铁和煤炭贸易检查过程中的情况,索利为他的理论建立了一个实践的维度。格雷是对与别的生产部门明显有别的矿业进行全面分析的第一个经济学家。虽然,霍特林因为其在可耗竭资源理论中所作的奠基性的、创造性的工作而被誉为是开创者,不过是格雷首次对这一问题作出了深层的分析。根据数学模型,霍特林认为,矿业生产是一种类似"吃蛋糕"(cake-eating)的活动,他还强调用户成本和耗竭的时间界限选择的概念。

在新古典时期,关于经济活动的副作用问题,马歇尔第一次开辟了环境外部性经济分析的方法。随后数年,加尔布雷斯提出,马歇尔的著作没能为我们勾画出外部性的范围和复杂性,以及其巨大的环境影响所在。

不过,关于瞬息万变的外部性,干预主义者阿瑟·庇古的确认识到,仅仅把重心放在当代和邻近的后代人身上而不顾一切的生产,会产生深远的影响。不仅如此,他还指出,低估未来需要,甚至于低估最紧迫问题的解决办法,是人类最根本的缺陷之一。因此,庇古敦促作为所有各代人的托管人的政府,既要保卫当代人,也要保卫后代人,使他们免除因为对自然财富不顾一切的开发而造成的损害。作为政策措施,他建议使用财政手段和果断的立法来保护可破坏的资源。虽然,当庇古提出他的以立法和财政措施保护环境的主张时,在西方国家,用财政手段保护环境已经在小范围内开始适当地运用了。但是,很多人相信,庇古的著作是推动经济学更仔细地研究这些问题的动力。今天,有些财政措施,例如尽可能地缩小环境破坏的环境征税办法,就被称为所谓庇古税。

加尔布雷斯认为,由于根据某些利润限制条件实现增长是现代企业最重要的目标,于是它也就成了现代资本主义社会的主要目标了。因此,环境破坏的出现不足为怪,尤其是当环境保护排在优先配给列表后面的位置时。加尔布雷斯相信,虽然可以有这样的想法,然而,放慢经济增长并不是可行的解决办法。我们的政治家、企业经理甚至工人不会接受。通过对共同使用的资源重新规定或者制定产权的方法,或者是通过对外部影响征税,然后拿这笔收入补偿受害者的方式,不仅仅是令人绝望的,而且是荒谬绝伦的。因此,根据加尔布雷斯的主张,解决环境问题的唯一可行的办法是:对有害的活动进行严厉的立法。这样一来,只有那些得到明确限定的某些方向的增长才能获准可以持续下去。

米香相信,更快、更大地发展的习惯追求,不仅有害,而且是不可持续的。千真万确,我们的环境问题是无节制的增长造成的。但是通过制度化的方式授以靠民主决定的环境权,或许可以改正错误。除非有人心甘情愿容忍,否则,生活于文明社会的个体们就不应当无可奈何地吸收有害物质。

鲍莫尔和奥茨主张,我们并不是主张要寻找完美的环境问题的解决办法。我们的意思是,一个可能包括正面的立法,也包括因地制宜的财政措施的令人满意的途径,似乎是更为现实的。关于财政措施,鲍莫尔和奥茨偏爱的是附加补贴税,因为它是一种减少不合理活动规模的更加有效的手段。

从另一方面看,自由市场环境主义者拒绝财政措施以及立法手段,因为他们独钟情于"科斯定理"。这个定理认为,给定某些假设,通过污染者和被污染者的协商,可以制定出一个合理的环境损坏标准。关键性的问题是,对从前共有的资源如何进行产权分配。在这里,对协商契约的性质,不存在任何条件或限制。它可能是奖励,也可能是补偿。产权方法对解决诸如污染等环境问题的可行性,在许多立足的根据上,已经受到批评。在现代工业社会中,可能有极大数目的受害者和罪犯与环境问题有关。这使得甄别问题变得难以逾越。即使受害者和罪犯得到甄别,要建立讨价还价的谈判策略,仍然可能是极其困难的。而且,各种各样意见分歧的集团各自企图背水一战,这将使得解决办法变得极其复杂。何况,在谈判过程中,发生的交易成本可能是巨大的。根据道德的立场,要捍卫科斯的解决方案是艰难的,假使——这是常有的事,受到最重打击的是社会上赤贫的人,他们是不应当被迫支付补偿给强大的利益集团的。

在立法、财政手段和谈判解决三种决策措施中,谈判无论从理论上讲,还是从实践上讲,似乎都是最难以令人信服的。况且,它已经被一些紧急的环境难题彻底击倒了。例如,让我们看看臭氧层损耗,它可能会影响到未来许多年、数百万计人们的健康。任何政府,怎样确立有关臭氧层保护的产权呢?在很多其他环境问题中,后代,尤其离我们很远的后代,将会受到严峻的打击。在科斯的理论格局中,谈判的两方,谁代表后代?

尽管有其缺点,但是产权方法并非完全无用。因为,在谈判方数目有限的案例中,诸如渔业管理中,它可能有其用途。的确,大量证据可以证明,支撑当前新西兰渔业政策的产权方法,正不断产生出令人满意的结果。

由于环境政策正处于演进的过程中,决策者以及经济学家们,正试图理解规范立法、果断的废弃、财政手段和产权制度化等对于环境和社会的意义。佩齐(Pezzey，1989)和汉利等人（Hanley et al.，1990)提出，到目前为止，环境税收一直是特殊情况，而不算一般规则。因为，在大多数国家，环境保护的"工具包"是由规范立法控制着的。根据我的意见，将来这一点可以稍稍改变一下。这不是因为政府对外部效果的内部化感兴趣，而是因为他们需要收入以平衡他们的预算，而环境保护看来正是征收更多税费的绝好借口。

关于与决策有联系的环境问题文献的发展，一直大大受到20世纪下半叶所进行的大量研究的影响。这些研究中有一些具有悲观主义论调，它们以为事态正变得不可收拾。第8章和第10章讨论了起自1952年美国《总统物资委员会报告》以来的各式各样的这类研究。这个报告的基调是，既然自然资源是美国经济的命根子，这就证明了政府的重要作用。自然资源稀缺的逐渐加重，使得后代的幸福取决于当代人管理环境的意志和能力。

在20世纪60年代早期，波特和克里斯蒂（Potter and Christy，1962)、巴尼特和莫斯(Barnett and Morse，1963)等，对以自然资源为基础的重要商品的长期价格进行了分析。他们的主要假定是，如果价格逐节升高，那么就说明稀缺正越来越紧。他们的研究成果揭示出，恰恰相反，除了木材等一两个例外，价格走势是下降的。这暗示着，从整体上看，资源越来越不稀缺了。从另一方面看，这些研究也表露出忧虑，尽管以自然资源为基础的生产在不间断地增加，但是，由于产量增加对环境影响的恶化，未来的生活水平不可能比目前的更高。换句话说，未来幸福与否的关键不在于资源稀缺，而取决于环境的质量。然而，这个观点没有得到美国矿务局的采用。美国矿务局根据已知的储量和耗损率，对与最紧缺的商品相关的"储量寿命"进行了统计计算。其结果令人惶恐不安。某些结果显示，不消几十年，世界上很多紧缺物品就会被耗光。换一个角度看，另一类研究指出,美国矿务局的工作中存在若干严重问题。所以,这些研究者认为,不存在任何总体性的耗竭情况。

　　针对这种背景,肯尼斯·博尔丁撰著了标题为"类宇宙飞船的地球经济学"的短小精干的文章,发表于贾勒特 1966 年编辑的一本书中。该文成了经济思想史上的一座里程碑。在这篇文章中,博尔丁提出,相信在有限世界中经济呈指数幂增长并且可以永远继续下去的任何人,不是发疯了,就是经济主义者。和许多其他人相似,博尔丁从摄自太空的地球照片获得了灵感。那张照片清楚地告诉我们,我们的世界其实不过是一艘小小的太空飞船。在其中,经济活动的开展是与终究可耗竭的资源形影相随的。他敦促经济学业内同行们,帮助流行的思维方式摆脱掉取之不尽、用之不竭的幼稚心理,向可持续的心理状态转变。随着人口和经济活动水平的继续增加,宇宙飞船中的稀缺和经济活动将会变得每况愈下。我们的长期生存取决于从牧童经济转向宇宙飞船经济。人类在实现任何的进步之前,首先必须充分掌握某一问题的相关信息,然后才能在思想上构思出解决方案。如果我们现在没能实现必需的心理转变,而是认为我们还有耍花招的余地,那么,不久我们将会被迫在艰难得多的条件下强行转变。

　　博尔丁的论文发表了几年后,出现了一些报告。它们根据宇宙飞船背景,使用数学建模的方法,将全世界人口增长和经济活动作为一个整体来进行探讨。这些模型中的第一个要数系统动力学模型,它出自杰伊·弗雷斯特(Forrester,1971)之手。该模型使用了 43 个互相联系的变量。他的结论是,随着增长的继续,生活质量会进一步衰落。现时,我们可能生活在黄金时代,生活水平可能比以往任何时代或一切可能的未来时代都要高。可是,人们批评他的系统动力学模型停留于假定,而没有任何经验根据。

　　另一项研究是罗马俱乐部进行的。俱乐部研究人员运用不同系列的假设,使用了 8 个变量,建立了 14 个模型。像博尔丁一样,罗马俱乐部认为,由于世界上可耕地、能源、矿物储量和污染承载能力是有限的,所以,经济活动、人口和污染的增加必定存在限度。他们得出的结论是,如果一点不改变现有的社会和经济行为模式,那么,经济进步、经济活动必将以悲剧性的结局在 21 世纪停滞下来。他们的建议是,为了防止迫在眉睫的天下大乱,现在就有必要大踏步地改变我们的生活方式。

弗雷斯特和罗马俱乐部的工作从全球视角出发,考察了人口对土地、水资源、空气和自然资源采掘生产部门的压力。虽然,这样的模式隐匿了自然、经济、社会和政治因素引起的巨大的多元性和人口与资源的不平等分配,但是,总体来讲,全球视角是有用的。当然,这些模式隐瞒了人和自然的多样性以及分配问题,因此是过于简单化了。它们仅仅适用于这样的情况,即有一个庞大、权威和能干的世界政府,由它来制定政策,并说服其公民开展合作。克拉克(Clarke, 1973)认为,全球人口对稀缺资源的观点与态度争论,从危言耸听的大恐慌制造者到极端的乐观主义者,可以说是变来变去。而正是从这些变化中,人们提出了有关环境保护、人口和经济增长理想需求的价值判断问题。

正如我在第 10 章扼要介绍过的那些我并不情愿地得出的结论。有关可持续经济增长的有些争论,简直混乱得像一团污泥浊水。持续不断和冷酷无情的经济增长的观念,是需要改进的呢,还是这仅仅是一厢情愿而已?我不想否认人类推进自己物质幸福的迫切要求。但是,我们或许不应该把它看成是无法避免的。尽管罗马俱乐部提出的是令人沮丧的报告,但是,它提请人们注意到,通过必要的调整以争取零增长存在着大量人类独创性和社会可行性方面的证据。同样,有大量证据证明,人类有易错性。因此,必须看到,人类的强大与懦弱是如影随形的。只要有资源并且我们的自然大敌容许,就不断扩展。从这个意义上说,或许我们像其他动物一样吗?如果情况真的如此,那么,只要环境没有反击我们,经济增长就应该被视为是自然本能的反应吗？马尔萨斯、李嘉图和穆勒等古典经济学家们符合这个范畴。

通过调控，能使社会组织和自然达成满意的平衡吗？有些人相信或曰希望我们能够通过自我改变以避免灾难。大体上说，可持续发展学派意味着，我们有能力对自己的道路进行必要的调整和弥补，以保证我们按照可持续方式无限地增长下去。如果是这样，应当怎样驾驭人类社会呢？有些经济学家信赖市场本位的解决办法，包括税收和补贴。其余的人认为这些还不够，可能需要财政措施补充的立法和管理部门，必须得到适当的重视。而且教育和领导能力在经济文献中尚强调得不够。

可持续发展学派内部的很多学者，包括经济学家们，时下正在为他们的观点寻找伦理基础。皮尔斯及其同事们强调，可持续发展作为一个概念，具有或者应当具有一个牢固的伦理学基础。他们相信，既然人类是唯一真正要紧的物种，所以这个概念应该是人类中心的（以人为本位的）。人类中心化的观点，的确是一种伦理性的观点，但是它未必就是对环境有利的伦理学观念。如第 11 章所讨论的，关于环境行为的道德方面，包括宗教伦理、世俗伦理观点的文献目前在不断增加。基督教和其他类似的信仰，一直在申辩：因为人必须有吃、有穿和有房子可住，而为了满足这些需求，通常的生产和分配功能是必要的。但是为了获得拯救——这是基督徒生活的终极目的，这些功能必须被摆到合理的地位。在人类一切行为和思想，包括经济活动中，上帝规定的法则，其中包括人和自然关系方面的法则，必须永志不忘。因为环境恶劣而谴责基督教，似乎是不公平的——不顾后果地滥用资源在基督教产生之前就存在了，并且当前仍然以过度的形式出现在深受道教这种"环境友好的"信仰影响下的地区。

可以替代宗教伦理学的伦理学是存在的。诸如盖娅假说、土地伦理、深生态学等世俗化伦理的倡导者,将会有针对性地对他们所要保护的"大自然"(Nature)做得更好。如果大自然平稳地、有时候不免不可预期地进化着,这就具有特别重大的意义。

地球的过往经验

可持续发展问题的唯一确定性的特点是,它具有内在的不确定性。莱库默(Lecomber,1979)坚持主张,对过去经验的考察,绝不可能为未来事态提供出具有多大价值的洞见。这里有些观点值得商榷。因为无论如何,过去的事情对我们思考持续增长的可能性可能是有所助益的。巴斯(Bass,1993)在一篇有关论小岛生态和经济增长的发人深省的论文中提出,该岛上过去为推动经济增长的努力,不仅导致了环境破坏,而且也导致了经济增长的终止。由于复制西方边疆文化的样式,随着其自然资本的破产,他们的发展之战宣告失败。

由于具有灵敏的、相互依赖的物质、生态、社会和经济结构,所以,一个小岛国实际上相当于一个漂浮着的地球,这和宇宙飞船地球的概念相差不是太大。过去,有些岛国出现过以自然资源为基础的进步模式。这样的模式依赖于基本商品的出口——当然,他们最终以不可避免的失败而告终。例如,在19世纪,基里巴蒂群岛(Kiribati)和瑙鲁出口他们的磷肥,新喀里多尼亚(New Caledonia)出口镍。而在殖民地化之后,毛里求斯、夏威夷、巴巴多斯和洪都拉斯等耗尽了他们最有价值的木材储备。由于岛上社会和生态系统的相互依赖性和灵敏性,这样的资源耗费导致了实质性的环境和社会恶化,就像森林的砍伐导致土壤流失和人口迁移一样。耗竭之后引进的选择性的单种栽培难以长期持续,因为经济作物被证明是易发病虫害的植物。随着多样性、生物生产力和弹性的减少,土地最终耗尽了生机。人们无法在废弃的土地上生存,所以被迫迁徙。

当加勒比群岛上的人们耗光了他们的森林之后,经济作物出口经济体系的采用,引起了很大的自然和社会变化。道路网络得到扩展,许多山体被夷平,人口增长加速,能源消费增加。并且,伴随着双向移民,社会和文化组织被改变了。岛上无法发展可持续的经济活动,因为一起一落成了既定的模式。

其他一些岛屿的历史可能提供了较为良好的生活给养平衡。例如,在和欧洲文明发生联系之前,波利尼西亚和美拉尼西亚岛屿过着基本生计需求富足的生活。自然资源的开发被限制在满足集体确定的基本需求的范围之内。他们的剩余劳动被用于支持精巧的宗教和政治制度。即使在土壤贫瘠的岛屿上,也存在既定的、一致的、稳定的平衡态(Hamnett,1986)。在那里,资源的使用存在很多文化限制,它们吸收了他们有关环境的整体观。其结果是,岛民们支持这样的观点:可得的资源属于当代人,也属于后代,他们珍爱他们的环境。格罗夫(Grove,1990)在一篇标题为“环境主义的起源”的论文中提出,紧随着热带岛屿的殖民地化,医生、植物学家和其他科学家得到各种使命后被委派到那里,这给西方的保护主义者带回了灵感。这些岛屿是资源限度、生态和文化互相依赖性等概念照样适用的地方。在这里甚至还有值得发展经济学家们学习的教训在。

最近的“证据”

自马尔萨斯 1798 年撰写其《人口论》以来,历史之桥下川流不息,未曾住步。在 21 世纪伊始,我们仍然在为困扰过马尔萨斯和其他古典经济学家们的同样的问题而忧虑。我们终究难逃落入惨淡生存状态的陷阱吗? 经济学家的本能似乎就是辨析关键变量的最新趋势,并通过这些变量趋势展现未来。在本节中,我拟讨论世界观察研究所(the Worldwatch Institute)的观点,这是一群很悲观但是非常严肃的研究者。他们在研究世界的趋势,目的是帮助决策者们和其他人创造更美好的未来。

马尔萨斯的人口增长将会超过粮食供应的增加的观点,在过去 40 年里已经被推翻了。在很大程度上,这得益于农业扶助政策的存在,特别是在发达国家。此外,也得益于农业技术的进步。在 1950 年到 20 世纪 80 年代中叶之间,世界粮食总产量大约增加了 2.6 倍,已经稍稍超过了人口增长的速度。在世界渔业领域,总产量增加得更猛——在 1950 年到 20 世纪 80 年代末期之间,捕捞上升约 4.6 倍。某些局部的偶发饥馑事件,主要出现在非洲。它们大体上是战事的结果。但是,世界大多数地区粮食产量惊人的增加,使得人类在营养方面出现了总体进步,并且提升了我们的希望:马尔萨斯的人口理论和赫胥黎的预言或许是夸大其辞。

世界观察研究所的报告(Worldwatch Institute,1994)认为,在人口增长和粮食供给增加两者之间的赛跑中,最近的形势发生了变化。在 1984 年至 1993 年之间,世界人均粮食产量约下降了 11%。人均可得粮食非常接近农业产量和富裕水平的上升,因为后者和牲畜存栏量是联系在一起的,它的需求是有弹性的。世界观察研究所认为,1984 年是一个分水岭,其时农业产量增加达到了巅峰,从那时起,农业产量的一个低增长时代就开始了。

渔业情形也发生了变化。在 1990 年以前的 40 年中,渔业收成从 2 200 万吨增加到 1 亿吨,人均渔产从 9 公斤增加到 10 公斤。联合国粮农组织(FAO,1993)相信,世界总的渔业储量达到了极限,再没有比最近若干年获得更高收成的可能性。更加糟糕的是,起因于工业和农业活动以及海岸线观光的增加等因素,海洋污染加重了,这必定会对渔业储量造成反面的后果。图 12.1 显示的是联合国粮农组织对世界最大渔业可持续产量的估计,其峰值出现在 1989 年。

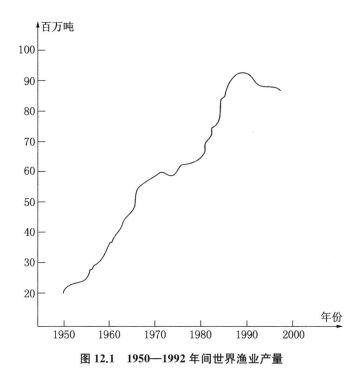

图 12.1　1950—1992 年间世界渔业产量

资料来源:FAO,1993。

　　就牲畜来说,在 1990 年以前的 40 年内,牛肉和羊肉的产量增加了 260%。但是,像海洋里出现的过度捕捞情形一样,由于过度放牧,草地达到了最大承载限度(Brown,1994)。随着某些地区牲畜承载量达到饱和,甚至于锐减,牲畜们对粮食产量的依赖必然地增加了。然而,如前文所述,世界粮食产量一直在明显下滑。因此,专家们预测,随着人口增长,人均可得的肉类食品将会无限期地下降(FAO,1987,1988—1991;US Department of Agriculture,1992,1993)。

　　尽管食物供应存在严重下滑,可是人口爆炸没有任何缓和的迹象。据世界观察研究所报告,在 1990 年以前的 40 年中,世界上增加了 28 亿人,平均每年增加 7 000 万。但是,在随后 40 年一直到 2030 年,人口还要净增加 36 亿,平均每年增加 9 000 万。图 12.2 显示的是 1950 年至 1993

年间世界人口的年增长数。

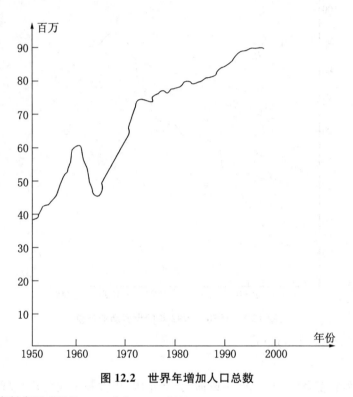

图 12.2　世界年增加人口总数

资料来源：US Bureau of Census，1993。

20 世纪 70 年代，很多国家推行计划生育政策，这看来是管用的，因为人口的净增长开始缓慢下降。可是，到了 20 世纪 80 年代，有些国家的计划生育政策失败了，这引发世界人口出现了破纪录的增加。

按照当前的趋势，世界观察研究所（Worldwatch Institute，1994）和美国人口普查局（US Bureau of Census，1993）得出了 2030 年世界上人口最稠密国家的人口估计数字。表 12.1 显示了一些令人不安的结果。例如，在伊朗，预计八年后人口要增加到超过 1950 年到 2030 年之间总数的 11 倍有余。马尔萨斯认为，如果不采取生育节制办法，人口每 25 年会翻一番，而这里的估计远远超过了马尔萨斯的预言。尼日利亚差不多完全符合马尔萨斯式的人口估计结果。其他国家,例如巴基斯坦和埃塞俄比亚/厄立特里亚等,预计结果很相近。伊朗和尼日利亚一个显著的特点是,两个国家在 20 世纪 70 年代都走了石油的红运。因此,20 世纪 80 年代早期,它们可以进口食品。从另一方面看,两个国家都经受了战争。伊朗是对伊拉克的战争,而尼日利亚发生了比夫拉地区的内战。这些事件从人口再生产中夺走了大量伤亡数字。

表 12.1　世界 12 个人口最稠密国家 2030 年的人口数量估计

国　　家	估计人口(百万)		1950—2030 年增加人口	
	2030 年	1950 年	倍数	百万
中　　国	1 624	563	2.9	1 061
印　　度	1 443	369	3.9	1 074
美　　国	345	152	2.3	193
印度尼西亚	307	83	3.7	224
尼日利亚	278	32	8.7	246
巴基斯坦	260	40	6.5	220
巴　　西	252	53	4.8	199
孟加拉国	243	46	5.3	197
伊　　朗	183	16	11.4	167
俄罗斯	161	114	1.4	47
埃塞俄比亚和厄立特里亚	157	21	7.5	136
墨西哥	150	28	5.4	122

资料来源:Worldwatch Institute,1994。

表中显示的许多国家,甚至可能在 2030 年到达之前,就会超出它们的粮食承载能力。合起来看,它们的需求可能会超过全世界预期的粮食供给量(Brown,1994)。以中国为例,由于贯彻独生子女政策,在发展中世界,它的人口增长率最低。即使如此,预计在 1990 年到 2030 年之间,中国人口将要新增 4.9 亿。中国正经历着快速工业化,这个过程正使得超大量的土地从农业用地转变为工业和制造业用地。陡然高升的收入也使得畜禽饲养对粮食的需求增加。这样一来，会占用从前直接用以满足人类消费的粮食。不仅如此，工业化产生了许多环境问题，例如空气、水和土地污染，这些必定会对农业生产造成不良影响，尤其是在直接受害的区域。

加诺特和马国南（Garnaut and Ma，1992）估计，按照中国当前的趋势，粮食进口可能会从1993年的1 200万吨升高到2000年的5 000万和1亿吨之间。如果它的经济继续迅猛扩展的话，到2015年，它对粮食进口的需求可能会超过世界全部预期的出口总量。这里还假定了中国的财富状况不会逆转，或者不会出现洪水灾难。

印度是世界上第二大人口稠密的国家。到2030年它的人口将再增加5.9亿。伴随着严重的土壤退化问题，以及水平面下降，要印度养活其估计14.4亿的人口，希望是渺茫的。尼日利亚和巴基斯坦的情形就更糟了。这些国家自己很快就会发现，依赖国际慈善援助是完全不可能的。但是，面对如此巨大的人口数量，人们不知道世界共同体怎样才能帮助他们建立可维持的基础。卢旺达和英国威尔士的面积大小差不多，但是却拥有将近800万人口，而且大多数是以务农为业的人口；部落内部和部落之间都有频繁的土地争端，人口增加属于世界上最高涨幅之列，这些都使得该国雪上加霜。许多专家相信，最近的内战基本上是由于人口对土地的压力而引起的部落战争。

设想一个国家在人口节节升高和不平等不断加剧的情况下，能够维持其发展状况，这将是乐观有余、忧虑不足的表现。因为富人和穷人之间沟壑的加深以及土地争端的加剧，尤其是这些变化发生在不同血缘集团之间，法律和秩序可能会很快崩溃。这样，为了维持社会秩序并维护国家统一，会导致政府强加一种威权主义的制度。

在全球层次上，最新的预言是，随着人口增长，人均粮食可得性将急遽下降。在1984年到1993年之间，世界粮食产量人均上升了1%，远在人口增长率之下。农业专家坚持认为,即使运用需要充足的化肥和土壤水分保持的现代农业方法,植物光合作用的效率最终也将终止产量的升高(USDA,1992)。例如,日本的大米生产到 1984 年不再增加,而且从那时起一直在下降。在世界上最大的水稻种植国家——中国,产量从 1990 年以来一直在原地不动。类似的情形在其他主要水稻生产国,例如印度、巴基斯坦、印度尼西亚和菲律宾等国也出现了(Worldwatch Institute,1994)。图 12.3 显示了人均粮食产量的预测情况。如果当前趋势持续下去,人均粮食产量将会从 1984 年历史制高点的 346 公斤,下降到 2030 年的 248 公斤。

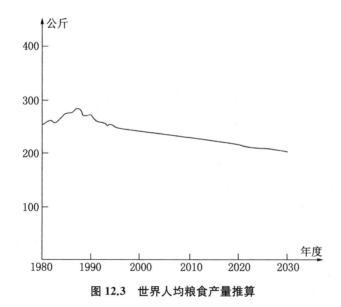

图 12.3　世界人均粮食产量推算

资料来源:Worldwatch Institute,1994。

至于海产品供应,情形非常相似。世界观察研究所主张,海洋和内陆渔业不可能维持在比 1989 年捕捞纪录更高的水平上。渔业产量的增加需要极大地增加渔业饲养,而这会增加粮食、水和土地的耗费。根据预测,所有这些资源都有短缺,所以这似乎是不可能的。图 12.4 给出了

1980 年到 2030 年之间人均渔业产品量的预测。

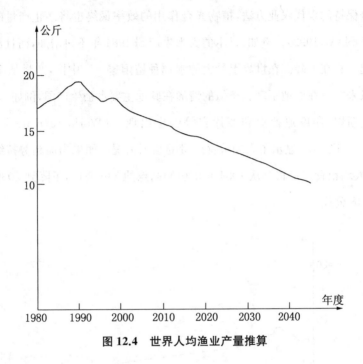

图 12.4　世界人均渔业产量推算

　　在接下来的几十年中,据推测,粮食产量的增加幅度可能很小,而人口增长预计不会减少。现代农业方法不仅到达了极限,而且产生了大量环境问题。同时,工业污染问题正引起全球焦虑。因为这些一直在发生,所以,未来好像并不怎么诱人。许多人开始相信,在全球大多数地方,我们正处于马尔萨斯世纪的门槛上。

　　完全可以想象,即使是在全球环境问题严峻的情况下,仍然可能有若干相对缓和的地区,那里将会扮演吸铁石的作用,吸引富人、强人和能人。如果有人一定要推测,将来哪些国家的情形可能会比其余国家要好的话,可以说,美国、加拿大、澳大利亚、新西兰和少数欧洲国家,或许会被证明是最可能的选例。不过,毫无疑问,这些国家将会收缩他们的已经相当严格的移民政策,以防止出现人口冗余。

参考文献

Adelman, M. A. (1993) 'Modelling world oil supply', *Energy Journal* 14: 1–32.

Anderson, T. L. and Leal, D. (1991) *Free Market Environmentalism*, Westview Press, Boulder CO.

Ashley, W. (1920) *Introduction to English Economic History and Theory*, 4th edn, Longman, London.

Baan, P. J. A. and Hopstaken, C. F. A. M. (1989) *Schade Vermetsting: Schade Als Gevola Van Emissie Van Stikstaf en Foster en Batten Van Emissie Beperking*, Delft.

Barnett, H. (1979) 'Scarcity and growth revisited', in V. K. Smith (ed.) *Scarcity and Growth Reconsidered*, Johns Hopkins University Press, Baltimore MD.

Barnett, H. and Morse, C. (1963) *Scarcity and Growth: the Economics of Natural Resource Availability*, Johns Hopkins University Press, Baltimore MD.

Barney, Gerald O. (study director) (1982) 'The Global 2000 Report to the President', a report prepared by The Council on Environmental Quality and the Department of State, Penguin, Harmondsworth.

Barr, J. (1972) 'Man and Nature – the ecological controversy and the Old Testament', *Bulletin of John Rylands Library* 55: 19–20.

Barrett, S. (1990) 'Memorandum to House of Commons Select Committee on Energy', published as briefing paper 'Pricing the environment: the economic and environmental consequences of a carbon tax', *Economic Outlook, 1988–1993*, February, London Business School, London.

Bass, M. J. (1993) 'Ecology and economics in small islands: constructing a framework for sustainable development', in E. B. Barbier (ed.) *Economics and Ecology*, Chapman and Hall, London.

Bator, M. F. (1958) 'The anatomy of market failure', *Quarterly Journal of Economics*, 7: 351–79.

Baumol, W. J. and Oates, W. (1971) 'The use of standards and prices for protection of the environment', *Swedish Journal of Economy* 73: 45–54.

— (1975) *The Theory of Environmental Policy*, Prentice-Hall, Englewood Cliffs NJ.

Beckermann, M. (1974) *In Defence of Economic Growth*, Jonathan Cape, London.

Benjamin, B., Cox, P. R. and Peel, J. (1973) *Resources and Population*, Academic Press, London.

Böhm-Bawerk, E. von (1894) *The Positive Theory of Capital*, G. E. Stedard, New York.

Boltjes, T. Y K. (1959) 'Stuurlaas Varen', *Water Bodem Lucht* 44 (3/4): 114.

Bookchin, M. (1987) 'Social ecology versus Deep Ecology: Green perspectives', *Newsletter of the Green Programme*, Summer.

Booth, D. E (1994) 'Ethics and the limits of environmental economics', *Ecological Economics* 9, 241–52.

Boulding, K. E. (1945) 'The consumption concept of economic theory', *American Economic Review* 35: 1–14.

— (1950) 'Income or welfare', *Review of Economic Studies* 17: 77–86.

— (1966) 'The economics of the coming Spaceship Earth', in H. Jarrett (ed.) *Environmental Quality in a Growing Economy*, Johns Hopkins University Press, Baltimore MD.

— (1978) *Ecodynamics: A New Theory of Societal Evolution*, Sage, Beverly Hills CA.

Bromley, D. W. (1978) 'Property rules, liability rules and environmental economics', *Journal of Economic Issues* 12: 43–60.

— (1989) *Economic Interests and Institutions: The Conceptual Foundations of Public Policy*, Basil Blackwell, Oxford.

Brown, B. J. *et al.* (1987) 'Global sustainability: toward definition', *Environmental Management* 11: 713–19.

Brown, L. (1990) *State of the World, 1990*, Earthscan, London.

— (1994) *The State of the World, 1994*, Earthscan, London.

Brundtland Report (1987) *Our Common Future*, Oxford University Press, Oxford.

Bubbert, M. K. (1968) *Resources and Man*, Preston Cloud (ed.), National Research Council, W. H. Freeman, San Francisco.

Buchanan, J. M. (1967) 'Cooperation and conflict in public goods interactions', *Western Economic Journal*, 109–21.

— (1969) 'External diseconomies, corrective taxes and market structure', *American Economic Review*, March.

Buchanan, J. M. and Stubblebine, W. (1962) 'Externality', *Econometrica* 29: 371–84.

Campbell, M. (1993) 'Moscow in danger of acute nuclear peril', *Sunday Times*, 9 May.

Cannan, E. (1917) *Theories of Production and Distribution*, King, London.

— (1964) *A Review of Economic Theory*, Cass, London.

Cantillon, Richard (1931) [1755] *Essai sur la nature du commerce en général*, H. Higgs (ed.), Macmillan, London.

Capra, F. (1995) 'Deep Ecology – a new paradigm', in G. Sessions (ed.) *Deep Ecology for the 21st Century*, Shambhala, Boston MA.

Carey, H. (1837) *Principles of Political Economy*, Kelly, New York.

— (1858) *The Principles of Social Science*, Kelly, New York.

Carson, R. (1962) *Silent Spring*, Houghton Mifflin, Boston.

Cassel, G. (1918) *The Theory of Social Economy*, McCarty (trs), Unwin, London.

Catton, W. R. and Dunlop, R. E. (1980) 'A new ecological paradigm for post-exuberant sociology', *American Behavioural Scientist* 24: 15–47.

Church, R. (1986) *The History of the British Coal Industry. Vol. 3, 1830–1913, Victorian Pre-Eminence*, Clarendon Press, Oxford.

Clapp, B. W. (1994) *An Environmental History of Britain since the Industrial Revolution*, Longman, London.

Clark, C. W. (1976) *Mathematical Bioeconomics*, Wiley, New York.

Clark, C. W. and Munro, G. R. (1975) 'The economics of fishing and modern capital theory; a simplified approach', *Journal of Environmental Economics and Management* 2: 92–106.

Clark, C. W., Clark, F. H. and Munro, G. L. (1979) 'The optimal exploitation of renewable resource stock: problems of irreversible investment', *Econometrica* 47: 25–47.

Clark, J. B. (1927) *The Distribution of Wealth*, Macmillan, New York.

Clark, J. M. (1939) *The Social Control of Business*, McGraw-Hill, New York.

Clarke, J. I. (1973) 'Population pressure on resources; the problem of evaluation', in B. Benjamin, P. R. Cox and J. Peel (eds) *Resources and Population*, Academic Press, London.

Clough, S. B. and Cole, C. W. (1946) *Economic History of Europe*, D. C. Heath, Boston.

Coase, R. (1960) 'The problem of social cost', *Journal of Law and Economics* 3: 1–44.

Cole, H. S. (1973) 'The structure of the world models', *Thinking about the Future – A. Critique of the Limits to Growth*, Chatto and Windus, London.

Cole, H. S. and Curnow, R. C. (1973) 'An evaluation of the world models', *Thinking About the Future: A Critique of the Limits to Growth*, Chatto and Windus, London.

Cole, H. S. D., Freeman, C., Johado, M. and Pavit, K. L. R. (1973) *Thinking About the Future: A Critique of the Limits to Growth*, Chatto and Windus, London.

Cooper, D. E. (1992) 'The idea of environment', in D. E. Cooper (ed.) *Economics in Question, Ethics and Global Issues*, Routledge, London.

Copes, P. (1972) 'Factory rents, sale ownership and the optimum level of fisheries exploitation', *Manchester School of Social and Economic Studies* 40: 145–63.

Dales, J. H. (1968) *Pollution, Property and Prices*, Toronto University Press, Toronto.

Daly, H. E. (1990) 'Towards some operational principles of sustainable development', *Ecology and Economics* 2: 1–6.

Daly, H. E. and Cobb J. B. (1989) *For the Common Good*, Green Print, London.

Darwin, C. (1859) *The Origin of Species*, John Murray, London.

— (1983) *Autobiographies*, G. D. Beer (ed.), Oxford University Press, Oxford.

Davey, E. S. (1960) 'The human population', *Scientific American* 203: 195–204.

Dawkins, R. (1976) *The Selfish Gene*, Oxford University Press, Oxford.

Deleyne, J. (1973) *The Chinese Economy*, Harper and Row, London.

Demsetz, H. (1969) 'Information and inefficiency: another viewpoint', *Journal of Law and Economics* 12: 1–12.

Derham, W. (1713) *Physico-Theology or a Demonstration of the Being and Attributes of God from His Work of Creation*, 8th edn, London.

Deverajan, S. and Fisher, D. C. (1981) 'Hotelling's economics of exhaustible resources, fifty years later', *Journal of Economic Literature* 19: 65–73.

Diggle, G. A. (1961) *A History of Wildness*, Widnes, New York.

Douthwaite, R. (1992) *The Growth Illusion: How Economic Growth has Enriched the Few, Impoverished the Many and Endangered the Planet*, Lilliput Press, Dublin.

Duran, S. (1961) 'Shield of the Fathers', (Hebrew) Private Publications, Jerusalem.

Durand, J. D. (1967) 'The modern expansion of world population', *Proceedings of American Philosophical Society* 111: 136–59.

Edel, M. (1973) *Economics and the Environment*, Prentice-Hall, Englewood Cliffs NJ.

Engels, F. (1844) *The Condition of the Working Class in England in 1844*, Otto Wigand, Leipzig.

Ezekiel, M. (1938) 'The Cobweb Theorem', *Quarterly Journal of Economics*, February.

FAO (1987) *World Crop and Livestock Statistics*, FAO Publications, Rome.

— (1988–91) *Production Yearbooks*, FAO Publications, Rome.

— (1993) 'Marine fisheries and the law of the sea; a decade of change', Fishery Circular No. 853, FAO, Rome.

Farrell, J. (1987) 'Information and Coase's theorem', *Journal of Economic Perspectives*, vol. 1: 113–129.

Faustmann, M. (1849) 'Gerechnung des Wertes Welchen Waldbaden Sowie Noch Nicht Haubare Holzbestänce für die Waldwirtschaft Besitzen', *Allgemeine Forst und Vagd-Zeitung* 25: 441–5.

Ferguson, B. and Roche, P. J. (1993) 'Christian attitudes to nature and the ecological crisis', *Irish Biblical Studies* Vol. 15, June.

Fisher, I. (1892) *Mathematical Investigations into the Theory of Value and Price*, Yale

University Press, Princeton NJ.

— (1927) 'A statistical method for measuring utility and justice of progressive income tax', in W. Fellner (ed.) *Ten Economic Essays Contributed in Honour of J. Bates Clark*, Macmillan, New York.

Forrester, J. W. (1971) *World Dynamics*, Wright-Allen Press, Cambridge MA.

Fox, S. (1981) *John Muir and his Legacy: The American Conservation Movement*, Little, Brown, Boston MA.

Fox, W. (1995) 'The deep ecology–ecofeminism debate and its parallels', in G. Sessions (ed.) *Deep Ecology for the 21st Century*, Shambala, Boston MA.

Frasz, G. B. (1993) 'Environmental virtue ethics: a new direction for environmental ethics', *Environmental Ethics* 15: 259–74.

Freeman, C. (1974) 'Malthus with computer', in H. S. D. Cole, C. Freeman, M. Jahoda and K. L. R. Pavit (eds) *Thinking About the Future: A Critique of the Limits to Growth*, Chatto and Windus, London.

Fusfeld, D. R. (1977) *The Age of the Economist*, Scot Foresman, Illinois.

Gadgil, M. and Guha, R. (1994) 'Ecological conflicts and the environmental movement in India', *Institute of Social Studies* 101–34.

Galbraith, J. K. (1958) *The Affluent Society*, André Deutsch, London.

— (1967) *The New Industrial State*, André Deutsch, London.

— (1972) *American Capitalism,* André Deutsch, London.

— (1974) *Economics and the Public Purpose*, André Deutsch, London.

— (1977) *The Age of Uncertainty*, BBC, London.

— (1993) *The Culture of Contentment*, Penguin, London

Garnaut, R. and Ma, G. (1992) *World Grain Situation and Outlook*, USDA, August, Washington DC.

Gass, I. G. (1976) 'The earth's physical resources', *Energy Resources*, Open University Press, Milton Keynes.

Georgescu-Roegen, N. (1974) *The Entropy Law and the Economic Progress*, Harvard University Press, Cambridge MA.

Gerasimov, I. P. and Gindin, A. M. (1977) 'The problem of transferring run-off from Northern Siberian rivers to the arid regions of the European USSR, the Soviet Central Asia and Kazakistan', in G. K White (ed.) *Environmental Effects of Complex River Development*, Westview Press, Boulder CO.

Gordon, H. S. (1954) 'The economic theory of common property resource: the fishery', *Journal of Political Economy* 62: 142.

Gore, A. (1992) *Earth in the Balance: Forging a New Common Purpose*, Earthscan Publications, London.

Gray, L. C. (1913) 'The economic possibilities of conservation', *Quarterly Journal of Economics* 27: 497–519.

— (1914) 'Rent under assumption of exhaustibility', *Quarterly Journal of Economics* 28: 466–89.

Griffin, J. M. and Steele, H. B. (1980) *Energy Economics and Policy*, Academic Press, New York.

Griffin, J. M. and Teece, O. J. (1982) *OPEC Behaviour and World Oil Prices*, Allen and Unwin, London.

Grove, R. (1990) 'The origins of environmentalism', *Nature* 345: 11–14.

Hale, M. (1667) *The Primitive Origination of Mankind*, Cambridge University Press, Cambridge.

Hamnett, M. P. (1986) 'Pacific island resource development and environmental management', paper to Interoceanic Workshop on Sustainable Development and Environmental Management of Small Islands, Puerto Rico, 3–7 November.

Hanley, N., Moffatt, J. and Hallet, S. (1990) 'Why is more notice taken of economists' perceptions for control of pollution?', *Environment and Planning* 22: 142–9.

Harrod, R. F. (1952) *Economic Essays*, Macmillan, London.

Hartwick, J. M. (1978) 'Investing returns from depleting renewable resource stocks and intergenerational equity', *Economic Letters* 88: 141–9.

Hartwick, J. M. and Olewiler, N. D. (1986) *The Economics of Natural Resource Use*, Harper and Row, New York.

Hayek, F. A. (1972) *A Tiger by the Tail*, Institute of Economic Affairs, London.

Hays, S. P. (1959) *Conservation and the Gospel of Efficiency: The Progressive Conservation Movement 1890–1920*, Harvard University Press, Cambridge.

Herfindahl, O. C. (1967) 'Depletion and economic theory', in Masson Gaffney (ed.) *Extractive Resources and Taxation*, University of Wisconsin Press, Madison.

Hiley, W. E. (1967) *Woodland Management*, Faber and Faber, London.

Ho, M. W. (1988) 'On not holding nature still: evolution by process not by consequence', in Ho, H. M. and Fox, E. (eds) *Evolutionary Process and Metaphors*, Wiley, New York.

Hollander, S. (1973) *The Economics of Adam Smith*, Heinemann, London.

Holzman, F. D. (1958) 'Consumer sovereignty and the role of economic development', *Economia Internazionale* 11.

Hooker, C. A. (1992) 'Responsibility, ethics and nature', in D. E. Cooper and J. A. Palmer (eds) *The Environment in Question*, Routledge, London.

Hotelling, H. (1925) 'A general mathematical theory of depreciation', *Journal of the American Statistical Association* 20: 340–53.

—— (1931) 'The economics of exhaustible resources', *Journal of Political Economy* 39: 137–75.

—— (1947) Unpublished letter to Director of National Parks Service.

Hueting, F. (1980) *New Scarcity and Economic Growth: More Welfare Through Less Production*, North Holland, Amsterdam.

Hull, C. H. (1954) *The Economic Writings of Sir William Petty*, Augustus M. Kelly, New York.

Hutchinson, T. W. (1953) *A Review of Economic Doctrines 1870–1923*, Clarendon Press, Oxford.

Huxley, A. (1959) *Brave New World Revisited*, Chatto and Windus, London.

Infield, L. (1963) 'Immanuel Kant: duties to animals and spirits', in *Lectures on Ethics*, Harper and Row, New York.

Ise, J. (1926) *The United States Oil Policy*, Yale University Press, New Haven.

Jantsch, E. (1980) *Self-Organising Universe*, Pergamon, London.

Jarrett, H. (1966) *Environmental Quality in a Growing Economy*, Johns Hopkins University Press, Baltimore MD.

Jevons, W. S. (1865) *The Coal Question: An Inquiry Concerning the Progress of the Nation and the Probable Exhaustion of our Coal Mines*, Macmillan, London.

Jorgensen, D. and Griliches, Z. (1967) 'The explanation of productivity change', *Review of Economics and Statistics* 34: 250–82.

Kahn, H. (1976) *The Next 200 Years*, Marrow, New York.

Kant, E. (1785) *Grundlegung der Metophysik der Sitten*, Rectam, Stuttgart.

Kapp, K. W. (1950) *The Social Cost of Private Enterprise*, Cambridge University Press, Cambridge.

Kay, J. A. (1989) 'Human domination over nature in the Hebrew Bible', *Annals of the Association of American Geographers* 79: 214–32.

Kendrick, J. W. (1961) *Production Trends in the US Economy*, Princeton University Press for National Bureau of Economic Research, Princeton.

Keynes, J. M. (1931) *Essays in Persuasion*, Rupert Hart-Davis, London.

Kneese, A. V. (1971) 'Environmental pollution economics and policy, *American Economic Review* 61: 153–6.

Kraus, J. B. (1930) *Scholastic, Puritanismus, und Kapitalismus*, Duncker und Humblot, Leipzig.

Krupnick, A., Oates, W. and Van de Verg, E. (1983) 'On marketable air pollution permits: the case for a system of pollution offsets', *Journal of Environmental Economics and Management* 10: 233–47.

Kula, E. (1989) 'Politics, economics, agriculture and famines: the Chinese case', *Food Policy* 14: 13–17.

— (1994) *Economics of Natural Resources, the Environment and Policies*, 2nd edn, Chapman and Hall, London.

— (1996) 'Social project appraisal and historic development of ideas on discounting a legacy for the 1990s and beyond', in K. Kirkpatrick and W. Wise (eds) *Development Projects: Issues for the 1990s*, Edward Elgar, London.

— (1997) *Time Discounting and Future Generations: Harmful Effects of Untrue Economic Theory*, Quorum Press Greenwood Publishing Group, Newport RI.

Lange, O. and Tylor, F. M. (1938) *On the Economic Theory of Socialism*, Augustus M. Kelley, New York.

Lecomber, R. (1979) *The Economics of Natural Resources*, Macmillan, London.

Leopold, A. (1949) *A Sand County Almanac*, Oxford University Press, Oxford.

Lerner, A. P. (1971) 'Priorities and efficiency', *American Economic Review* 61: 517–30.

Livingstone, D. N. (1994) 'The historical roots of our ecological crisis: a reassessment, *Fides et Historia* 26: 38–55.

Lovelock, J. E. (1979) *Gaia: A New Look at Life on Earth*, Oxford University Press, Oxford.

L'Vovich, M. I. (1978) 'Turning the Siberian waters to south', *New Scientist* 79: 834–6.

McHarg, I. (1977) 'The place of nature in the city of man', *Annuals of American Academy of Political Sciences* 352: 2–12.

McKelvey, V. (1972) 'Mineral Resource Estimates and Public Policy', *American Scientist* 60.

Maddox, J. (1972) *The Doomsday Syndrome*, Macmillan, London.

Magnus, A. (1894) 'Commentarii in IV Sententiarum, Petri Lombardi, Dist. 16', *Opera Omnia* 29 (article 46), Paris.

Malthus, R. T. (1890) [1798] *An Essay on the Principle of Population as it Affects the Future Improvement of Society,* 3rd edn, Ward Lock, London.

— (1815) *On the Nature and Progress of Rent*, Baltimore Press, Baltimore MD.

Marsh, G. P. (1865) *Man and Nature: or Physical Geography is Modified by Human Action*, Charles Scribner, New York.

Marshall, A. (1890) *Principles of Economics*, Macmillan, London.

Marstrand, P. K. and Sinclair, T. C. (1973) 'The pollution subsystem', in S. D. Cole, C. Freeman, M. Johodo and K. L. R. Pavit (eds) *Thinking About the Future: A Critique of the Limits to Growth*, Chatto and Windus, London.

Marx, K. (1859) *Contribution to the Critique of Political Economy*, translated by S. W.

Ryazonskaya, Lawrence and Wishart, 1971, London.

— (1867) *Das Kapital, First Volume,* translated by S. Moore. Lawrence and Wishart, 1977, London.

— (1885) *Das Kapital, Second Volume,* translated by S. Moore, Lawrence and Wishart, 1974, London.

— (1894) *Das Kapital, Third Volume,* translated by S.Moore, Lawrence and Wishart, 1977, London.

— (1951) *Theories of Surplus Value: Part 1,* Lawrence and Wishart, London.

— (1969) *Theories of Surplus Value, Part II,* Lawrence and Wishart, London.

Marx, K. and Engels, F. (1948) *The Communist Manifesto,* Norton, London.

Meadows, D. H., Randers, D. L. and Behrens, W., III (1972) *The Limits to Growth,* Pan Books, London.

Merchant, C. (1980) *The Death of Nature, Women, Ecology and Scientific Revolution,* Harper and Row, London.

Mesarovic, M. D. and Pestel, E. C. (1974) *Mankind at the Turning Point,* Dutton, New York.

Mill, J. S. (1848) *Principles of Political Economy,* Appleton, New York.

Mishan, E. J. (1967) *The Cost of Economic Growth,* Penguin, London.

— (1977b) *The Economic Growth Debate,* Allen and Unwin, London.

Modena, L. (1949) 'Plant of Righteousness' (in Hebrew), Makhbirat Lesifruth, Tel Aviv.

Montgomery, W. (1972) 'Markets in licences and efficient pollution control programmes', *Journal of Economic Theory* 5: 395–418.

Naess, A. (1989) *Ecology, Community and Lifestyle,* Cambridge University Press, Cambridge.

— (1995) 'The shallow and the deep long range ecology movements: a summary', in G. Sessions (ed.) *Deep Ecology for the 21st Century,* Shambala, Boston MA.

Nash, R. (1982) *Wilderness and American Mind,* 3rd edn, Yale University Press, New Haven CT.

Nordhaus, W. D. (1973) 'World dynamics: measurement without data', *Economic Journal* 83: 1156–83.

Nordhaus, W. D and Tobin, J. (1972) *Is Growth Obsolete?,* National Bureau of Economic Research to the Anniversary Colloquium, Columbia University Press, New York.

Nove, A. (1992) *Alec Nove: A Biographical Dictionary of Dissenting Economists,* Edward Elgar, London.

Noy, D. (1967) *Jewish Folktales from Morocco* (Hebrew), Bitfutsoth Hagala, Jerusalem.

Olson, M. and Zeckhauser, R. (1970) 'The efficient production of external economies, *American Economic Review* 60: 512–17.

Ormerod, P. (1994) *Death of Economics,* Faber and Faber, London.

O'Riordan, T. (1988) 'The politics of sustainability', in R. T. Turner (ed.) *Sustainable Development Management,* Belhaven Press, London.

Page, R. W. (1973) 'Non-renewable resources sub-system', in D. S. D. Cole, C. Freeman, M. Jahoda and K. L. R. Pavit (eds) *Thinking About the Future: A Critique of the Limits to Growth,* Chatto and Windus, London.

— (1974) 'Population sub-system', in D. S. D. Cole *et al.* (eds) *Thinking About the Future – A Critique of the Limits to Growth,* Chatto and Windus, London.

Page, T. (1977) 'Equitable use of resource base', *Environment and Planning* 9: 15–22.

Palmer, J. A. (1992) 'Towards a sustainable future', in D. E. Cooper and J. A. Palmer (eds) *The Environment in Question: Ethics and Global Issues*, Routledge, London.

Passmore, J. (1975) 'Attitudes to nature', in R. S. Peters (ed.) *Nature and Conduct: Royal Institute of Philosophy Lectures* 8: 251–64.

— (1980) *Man's Responsibility for Nature*, Duckworth, London.

Pavit, K. L. R. (1973) 'Malthus and other economics', in H. S. D. Cole (ed.) *Thinking About the Future: A Critique of the Limits to Growth*, Chatto and Windus, London.

Peacocke, A. R. (1979) *Creation and the World of Science*, Oxford University Press, Oxford.

Pearce, D. W. (1983) *Cost-Benefit Analysis*, 2nd edn, Macmillan, London.

— (1991) *Blueprint 2: Greening the World Economy*, Earthscan, London.

— (1993) *Blueprint 3: Measuring Sustainable Development*, Earthscan, London.

Pearce, D. W. Markyanda, A. and Barbier, E. (1989) *Blueprint for a Green Economy*, Earthscan, London.

Pearce, D. W. Markyanda, A. and Barbier, E. (1990) *Sustainable Development: Economics and the Environment in the Third World*, Edgar, Aldershot.

Pearce, D. W. and Turner, R. K. (1990) *Economics of Natural Resources and the Environment*, Harvester Wheatsheaf, London.

Pezzey, J. (1989) *Economic Analysis of Sustainable Growth and Sustainable Development*, Environment Department Working Paper No. 15, World Bank, Washington DC.

Pigou, A. (1912) *Wealth and Welfare*, Macmillan, London.

— (1920) *Income*, Macmillan, London.

— (1929) *Economics of Welfare*, Macmillan, London.

— (1935) *Economics in Practice*, Macmillan, London.

Pinchot, G. (1910) *The Fight for Conservation*, Doubleday, New York.

Potter, N. and Christy, F. T. (1962) *Trends in Natural Resource Commodities – Statistics of Prices, Output, Consumption, Foreign Trade and Employment in the United States, 1870–1957*, Johns Hopkins University Press, Baltimore MD.

Prigogine, J. and Stengers, J. (1990) *Order out of Chaos*, Flamingo Fontana, Glasgow.

Rajaraman, I. (1976) 'Non-renewable resources: a review of long-term projects', *Futures* 8.

Rappaport, R. A. (1967) *Pigs for the Ancestors*, Yale University Press, New Haven CT.

Reagan, T. and Singer, P. (1976) *Animal Rights and Human Obligations*, Prentice-Hall, Englewood Cliffs NJ.

Repetto, R. (1986) *World Enough and Time*, Yale University Press, New Haven CT.

Respail, F. V. (1857) *Historie Naturelle de la Sante et de la Maldie*, Paris.

Retting, R. B. (1989) 'Is fishery management at a turning point? Reflections on the evolution of rights', in P. A. Neher, P. Arnason and N. Mollett (eds) *Rights Based Fishing*, Academic Press, London.

Ricardo, D. (1971) [1817] *Principles of Political Economy and Taxation*, Pelican Books, London.

Roach, P. and Robinson, J. T. C. (1989) *Economic Theories of Exhaustible Resources*, Routledge, London.

Robinson, J. T. C. (1989) *Economic Theory of Exhaustible Resources*, Routledge, London.

Roll, C. (1953) *A History of Economic Thought*, Faber and Faber, London.

Rolston, H. III (1992) 'Changes in environmental ethics', in D. E. Cooper and J. A. Palmer (eds) *The Environment in Question: Ethics and Global Issues*, Routledge, London.

Roover, R. R. (1970) 'The concept of just price; theory and economic policy', I. H. Rima (ed.) *Readings in the History of Economic Theory*, Rinehart and Winston, New York.

Rothbard, M. (1982) 'Law, property rights and free market environmentalism', *Cato Journal* 2: 55–100.

Russell, B. and Whitehead A. N. (1926) *Principia Mathematica*, 2nd edn, Cambridge University Press, Cambridge.

Russell, J. (1991) *Environmental Issues in Eastern Europe: Setting an Agenda*, Royal Institute of International Affairs, London.

Russell, N. P. (1990) 'Efficiency of farm conservation and output reduction policies', *Manchester Working Papers in Agricultural Economics*, WP/900–02, University of Manchester, Manchester.

Samuelson, P. A. (1976) 'Economics of forestry in an evolving society', *Economic Inquiry* 14: 466–92.

Schaefer, M. D. (1957) 'Some consideration of population dynamics and economics in relation to the management of marine fisheries', *Journal of Fisheries Research Board of Canada* 14: 669–81.

Schumpeter, J. A. (1954) *History of Economic Analysis*, Allen and Unwin, London.

Scitowsky, T. (1954) 'Two concepts of external economics', *Journal of Political Economy*, 62.

Scott, A. D. (1955) 'The fishery: the objectives of sole ownership', *Journal of Political Economy* 63: 116–24.

Scott. A. T. (1967) 'The theory of mine under conditions of uncertainty', in M. Gaffney (ed.) *Extractive Resources and Taxation*, University of Wisconsin Press, Madison.

Scotus, J. D. (1894) 'Quaestiona in librum quartum sentenarum', *Opera Omnia* (dist. 15, QU2, No. 23) 18, Paris.

Sessions, G. (1995) 'Ecocentrism and the anthropocentric detour', in G. Sessions (ed.) *Deep Ecology for the 21st Century*, Shambala, Boston MA.

Sherman, F. (1990) 'The meaning and ethics of sustainability', *Environmental Management* 14: 1–8.

Shiva, V. (1992) 'Recovering the real meaning of sustainability', in D. E. Cooper and J. A. Palmer (eds) *The Environment in Question: Ethics and Global Issues*, Routledge, London.

Simon, J. L. (1984) *The Resourceful Earth: A Response to Global 2000*, Blackwell, London.

Sinclair, T. C. (1973) 'Environmentalism', in D. S. D. Cole, C. Freeman, M. Jahoda and K. L. R. Pavit (eds) *Thinking About the Future: A Critique of the Limits to Growth*, Chatto and Windus, London.

Singer, P. (1975) 'Animal liberation', *New York Review*, New York.

— (1981) *The Expanding Circle, Ethics and Sociology*, Farrer, Strauss and Girou, New York.

Sismondi, J. C. L. S. (1951) [1827] *New Principles of Political Economy*, G. Sotiroff (ed.) Geneva.

Slade, M. C. (1982) 'Trends in natural resource commodity prices: an analysis of the time domain', *Journal of Environmental Economics and Management* 9: 122–37.

Smith, A. (1852) *The Theory of Moral Sentiments*, ed D. D. Raphael and A. L. Mecfie, 1976, Clarendon Press, Oxford.

— (1869) [1776] *An Inquiry into the Nature and Causes of the Wealth of Nations*, Routledge, London.

Smith, L. G. (1993) *Impact Assessment and Sustainable Resource Management*, Longmans Scientific and Technical, Harlow.

Smith, V. L. (1977) 'Economics of wilderness resources', in V. L. Smith (ed.) *Economics of Natural and Environmental Resources*, Gordon and Breach, New York.

Solow, R. M. (1974) 'Intergenerational equity and exhaustible resources', *Review of Economic Studies Symposium* 29–46.

— (1986) 'On the intergenerational allocation of natural resources', *Scandinavian Journal of Economics* 88: 141–9.

Sorley, W. R (1889) 'Mining royalties and their effect on the iron and coal trades', *Royal Statistical Society Journal* 52.

Soussian, J. G. (1992) 'Sustainable development', in A. M. Mannion and L. S. Bowby (eds) *Environmental Issues of the 1990s*, Wiley, London.

Spedding, J. and Ellis, R. L. (1870) *The Works of Francis Bacon*, Longman Green, London.

Spiegel, H. W. (1952) *The Development of Economic Thought*, Wiley, New York.

Sraffa, I. and Dobb, M. (1951–5) *The Works and Correspondence of David Ricardo*, Cambridge University Press, Cambridge.

Stahl, A. (1993) 'Educating for change in attitudes towards nature and environment among oriental Jews in Israel', *Environment and Behaviour* 25: 3–21.

Stalwick, H. H. J. (1989) *Economiste gevolgen voor de veehouderiz van drietel milieuscenorio's*, CPB, Den Haag.

Stark, T. (1992) *Income and Wealth in the 1980s*, 3rd edn, Fabian Society, London.

Stigler, G. J. (1946) *Production and Distribution Theories*, Macmillan, London.

Stone, N. (1996) 'New light on a reign of darkness', *Sunday Times*, 31 March.

Surrey, A. J. and Bromley A. J. (1973) 'Energy resources', in S. D. Cole, C. Freeman, M. Johodo and K. L. R. Pavit (eds) *Thinking About the Future: A Critique of the Limits to Growth*, Chatto and Windus, London.

Swaney, J. (1987) 'Elements of a neo-institutional environmental economists', *Journal of Environmental Issues* 21: 1739–79.

Sylvan, R. and Bennett, D. (1988) 'Taoism and Deep Ecology', *Ecologist* 18: 148–59.

Synder, G. (1977) *The Old Ways*, City Lights Books, San Francisco.

— (1994) *Coming into the Watershed*, Pantheon Books, New York.

Tamminga, G. and Wijnands, J. (1991) 'Animal waste problems in the Netherlands', in N. Hanley (ed.) *Farming and the Countryside*, AB International, Wallingford.

Taussig, F. W. (1915) *Principles of Economics*, Macmillan, London.

Thomas, K. (1984) *Man and the Natural World: Changing Attitudes in England, 1500–1800*, Penguin, London.

Thompson, A. E. (1971) 'The Forestry Commission: a re-appraisal of its functions', *Three Banks Review*, September: 30–44.

Thoreau, H. (1854) *Walden*, Walter Scott, London.

Tietenberg, T. (1992) *Environmental and Natural Resource Economics*, 3rd edn, Harper Collins, New York.

Townshend, J. (1986) [1786] 'A dissertation on the Poor Laws', in G. Hardin (ed.) *Population, Evolution and Birth Control*, W. W. Freeman, San Francisco.

Toynbee, A. (1972) 'The religious background of the present environmental crisis', *International Journal of Environmental Studies* 3: 141–6.

Trial Smelter Arbitral Tribunal (1939) 'Decision', *American Journal of International Law* 33: 182–212.

Tuan, Y. F. (1968) 'Discrepancies between environmental attitude and behaviour: examples from Europe and China', *Canadian Geographer* 12: 176–91.

— (1970) 'Our treatment of the environment in ideal and actuality', *American Scientist* May–June 1970: 246–9.

Turner, F. (1985) *Rediscovering America: John Muir, in His Time and Ours*, Sierra Club Books, San Francisco.

Turner, R. K. (1991) 'Environment, economics and ethics', in D. Pearce (ed.) *Blueprint 2*, Earthscan, London.

Turner, R. K. and Pearce, D. W. (1993) 'Sustainable economic development: economic and ethical principles', in E. Barbier (ed.) *Economics and Ecology from Frontiers and Sustainable Development*, Chapman and Hall, London.

Tylor, F. M. (1928) 'Presidential Address to the American Economic Association', American Economic Review, 1928.

Tylor, P. (1986) *Respect for Nature*, Princeton University Press, Princeton NJ.

US Bureau of Census (1993) *Department of Commerce, International Database*, November, Washington DC.

US Bureau of Mines (1970) *Mineral Facts and Problems*, US Government Printing Office, Washington DC.

US Department of Agriculture (1992) *USDA, World Grain Database*, Washington DC.

— (1993) *World Agriculture Production, August 1992–March 1993*, Washington DC.

US Department of Energy (1987a) *International Energy Annual 1986*, Washington DC.

— (1987b) *Monthly Energy Review* May 1987, Washington DC.

US President's Material Policy Commission (1952) *Resources for Freedom* (5 volumes), US Government Printing Office, Washington DC.

Van Dobben, W. H. (1966) 'Het Vegetatieded Van De Aarde en de Invloed Van de Mens Daarop, in *De Groene Aarde*, Utrecht, Holland.

Von Thunen, J.H. (1826) Isolated State, English edn ed. P. Hall, Pergamon Press, London; German edn 1822.

Wan, T. (1962) 'A compendium of documents on Communist China's great Cultural Revolution', *Ming-Pao Monthly*, Hong Kong.

Wanden, S. (1994) 'Environment, ethics and government', *European Environmental Law Review*, November, 296–301.

— (1995) 'Ethics, prices and biodiversity', paper presented at 1995 IUFRO Congress, Tampere, Finland.

Warren, K. J. (1987) 'Feminism and ecology-making connections', *Environmental Ethics* 9.

Watson, A. (1991) 'Gaia', *New Scientist,* 6 July.

White, L. Jr (1967) 'The historical roots of ecological crisis', *Science* 155: 1203–7.

Whitehead, A. N. and Russell, B. (1910–13) *Principia Mathematica*, Cambridge University Press, Cambridge.

Winpenny, J. T. (1991) *Values for the Environment*, HMSO, London.

World Economic and Financial Surveys (1990) IMF, Washington DC.

Worldwatch Institute (1994) *State of the World 1994*, L. Brown, A. T. Durning, C. Flavin *et al.*, Earthscan, London.

Yildiran, G. (1994) 'Environmental ethics: the need for a paradigmatic shift', in K. Curi *et al.* (eds) *Proceedings of the International Symposium on Environmental Ethics*, Bosphorus University Press, Istanbul.

Young, A. (1804) *General View of Agriculture of Hertfordshire*, G. and W. Nicol, London.

Young, A. A. (1928) 'Increasing returns and economic progress', *Economic Journal* 38: 538.

Young, D. R. (1981) *National Resources and the State*, University of California Press, Berkeley CA.

Zimmermann, E. (1987) 'Feminism, Deep Ecology and environmental ethics', *Environmental Ethics* 9: 21–4.

Zwartendyke, J. (1972) 'What is mineral endowment and how should we measure it?', *Mineral Bulletin* M. R. 126, Canadian Government Department of Energy, Mines and Resources, Ottawa.

2007年版译后记

环境经济学这门学问虽然是一门比较年轻的学科,但是,也是我们这个时代最前沿和极富挑战性的学科。它承载着人类摆脱不可持续发展困境的希冀,在国内讲坛经济学界,研究和讲授的早已大有人在。十分遗憾的是,我对它却知之甚少,不过,这不但没有成为我学习的障碍,相反倒成为我现在跟它打上一点交道的契机之一。值得庆幸的是,这个交道来得比较自然。我本来是喜欢化学的,后来见科学哲学而思迁,不过,由于自知习哲学首先必须完成一点自然科学专门训练,为了这一点,那段时光中不可能痛快地学习哲学。1986年夏,我来到一所小镇,成为一名中学教师,自在多了,差不多无拘无束,授课之余,有多少时间就可以在各种科学哲学和西方哲学著作中花费多少时间。随着阅历的增多,我的兴趣越陷越深,已经不可自拔,平时只要是清醒的时候,大脑就不免被观念的舞蹈占据了。情势如此,我索性决定不再流连于化学,而欲去报考哲学专业研究生。记得那个时候,胞兄竭力反对,他认为我数学不错,应该考经济学去,当然,更深的原因是,我认为最理智、最幸福的哲学在我兄长眼里却是太疯狂、太辛苦了,他不想让我自讨苦吃。没奈何,那时我压根不喜欢经济学知识。还好,我是比较顺利的,20世纪80年代末我首次报考,幸运之神将我拉上了哲学的马车,虽然,那时我没有百分之百地好好学习道家,不过,因为有幸师从知名道家学者孙以楷先生,还是耳闻目染点滴道家智慧,这在很大程度上使我拿到了个人人生观的底牌,更重要的是,这样的智慧是我日后迈入环境哲学的主要契机,因为,正如今天的人们所普遍认同到的,道家反思人道和亲近自然态势的智慧,正是一种最古老的环境哲学起点。硕士学位过关后,我毫不犹豫报考了博士生,因此而得以师从张岂之先生研习思想史。毕业以后,就在先生引领下从事中西哲学史的教学和研究。1996年，我在随心所欲地浏览外文文献时，知道了环境哲学、绿色哲学。这是当时哲学给我的又一个神秘之吻，我感到有几分理智方面的冲动。从事环境哲学探讨，一开始就受到我的先生的激励，他认为，这对个人和所里的将来都有好处。其实，他那个时候已经在思考环境危机问题了。应该说，到这个时候，我已经不怀疑中西之间存在一条穿越时空的通道，并且窃发大愿，希望通过学术为消除我们周围日益加重的环境危机尽一些绵薄之力了。

2001年初，我申请到美国友邦保险基金的慷慨资助，得以赴美访问，我的研修项目就是"当代西方环境哲学"，这是我学术生涯的又一个值得记取的发展期。在那里，我如饥似渴地遍寻环境哲学名家名书中的高论，方始惭愧不已，知道环境哲学文献原来已经汗牛充栋了，只能慢慢来。比较而言，美国人文社会科学各专业之间，无论是研究还是教学，交叉性都是习以为常的。虽然主要是研修哲学各分支，可是，我还跨专业、跨院系听了几门课程，其中就有环境伦理学、自然资源经济学、环境思想史、环境政治学等课程。2002年春我看到了库拉这本书，感到该书通俗系统，书中所讲的东西很有用，于是将它携带回国。

上述经历构成了我更广泛地接触环境问题学科群的种种机缘。回国后，在张岂之先生指导下，研究所着手筹划翻译西方环境哲学的一些著作，时在上海世纪出版集团的范蔚文和田青同志，建议选题广泛一点，以照顾到各个主要学科面。于是，其中就选定这一本。本来我还没有自己翻译这本书的计划。就在物色译者的期间，张岂之先生与我们诸弟子有几次闲谈，先生指出我有一个缺陷，就是不懂社会科学，我感叹年龄大了，好时光难追，可是，他鼓励我还是可以学一点的，因为光学了哲学是不够的，不适应现代社会需求，也难以成就学问。他说得对，实际上著名的思想史家侯外庐先生就是精通社会科学的。心理较量几个回合之后，我决定自己翻译这本书，借此补补课。从不喜欢经济学，到认清从事环境哲学研究需要学习环境经济学思想，回过头来，感觉到世事弄人，学术也弄人，看来，知识之间固有的联系不是学科划分可以割断的，只要有缘分，它们会走到一起。

翻译过程中有几点需要交待。其一，为了便于更多非经济学思想史专业学者和广大社会环境保护人士的阅读，译者根据自己的学习和了解加了若干注释；其二，翻译时参考或者引用了不少前人的著译成果，在此谨致谢意；其三，根据有关翻译著作的出版法规，审校者对原著中某些不合时宜的说法进行了微处理，这些处理不影响本书的科学价值。

本书顺利译出，多亏本书的责任编辑田青女士的热情、耐心和督促。译稿初稿出来后，她一丝不苟，认真审校，发现和改正了不少专业错误，译者特向她表示恳挚的感谢。由于译者水平有限，现译稿可能多有纰漏之处，在此敬希广大读者在阅读的时候，不吝赐教，悔我不怠，以俟将来有再版机会时可以进一步完善。

这里，也一并要说一下整套丛书出版的不易。这套丛书从启动到首批图书的翻译、出版，受到上海世纪出版集团慧眼看中和大力支持。此外，西北大学名誉校长、著名学者张岂之教授审定并力促此计划的实施，西北大学朱恪孝、方光华教授两位副校长热心扶持新学科建设并批准了计划，同时批拨了首批译著基本版权引进的补贴经费，西北大学科研处赵强同志多方协调，我所在的研究所刘薇同志和多位同仁帮助我承担了不少事务性工作，给我腾出了宝贵时间，对他们弘扬和服务学术研究的行动，译者借此深感谢。

谢阳举

2006 年 12 月于西北大学

图书在版编目(CIP)数据

环境经济学思想史/(土)E.库拉著;谢阳举译
.—上海:格致出版社:上海人民出版社,2021.3
(环境哲学译丛)
ISBN 978－7－5432－3218－1

Ⅰ.①环… Ⅱ.①E… ②谢… Ⅲ.①环境经济学-思
想史 Ⅳ.①X196－09

中国版本图书馆 CIP 数据核字(2021)第 026285 号

责任编辑　张苗凤
装帧设计　陈　楠

环境哲学译丛

环境经济学思想史

［土］E.库拉　著

谢阳举　译

出　　版　格致出版社
　　　　　上海人民出版社
　　　　　(200001　上海福建中路 193 号)
发　　行　上海人民出版社发行中心
印　　刷　上海商务联西印刷有限公司
开　　本　635×965　1/16
印　　张　19.25
插　　页　2
字　　数　243,000
版　　次　2021 年 3 月第 1 版
印　　次　2021 年 3 月第 1 次印刷
ISBN 978－7－5432－3218－1/B・47
定　　价　75.00 元